物質・材料テキストシリーズ　　藤原毅夫・藤森　淳・勝藤拓郎 監修

酸化物の無機化学
結晶構造と相平衡

室町　英治 著

内田老鶴圃

本書の全部あるいは一部を断わりなく転載または
複写(コピー)することは，著作権および出版権の
侵害となる場合がありますのでご注意下さい．

物質・材料テキストシリーズ発刊にあたり

　現代の科学技術の著しい進歩は，これまでに蓄積された知識や技術が次の世代に引き継がれて発展していくことの上に成り立っている．また，若い世代が先達の知識や技術を真剣に学ぶ過程で，好奇心・探求心が刺激され新しい発想が芽生えることが科学技術をさらに発展させてきた．蓄積された知識や技術の継承は世代間に限らない．現代の分化し専門化した様々な学問分野は常に再編や融合を模索しており，複数の既存分野の境界領域に多くの新しい発見や新技術が生まれる原動力となっている．このような状況においては，若い世代に限らず第一線で活躍する研究者・技術者も，周辺分野の知識と技術を学ぶ必要性が頻繁に生じてくる．とくに，科学技術を基礎から支える物質科学，材料科学は，物理学，化学，工学，さらには生命科学にわたる広範な学問分野にまたがっているため，幅広い知識と視野が必要とされ，基礎的な知識の十分な理解が必須となってきている．

　以上を背景に企画された本テキストシリーズは，物質科学，材料科学の研究を始める大学院学生，新しい研究分野に飛び込もうとする若手研究者，周辺分野に研究領域を広げようとする第一線の研究者・技術者が必要とする質の高い日本語のテキストを作ることを目的としている．科学技術の分野は国際化が進んでおり学術論文は大部分が英語で書かれているので，教科書・入門書も英語化が時代の流れであると考えがちである．しかし，母国語の優れた教科書はその国の科学技術水準を反映したもので，その国の将来の発展のポテンシャルを示すものでもある．大学院生や他分野の研究者の入門を目的とした優れた日本語のテキストは，我が国の科学技術の水準，ひいては文化水準を押し上げる役目を果たすと考える．

　本シリーズがカバーする主題は，将来の実用材料として期待されている様々な物質，興味深い構造や物性を示す物質・材料に加えて，物質・材料研究に欠かせない様々な測定・解析手法，理論解析法に及んでいる．執筆はそれぞれの分野において活躍されている第一人者にお願いし，「研究室に入ってきた学生

に最初に読ませたい本」を目指してご執筆いただいている．本シリーズが，学生，若手研究者，第一線の研究者・技術者が新しい分野を基礎から系統的に学ぶことの助けとなり．我が国の科学技術の発展に少しでも貢献できれば幸いである．

監修　　藤原毅夫　　藤森　淳　　勝藤拓郎

まえがき

　筆者は40年余りにわたって材料の研究に関わってきた．扱ってきたものはもっぱら無機材料であり，中でも酸化物が主要な研究対象であった．また材料の機能という点では，超伝導に興味を持った．そのため，研究人生のかなりの部分は，新しい超伝導体の探索に充てられることになった．物質・材料の研究開発を進めていくためには，様々な基礎的学問が必要となる．化学の立場からの筆者の経験に照らしていえば，特に重要と思われるのが結晶化学と相平衡であり，それらが本書の主要なテーマである．

　筆者の空間把握能力はお世辞にも高いとはいえない．そのため，物質・材料の研究を始めたとき，最初の難問は複雑な結晶構造をいかに理解し解釈するかということであった．本書でも議論するスピネルの構造模型が当時の職場にあったが，それを見るたびに絶望的な気分になったことを覚えている．その頃はパソコンのようなものはなく，結晶構造を任意の方向から眺めたり，スライスしたり，断面を見たりといったことはおよそ不可能であった．3次元の構造を体験するためには，ボールに穴をあけスティックでつないで模型を造るほかなく，スピネルのような複雑な構造についてそれを行うことは大変な作業であった．そして，残念なことに，手間暇かけて作られた構造模型を長い時間眺めていても，スピネル構造が理解できたというところには到底至らなかったのである．自分が扱っている物質の構造を，本当はよく理解できていないという状況はかなり長い間続いた．そのことが当時の自分の研究の幅を狭めたという思いが今でもある．本書はある面で，このような筆者の反省の上に書かれたものである．

　筆者が結晶構造でつまずいたのは基本的な準備を怠ったためである．その愚を繰り返さず，結晶構造を系統的かつ効率的に理解していくためには，背後にある学理を学ばなければならない．ここでいう学理とは，球をできる限りコンパクトに積み上げる方法（最密充填）であるとか，八面体を互いに連結していく方法などというものであって，決して難しい理論を意味するわけではない．しかし，そのような学理を知っているのと知らないのとでは，結晶構造の理解に

おいて大きな差がつく．そしてそれは結晶化学という学問をベースとして支えているものにほかならない．

　筆者の専門は合成であり，通常の合成に加えて，高圧合成やソフト化学合成の経験もある．前述の結晶化学は，合成の結果何ができたかを知るのに有力であるばかりでなく，次に何に挑戦すべきかというアイディアを与えてくれる．一方，相平衡の概念はもっと直接的に合成のプロセスに関わってくる．筆者は初めての物質を合成する場合には，関係する相図を手元に置くことを半ば習慣としてきた．それによって，合成の過程で起こっていることが把握でき，トラブルへの対処も的確に行えるからである．例えば，不純物が混入して純粋な物質が得られない原因は，反応速度が遅く平衡に達しないためかもしれないし，出発原料の不備によって組成にずれが生じているためかもしれない．相平衡に関する知識は，このような場面における対処を容易にする．相平衡の十全な理解は，高品質の試料を合成するための有力な後ろ盾となるのである．物質・材料の研究開発において，結晶化学と相平衡は極めて重要な基盤である．本書の主要なテーマとしてこの2つを選んだ所以である．

　本書に掲載した結晶構造の図はすべて，結晶構造，電子・核密度，結晶外形の可視化プログラムである VESTA［K. Momma and F. Izumi, "VESTA 3 for three-dimensional visualization of crystal, volumetric and morphology data," J. Appl. Crystallogr., **44**, 1272-1276 (2011)］によって描かれた．ここに記して，開発者に謝意を表する．また，結晶構造データはそのほとんどを，物質・材料研究機構，物質・材料データベース(MatNavi)より取得した．

　本書では，温度の単位として，絶対温度(K)とセルシウス温度(℃)の両方が用いられている．前者に統一することも考えたが，後者による文献も多く，例えば，図の中の 1000℃ を 1273(正確には 1273.15)K とするのは煩雑であったためである．セルシウス温度に 273.15 を加えることで，絶対温度への換算ができる．

　物質・材料研究機構の松井良夫博士にはビスマス系超伝導体の電子顕微鏡写真を提供していただいた．また，第8章「ソフト化学法による準安定酸化物の合成」については，物質・材料研究機構，佐々木高義フェローに貴重な示唆をいただいた．また氏にはナノシートの原子間力顕微鏡写真も提供していただいた．お二人に謝意を表する．最後に，本書の執筆を勧めていただくとともに，

様々な助言，励ましをいただいた，東京大学大学院理学系研究科 藤森淳教授と，内田老鶴圃 内田学氏に感謝を申し上げる．

2018 年 8 月

室町 英治

目　　次

物質・材料テキストシリーズ発刊にあたり………………………………………… i
まえがき………………………………………………………………………………… iii

第1章　はじめに ……………………………………………………………………… 1

第2章　酸化物の結晶構造の成り立ち ……………………………………………… 5
2.1　結晶学の基礎 ………………………………………………………………… 5
2.2　酸化物イオンの最密充填 …………………………………………………… 13
2.3　八面体および四面体の連結 ………………………………………………… 27
2.4　イオン半径 …………………………………………………………………… 33
2.5　イオンの価数 ………………………………………………………………… 35
2.6　陽イオンの配位選択性 ……………………………………………………… 46

第3章　基本的な酸化物の構造と機能 ……………………………………………… 57
3.1　最密充填の八面体位置が占められた構造 ………………………………… 57
3.2　最密充填の四面体位置が占められた構造 ………………………………… 74
3.3　蛍石型とそれに関連する構造 ……………………………………………… 77
3.4　四面体位置と八面体位置の両方が占められた構造 ……………………… 87
3.5　ペロブスカイト型構造と関連構造 ………………………………………… 99
3.6　ReO_3型構造と関連構造 …………………………………………………… 111
3.7　K_2NiF_4型構造と関連構造 ………………………………………………… 114
3.8　Cu_2O，CuOおよびPdOの構造 ………………………………………… 117

第4章　ケイ酸塩 ……………………………………………………………………… 123
4.1　シリカの構造 ………………………………………………………………… 123
4.2　ケイ酸塩およびアルミノケイ酸塩 ………………………………………… 128

第 5 章　ホモロガス物質群 … 149

- **5.1** マグネリ相 … 149
- **5.2** チタン酸アルカリ金属 … 156
- **5.3** $(RMO_3)_n(M'O)_m$ 型ホモロガス相 … 160
- **5.4** 六方晶フェライト … 168
- **5.5** 高温超伝導体系列 … 176

第 6 章　酸化物系の相平衡 … 201

- **6.1** Gibbs の相律 … 201
- **6.2** 相図概論 … 206
- **6.3** 温度-圧力相図 … 213
- **6.4** 組成-温度相図 … 216
- **6.5** 三角相図 … 225
- **6.6** 気相が関与する相平衡 … 231

第 7 章　酸化物の合成 … 249

- **7.1** 固相合成 … 249
- **7.2** 液相を用いた合成 … 253
- **7.3** 超高圧合成 … 256
- **7.4** 単結晶育成 … 260
- **7.5** 薄膜作成 … 263

第 8 章　ソフト化学法による準安定酸化物の合成 … 267

- **8.1** チタン酸カリウム … 267
- **8.2** 層状コバルト酸化物 … 271
- **8.3** 層状ペロブスカイト … 277
- **8.4** 酸化物ナノシート … 283

索　引 … 299

第1章

はじめに

　本書は酸化物の無機化学を扱う．主として結晶質の固体を対象とするが，一部に溶液や気体が関与する系も取り上げる．酸化物を含む物質・材料の研究開発は，図1-1に示す3つの要素を含んでいる．すなわち「合成」「キャラクタリゼーション」「評価」である．一人の研究者がこれらの3要素すべてを引き受けることもあるし，分業制で複数の研究者がそれぞれ得意なところを受け持つこともある．

　物質・材料の研究開発は，まず造ることつまり「合成」から始まる．次のステップは合成した物質・材料の「キャラクタリゼーション」である．キャラクタリゼーションに対応する適切な日本語を探すのは難しいが，それは「あるものが何であるか」という問いに答えることである．例えば，ここに動物がいるとき，それが馬であるか犬であるか猫であるかを判定し，犬であったとして，さらに柴犬か秋田犬か雑種かを決めることである．物質・材料の場合には，それが何であるかを知るには，結晶構造，組成，組織などを明らかにする必要がある．したがって，構造解析，組成分析，組織観察などがキャラクタリゼーションの具体的内容である．

　最後の段階に「評価」がある．評価とは物質・材料の持つ物性，機能を明らかにするとともに，それについての価値判断を行うことである．例えば，物質の電気伝導度を計測し，その結果について価値判断を行う．超伝導体の探索が目的であれば，電気抵抗がある温度（T_c）[*1]以下でゼロになるという点に第一の価値基準がある．一方，磁気センサーの開発を行っている研究者にとっては，磁場を印加したときに電気抵抗が大きく変化するかどうかという点が価値基準になるかもしれない．半導体の研究者であれば，もっぱら電気抵抗が温度と共に増大するかどうかに興味を持つかもしれない．当たり前のことながら，価値判断は研究開発の目的に依存する．

[*1]　超伝導転移温度．

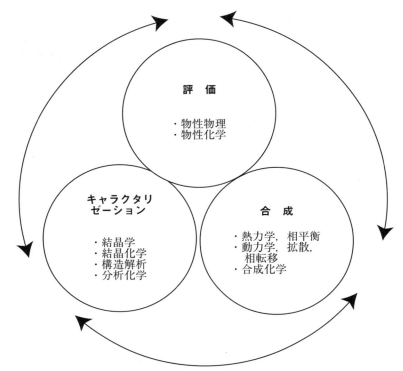

図 1-1 物質・材料研究の 3 要素とそれらを支える学問分野.

　超伝導体に話を戻して，一般論としては，T_c は高ければ高いほど価値がある．しかし，T_c が低くても，従来型とは異なったメカニズムで超伝導が発現している場合など，学術的な価値が認められることもある．実用的な価値と学術的な価値は必ずしも一致しない．ともあれ，ある価値基準に基づいて，物性や機能を評価し，その価値を最大化するために，物性や機能の発現のメカニズムを探り，その結果を合成へとフィードバックするという形で研究開発は進行していく．したがって，一般的には，図 1-1 で右回りの回転が繰り返されることになる．一方で，キャラクタリゼーションの結果を基に合成を見直したり，評価の結果からキャラクタリゼーションを見直すなど，逆方向の連携も起こり得る．

　物質・材料研究の 3 要素に対応し，それらをベースとして支える学問分野が

ある．それらの中で主なものを図に示している．高品質の物質・材料を合成するためには，様々な知識が要求されるが，とりわけ熱力学や相平衡の知識が必要である．熱力学や相平衡は，物質を所与の条件下に十分に長い間置いた後に実現する平衡状態を対象とする学問である．一方，問題によっては，平衡状態に達するまでの過程が重要な場合もある．すなわち動力学，拡散，相転移等に関する知識が，合成に役立つ場合もある．他方，合成を行うためには合成技術が必須である．合成技術は誰にでもできる簡単なものから，高圧合成のように大掛かりな装置とノーハウを要するもの，ソフト化学合成のように，特別な装置は必要としないが化学反応や化学物質に対する十分な知識やアイディアを要するもの，結晶育成のように，職人芸的な経験の蓄積を要するものなど，多種多様な範囲に及ぶ．図ではそれらをひっくるめて(広義の)合成化学と記述してある．

　酸化物を対象とする場合，キャラクタリゼーションとして第一義的に重要な課題は，結晶構造の解明と理解である．対象となる物質が未知のユニークな構造を持っている場合には，まずそれを解析して明らかにしなくてはならない．そのためには結晶学や結晶構造解析の知識が必要になる．しかし，一般的には，対象物質の構造は既知のものである場合が多い．そのときは，問題の構造がどのようなもので，他の構造と比較してどのような特徴を持っているかなどを十分に検討し，深いレベルで構造を解釈し理解することが重要になる．ここで役立つのが結晶化学と呼ばれる学問分野である．結晶化学を一言で述べれば「多種多様な結晶構造を比較，分類，整理し，各構造の持つ特徴やそれを構成する原子が満たす条件などを明らかにする学問」ということになる．

　物質・材料の物性や機能を評価する際にベースとなる学問分野は，物性物理や物性化学である．両者に本質的な差はなく，物性化学は化学的な側面をより強調した物性物理と考えればよい．物性物理は長い歴史と豊かな内容を誇る分野であり，およそあらゆる性質や機能がその対象となる．

　本書が主としてカバーする範囲は，合成のベースとしての，熱力学，相平衡，合成化学，およびキャラクタリゼーションのベースとしての結晶化学である．評価，物性を系統的に論ずることは本書の守備範囲を越える．しかし，物性や機能を全く度外視して物質・材料を語ることはできないため，断片的な形ではあるが，適宜物性や機能にも触れる．より系統的な学習のためには，適当な物性物理の教科書を学ぶ必要がある．その際，あらかじめ本書を読んでおく

ことは，物質・材料の基盤を押さえるという点で有効であると思う．

　本書の構成としては，まず結晶化学から話を始める．本章に続く，第2章「酸化物の結晶構造の成り立ち」は，結晶構造に関連する基礎的事項をあらかじめ押さえておくための章である．具体的な結晶構造との関連を意識したつもりではあるが，それでも形式的な記述が多く，ややとっつきにくいかもしれない．3章以降の実際の構造の解説を読み進める際に，適宜この章に立ち返って参照することにより理解が深まると思う．第3章「基本的な酸化物の構造と機能」は，重要な章である．酸化物について最低限知っておくべき結晶構造はこの章に現れる．実際的に役立つ知識に加えて，この章では，結晶構造を解釈するための手法や道筋についての基本的な考え方を提示する．第4章「ケイ酸塩」と第5章「ホモロガス物質群」は，比較的複雑な系を解説したものである．複雑に見える構造であっても，実は単純な規則がその背景にある場合が少なくない．この2つの章では，簡単な規則を押さえることが構造の理解に直結するような系を選び，結晶化学の有用性を示す．

　第6章「酸化物系の相平衡」は，もっぱら相平衡に充てられている．この章の目的の1つは，相図(相平衡図，状態図)が読めるようになることである．相平衡やその基礎となる熱力学は，5章までの結晶化学とは全く異なった学問分野である．しかし，結晶構造と相平衡(相図)を，共に深いレベルで理解し活用することは，物質・材料を化学的側面から把握するための王道である．

　第7章「酸化物の合成」は，酸化物の合成手法を概観するために充てられている．紙面の関係から個々の手法についての記述は最小限のものであるが，合成手法全体を眺めるには有効であると思う．第8章「ソフト化学法による準安定酸化物の合成」では，近年発展が著しいソフト化学合成を取り上げた．ソフト化学合成とは「比較的温和な条件下での，トポタクティック(topotactic)な反応を利用した合成」であり，合成と結晶構造が密接に関係しているという点で，最終章に相応しいテーマと考えた．

　本書の読み方としては，1章から順に読み進めるのが，最も確実である．しかし，6章，7章は他の章とは独立した色彩が強いため，それらを飛ばして，あるいはそれらだけを選んで読むことも可能である．8章も他章とはやや異なった性格を有するが，その理解のためには2〜5章の結晶化学の知識が必要である．

第2章
酸化物の結晶構造の成り立ち

　本章では酸化物の結晶構造に関連する基礎的事項を解説する．最初に，本書を読み進める上で必要な結晶学の知識を学ぶ．その上で，酸化物の結晶を成り立たせている基本的な原理について考察する[1]．酸化物の結晶構造は多種多様であり，それらすべてに適用できるような有効かつ単純な原理は存在しない．しかし，それを知っていることで結晶構造の理解に役立つような，いくつかの有力な考え方はある．本章では，結晶構造を成り立たせる原理として，主に「最密充填」と「配位多面体の連結」という2つの考え方を検討する．また，イオンの大きさを推定するためのイオン半径や，陽イオンの価数を推定するBVS(Bond Valence Sum)法，陽イオンの配位選択性等についても考察する．

2.1　結晶学の基礎

空間格子

　結晶の対称性を深く理解するためには，空間群の知識が必要になる．しかし，それは本書の範囲を超えるため，以下では，本書を読み進める上で最低限必要な，空間格子に関する知識をやや天下り的に与える[2,3]．結晶を構成するすべての原子は3次元的な周期配列をしている．そのため，結晶はある繰り返しの単位を集積したものと考えることができる．この繰り返し単位から構成される空間を結晶格子と呼び，体積が最小の繰り返しの単位を単純単位(結晶)格子と称する．単位格子としては平行六面体で囲まれる空間を採用するが，それは結晶の持つほぼすべての情報，例えば，原子の位置，対称性，原子間距離，比重などを含んでいる．平行六面体の頂点に当たる点が格子点であり，格子点の集合体を空間格子と呼ぶ．空間格子は，結晶格子における原子の集合を格子点で代表させたものである．

　空間格子の繰り返し単位は，単位結晶格子と同じ平行六面体である．結晶格子と同様に，体積が最小の場合を単純単位(空間)格子と呼ぶ．単純単位格子は，図2-1に示すように，平行六面体の3辺の長さa, b, cとそれらのなす角，

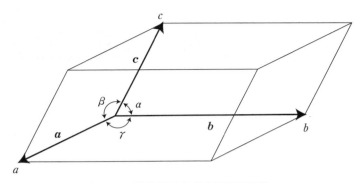

図 2-1 単位格子を表す平行六面体.

$α, β, γ$ によって(あるいは 3 辺に対応する格子ベクトル $\boldsymbol{a}, \boldsymbol{b}, \boldsymbol{c}$ によって)一意的に決めることができる．$a, b, c, α, β, γ$ を格子定数という．単純単位格子の 8 個の格子点は，それぞれ 8 個の単位格子によって共有されているため，単純単位格子 1 つに含まれる格子点の数は常に 1 である．

単純単位格子は対称性の観点から，表 2-1 に示す 7 つの結晶系に分類できる．①三斜晶系は軸の長さや軸間の角度に何の条件もない場合である(図 2-3[1]参照)．②単斜晶系は 1 本の 2 回回転軸あるいはそれに相当する対称性を有した結晶系であるが，その対象性と整合するためには軸間の角度のうち 2 つは 90°でなければならない(図 2-3[2])．③斜方晶系は 3 本の 2 回回転軸あるいはそれに相当する対称性を持つが，そのためには 3 つの角度はすべて 90°でなければならない(図 2-3[4])．④正方晶系は 1 本の 4 回回転軸もしくはそれに相当する対称性を持つが，3 つの角度がすべて 90°という条件に加えて 2 つの軸の長さが等しくなる必要がある(図 2-3[8])．⑤三方晶系は 1 本の 3 回回転軸あるいはそれに相当する対称性を有するが，少し込み入った事情があるため，後で詳しく説明する．⑥六方晶系は 1 本の 6 回回転軸あるいはそれに相当する対称性を有した結晶系であるが，単位格子は 2 つの軸長が等しいことと共に，2 つの角が 90°で残りが 120°でなくてはならない(図 2-3[11])．⑦立方晶系は 4 本の 3 回回転軸もしくはそれに相当する対称性を持つが，3 つの角度が 90°でかつ 3 つの軸長がすべて等しい必要がある(図 2-3[12])．すなわち，この場合の平行六面体は立方体である．

2.1 結晶学の基礎

表 2-1 7種の結晶系における格子定数の間の関係と，各結晶系に属するブラベー格子．

結晶系	格子定数間の関係	ブラベー格子
三斜晶系	$a \neq b \neq c$ [†1] $\alpha \neq \beta \neq \gamma \neq 90°$	単純(P)
単斜晶系 [†2]	$a \neq b \neq c$ $\alpha = \gamma = 90° \neq \beta$	単純(P) 底心(C)
斜方晶系	$a \neq b \neq c$ $\alpha = \beta = \gamma = 90°$	単純(P) 底心(C) 体心(I) 面心(F)
正方晶系	$a = b \neq c$ $\alpha = \beta = \gamma = 90°$	単純(P) 体心(I)
三方晶系	$a = b = c$ $\alpha = \beta = \gamma < 120° \neq 90°$	単純(R)
	$a = b \neq c$ $\alpha = \beta = 90°, \gamma = 120°$	単純(P)
六方晶系	$a = b \neq c$ $\alpha = \beta = 90°, \gamma = 120°$	単純(P)
立方晶系	$a = b = c$ $\alpha = \beta = \gamma = 90°$	単純(P) 体心(I) 面心(F)

[†1] 「≠」は等しいことが対称性から要請されないという意味であり，偶然等しくなることはあり得る．
[†2] 単斜晶系の軸の取り方としては，$\alpha = \beta = 90° \neq \gamma$ とする場合もある．

体積最小の単位格子である単純単位格子を採用することは常に可能であるが，それが便利とは限らない．対称性の観点からすれば，格子内に複数個の格子点を含む，より大きな格子を採用したほうが合理的な場合がある．例えば，**図 2-2** に示す空間格子の単純単位格子は，点線で示した単斜格子である．しかし，実線で示したように，より対称性の高い斜方格子を採用することも可能であり，通常そのほうが合理的である．ただし，この斜方格子は単純格子ではなく，直方体の頂点に加えて，c 軸に直交する面(C 面)の中心にも格子点が存在する複合格子である．この複合単位格子に含まれる格子点の数は 2 であり，

8　第 2 章　酸化物の結晶構造の成り立ち

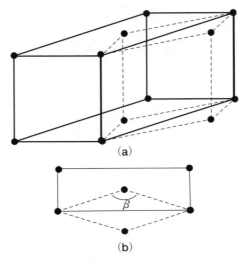

図 2-2　（a）C 底心斜方格子と単純単斜格子の関係．（b）単斜格子の $\boldsymbol{b}$ 軸方向への投影図．

体積も単純単斜格子の 2 倍である．

　結晶の対称性に対応した単位格子として，フランスの物理学者ブラベー (Bravais) は図 2-3 に示す 14 種類を選定した．これらはブラベー格子と呼ばれている．ブラベー格子の半分は単純格子であり，それを表すシンボルとして P が使われる．上で述べた C 面に格子点がある場合は C 底心格子と呼びシンボルとして C を用いる[*1]．格子の中心の体心位置に格子点を持つものは体心格子と呼び，シンボル I で表す．C 格子と同様に I 格子も 2 つの格子点を含んだ複合格子である．一方，格子のすべての面の中心，すなわち面心に格子点を持つものを面心格子と呼び，シンボル F で表す．面心位置の格子点は 2 つの格子で共有されていることから，F 格子は 4 個の格子点を含んでいる．

　三方晶系の単位格子には 2 つの可能性があり，図 2-3[10] の菱面体格子か図 2-3[11] の六方格子のどちらかである．菱面体格子は表 2-1 の $a=b=c$，

[*1]　軸の取り方により，A 底心格子や B 底心格子も考えられ，それらに対応するシンボルとして A, B が使われる．

2.1 結晶学の基礎

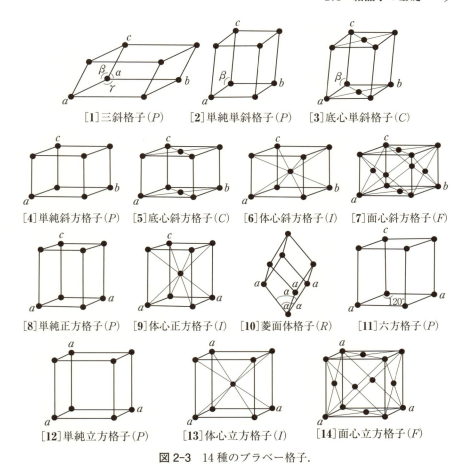

図 2-3 14 種のブラベー格子.

$\alpha = \beta = \gamma < 120° \neq 90°$ に対応する単位格子であり，面が菱形となることが名前の由来である．この格子は単純格子ではあるが，シンボルは P ではなく R が使われる．R 格子は結晶構造を表現するには使いにくいことが多い．そこで，図 2-4 に示すような方法で，R 格子はしばしば六方格子に変換される．この六方格子は図 2-3[11] の P 格子ではなく，格子内に 3 個の格子点を含む複合格子である．そのため，R 格子の 3 倍の体積を持っている．通常，この複合六方格子を用いて表現するほうが，菱面体格子に依るよりも構造の理解が容易

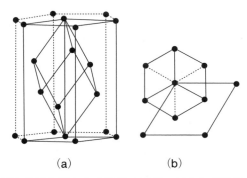

図 2-4 （a）菱面体格子と複合六方格子の関係．（b）六方格子の c 軸方向（菱面体格子の[111]方向）への投影図．

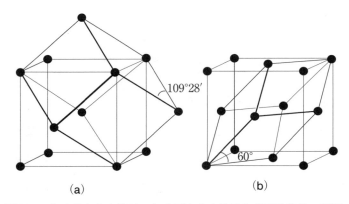

図 2-5 （a）体心立方格子，（b）面心立方格子と菱面体格子の関係．

である．本書でも特別な事情がない限り複合六方格子を用いる．

　先に述べたように，最小の単位格子である単純単位格子を採用することは常に可能であり，すべての複合格子は単純格子に還元することができる．例えば，前述のごとく，C 底心斜方格子の単純格子は単純単斜格子であり，複合六方格子の単純格子は菱面体格子である．また，図 2-5（a），（b）にそれぞれ示すように，体心立方格子や面心立方格子からは，それぞれ $\alpha = 109°28'$（正四面体角）および $\alpha = 60°$ の菱面体格子を切り出すことができる．

　体心立方格子や面心立方格子の単純単位格子が菱面体格子であるということ

に加えて,単純立方格子は $\alpha=90°$ の菱面体格子であるという事実は,立方格子と菱面体格子の間の密接な関係を示している.立方格子を体対角線の方向に伸び縮みさせると菱面体格子となり,三方晶系にまで対称性が低下することは,この議論から自然に理解できる.結晶に何らかの方法で歪を与えた場合の対称性の低下は,このような空間格子の間の関係によって説明できる場合がある.

結晶面,方向,原子位置の記述

空間格子が与えられたとき,それをベースとして面や方向を記述する方法を述べる.面の記述法として使われるのがミラー指数 (hkl) である.図 2-6 に示すように,ミラー指数 (hkl) を持つ面とは,空間格子の $\boldsymbol{a}$, $\boldsymbol{b}$, $\boldsymbol{c}$ 軸と,それぞれ,a/h, b/k, c/l で交差するような面である.ここで h, k, l は有理数の組である.面が $\boldsymbol{a}$, $\boldsymbol{b}$, $\boldsymbol{c}$ 軸の負の側で交差する場合には $\bar{h}$, $\bar{k}$, $\bar{l}$ により表す.図 2-7 にいくつかの代表的な (hkl) 面を示す.h, k または l がゼロの面は,それぞれ,$\boldsymbol{a}$, $\boldsymbol{b}$ または $\boldsymbol{c}$ 軸に平行な面である.(100), (010), (001) 面は,それぞれ $\boldsymbol{a}$ 軸,$\boldsymbol{b}$ 軸,$\boldsymbol{c}$ 軸とのみ交わることから A 面,B 面,C 面と呼ばれることがある.空間格子の持つ対称性によって,(hkl) 面と等価な面が存在するが,それらをまとめて表す場合には,$\{hkl\}$ という記号を用いる.例えば,立方晶系の場合,(100), (010), (001), $(\bar{1}00)$, $(0\bar{1}0)$, $(00\bar{1})$ は等価な面であり,$\{100\}$ で表される.

次は方向の記述法である.格子ベクトル $\boldsymbol{a}$, $\boldsymbol{b}$, $\boldsymbol{c}$ を基底としたベクトル

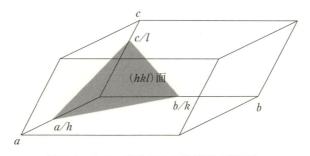

図 2-6 ミラー指数による格子面の表現法.

12　第2章　酸化物の結晶構造の成り立ち

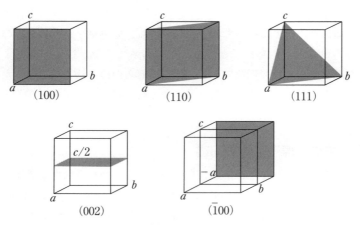

図 2-7　ミラー指数により表した種々の格子面.

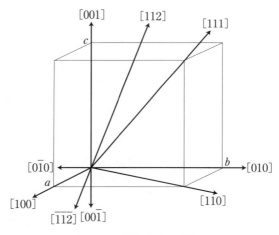

図 2-8　方向を表す指数.

$u\boldsymbol{a} + v\boldsymbol{b} + w\boldsymbol{c}$ を考え，その方向を指数 $[uvw]$ で表す．ミラー指数と同様に負の値は，上付きのバーで表す．$[111]$ と $[222]$ は同じ方向であるが，最小の整数の組を選択する．したがって，この場合は $[111]$ が使われる．図 2-8 にいくつかの方向の例を示す．ミラー指数と同様に，対称性によって等価な方向が存在するが，それらはまとめて $\langle uvw \rangle$ と表記される．例えば，立方晶系の場合，

[111][1̄11][11̄1][111̄][1̄1̄1][1̄11̄][11̄1̄][1̄1̄1̄]はすべて等価な方向であり，まとめて⟨111⟩で表される．

最後は単位格子内の原子の位置の表記である．単位格子内の原子の位置ベクトル r を，格子ベクトルを用いて，$r = xa + yb + zc$ と表し，原子の位置を (x, y, z) と表記する．

2.2 酸化物イオンの最密充填

最密充填

金属酸化物における金属-酸素の結合は，イオン的な性格が強い．その結果として，結合の方向よりも距離が重要な意味を持つ場合が多く，結合距離を短くするようなコンパクトな構造が実現する傾向がある*2．以下では，理想的なイオン結合を考え，陽イオンと酸化物イオンを均一な電荷を持つ剛体球と見なすことにする．図 2-9 は O^{2-} イオンと Mg^{2+} イオンのサイズを模式的に表したものである．この2つは共に10個の電子 $(1s^2 2s^2 2p^6)$ を持つイオンであるが，半径には約 1.5 倍(体積には約 3.4 倍)の差がある．この例が示すように，多くの場合，陽イオンのサイズは O イオンに比べて小さく，その電子密度は O イオンに比べて大きい(Mg^{2+} の場合は 3.4 倍)．そのため，陽イオン同士が

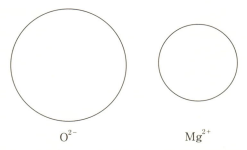

図 2-9 O^{2-} イオンと Mg^{2+} イオンのサイズの比較．Shannon と Prewitt の結晶半径(6 配位を仮定，表 2-4 を参照)に基づく．

---

*2 2.6 節で述べるように，共有結合性や陽イオンの配位選択性が構造を決めている場合もある．

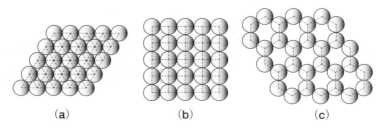

図 2-10 2次元における球の充填．（a）三角格子，（b）四角格子，（c）六角格子．

近接するような配置は，静電的な反発が強く働き実現しない．一方，Oイオンはこのような制約から比較的自由である．これらのことから，酸化物の骨格構造が，Oイオンによって構成される場合が多く，陽イオンはOイオンに囲まれた空間(隙間)を占め，陽イオン同士の接触が例外的にしか起こらないことが理解できる．

　Oイオンを一定のサイズを持った剛体球と見なし，それをできる限りコンパクトに充填していくことを考える．これを最密充填という[4]．まず2次元における最密充填を考えよう．図2-10(a)に示すように，球の中心が三角格子を形成するように球を並べることで最も密な充填層ができ上がる．この場合，1つの球は6個の球と接触している．一方，図2-10(b)に示すように，四角格子点に球の中心を置いた場合には，1つの球は4個の球としか接触せず明らかにより疎な配置となる．図2-10(c)のように六角格子点に中心を置いた場合は3個の球と接触するのみとなり，充填率はさらに小さくなる．

　図2-10(a)の2次元の最密配置の上にさらに球を置くことを考えよう．図2-11で位置Aは1層目の充填層の球の中心であり，B，CはA球3つが作る空隙の中心である．また，DはA球同士が接触している点である．A点の上にその中心がくるように球を置いた場合，A球との接触点の数は1である．B，Cの上に置いた場合にはいずれも接触点の数は3である．一方，D点の上に置けばその数は2となる．接触点の数が4以上であるような位置は存在しない．したがって，BまたはCの上に置くことで最も密な充填が実現する．もちろんBとCの両方に置くことはできないから，どちらかを選ばなくてはならない．BとC（Aも）は結晶学的に等価な位置であり，どちらを選択しても

2.2 酸化物イオンの最密充填　15

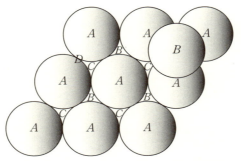

図 2-11　球の最密充填(本文参照). D 位置は一箇所のみに表記している. 右上の B 球は A 層の上に置かれている.

一般性は失われない. そこで B を選択することにする. したがって, 最初の2枚の層の積み重ねについては AB が必然となる. A 層の球の中心が張る面と B 層の球の中心が張る面の間の距離, すなわち層間距離 w は, 球の半径を r とすると $w = 2\sqrt{\frac{2}{3}} r$ である. 3枚目の層の積み重ねには, C 位置を選択して ABC とするか, 再び A を選択して ABA とするかの2つの選択肢がある. 4枚目以降も, ABC の次は $ABCA$ と $ABCB$, ABA の次は $ABAB$ と $ABAC$ のように, いつも2種類の選択肢があり, 結局, 無限に多くの配列様式が考えられる.

　現実の結晶構造を考える上では, $ABABAB\cdots$ と $ABCABC\cdots$ という2つの最も単純な配列様式が格段に重要である. 前者の配列を**図 2-12** に示すが, この $AB\cdots$ の構造から単位格子を切り出すと, 図 2-12(b)(または(c))に示すような六方晶系の格子が得られる. この六方格子の格子定数は, $a(=b) = 2r$, $c = 4\sqrt{\frac{2}{3}} r$ であり, c/a は 1.633 となる[*3]. この格子で空間を埋めると, 図 2-12(a)の最密充填配列ができ上がるのである. そのため, $AB\cdots$ の配列は六方最密充填と呼ばれている. 本書では, hexagonal close packing の頭文字を取って hcp と呼ぶことにする.

[*3]　実際の結晶では, c/a は理想的な値からずれている場合が多い.

16   第 2 章　酸化物の結晶構造の成り立ち

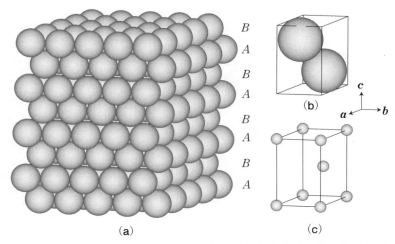

図 2-12　（a）球の六方最密充填（hcp）．（b）六方最密充填の単位格子（六方格子）．（c）原点を球の中心に置いた単位格子（球の半径を縮小させてある）．

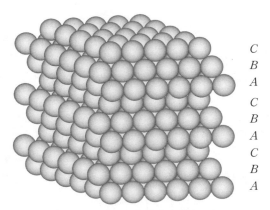

図 2-13　球の立方最密充填（ccp）．

hcp の場合，2 次元の最密充填層（A，B 層）が六方格子の（001）面（C 面）と平行であるため，直感的に理解しやすい．しかし，もう一方の配列の場合は事情が異なる．図 2-13 の最密充填配列 $ABC\cdots$ から切り出される単位格子は，図 2-14（a）の立方格子である．そのためこの様式は立方最密充填と名付けられ

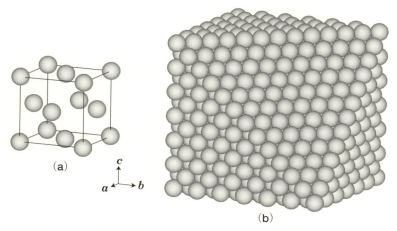

図 2-14 （a）立方最密充填構造の単位格子(面心立方格子 ＝fcc). （b）fcc 構造の(111)面に平行なカット.

ている．本書では cubic close packing から頭文字を取って ccp と呼ぶことにする．図 2-14(a)の格子は，面心立方格子(face centered cubic＝fcc，図 2-3 [14])であり，格子定数と球の半径の関係は，$a = 2\sqrt{2}\,r$ である．面心立方格子で空間を埋めると，図 2-13 の最密充填配列が得られるのであるが，ここで注意すべきは，A層，B層，C層の最密充填層は立方格子の(111)面に平行であることである．つまりこれらの層は立方格子の[111]方向に積み重なっているのである．その確認のために，面心立方格子を積み上げた構造を，(111)に平行な面でカットしたものが図 2-14(b)である．このカット面が図 2-10(a)の最密充填層と同一で，三角格子を形成していることは容易に見て取れる．ccp と fcc は同じ構造の別な表現であり，ccp の最密充填層が fcc の(111)面に平行であることは，これから何度も使われることになる非常に有用な知見である．

最密充填構造の表記法

hcp と ccp は群を抜いて重要な最密充填配列であるが，より複雑な配列を持った構造も存在する．配列の表記法としては，その繰り返しの最小の単位を A, B, C を用いて表すことで，多くの場合事足りる．以下これを A-B-C 表記と呼ぶことにするが，どのような複雑な配列もこの方法で特定することがで

きる．しかし，目的によっては，別の形式が有用な場合がある[4]*4．その方法の1つが h-c 表記である．1つの最密充填層に着目して，その層の両隣の層が等価なとき（すなわち，両方とも A，両方とも B，または両方とも C）h 層と表記する．逆に，両隣の層が等価でないとき c 層と呼ぶ．hcp（A-B-C 表記では AB）は，すべての層が h であるため，h 一文字で表記される．他に h 一文字で表される配列はない．一方，ccp（ABC）はすべての層が c であるため，c 一文字で表される．やはり，他に c 一文字で表される配列はない．このことは，すべての層が同等である配列は，h および c 一文字で表せる hcp, ccp の2つのみであることを示している．もっと一般の場合を考えよう．例えば，$ABCACB$ からは $hcchcc$ が得られるが，繰り返しの最小単位は hcc であるため，それが h-c 表記となる．この例もそうであるように，h-c 表記が含む層の数は，A-B-C 表記の層の数 N（これが，実際の繰り返しの単位に含まれる層の数にほかならない）とは必ずしも一致しない．

h-c→A-B-C という逆の変換も簡単な方法で行うことができる．まず，最初の2つを AB と置いて，あとは h, c の指示に従って，同じ繰り返しが現れるまで A, B, C を並べるだけである．例えば，$hhcc$ であれば，$ABACBCBACACB$ が導出され 12 枚周期（$N=12$）の構造であることが分かる．つまり実際の周期は，h-c 表記を3つ重ねた $hhcchhcchhcc$ に対応する．

次に，創始者の名前から Zhdanov（ジダーノフ）表記として知られる，2つ目の方法を紹介する．A-B-C 表記において，$A→B$, $B→C$, $C→A$ という並びがあるとき，それらを「＋」の変化と定義する．逆に $B→A$, $C→B$, $A→C$ という並びは「−」の変化である．充填層の配列を ＋ や − の個数によって表す方法が，Zhdanov 表記である．すなわち，＋ が単独で現れる場合には 1 とし，連続する場合にはその個数を数字とする．− についても同様である．例えば，2211 は ＋＋−−＋− に対応し，充填構造においてこの並びが無限に繰り返されることを意味する．定義から明らかなように，この表記に現れる数字の個数（2211 の場合は 4）は必ず偶数である*5．先に出てきた，$ABCACB$

---

*4 本項の内容は形式的であり，分かりにくいかもしれない．最初は概略を押さえるだけで十分であり，5.3 節と 5.4 節の具体的な例を検討する際に，立ち返って参照すれば理解が進むと思われる．

(hcc)の場合は，＋＋＋ーーーよりその Zhdanov 表記は 33 である．一方，$ABACBCBACACB$($hhcc$)では，＋ーーー＋ーーー＋ーーーより 131313 となるが，繰り返しの最小単位は 13 であり*6，それが Zhdanov 表記である．

Zhdanov 表記が重要な理由は，以下で天下り的に与えるように，それが最密充填構造の対称性に関係しているためである[4]．この表記に現れるプラスの数字の総計を p とし，マイナスの数字の総計を q (正の数)とすると，表記に含まれる充填層の枚数は $p+q$ で与えられる．一方，$p-q$ は対称性に関わる特別な意味を持っている．それが 3 の倍数である場合には，充填構造は六方晶系に属し，六方格子の c 軸方向に軸長当たり $p+q$ 枚の充填層が積み重なっている(すなわち，$N=p+q$)．一方，$p-q$ が 3 の倍数でないときには，充填構造は菱面体(R)格子を持つ三方晶系に属する．この R 格子を複合六方格子に変換すると(図 2-4 参照)，その c 軸方向に軸長当たり $3(p+q)$ 枚の充填層が積み重なっている(すなわち，$N=3(p+q)$)．具体例で考えてみよう．Zhdanov 表記 33 の場合，$p-q(=0)$ が 3 の倍数であることから，六方晶系に属し c 軸長当たり $p+q=6$ 枚の充填層が積み重なっているはずである．実際に，A-B-C 表記の $ABCACB$ から充填層の枚数 N は 6 である．一方，Zhdanov 表記 13 の場合は，$p-q(=-2)$ が 3 の倍数ではないため，三方晶系に属し複合六方格子の c 軸長当たり $3(p+q)=12$ 枚の充填層が積み重なっているはずである．この数も A-B-C 表記の $ABACBCBACACB$ に整合している．

最後に，やはり創始者の名を冠した Ramsdell 表記に触れておく．Ramsdell 表記は NX の形で与えられる．N は先に定義した繰り返し単位に含まれる充填層の枚数である．X は結晶系であり，六方晶系を H，三方晶系を R，立方晶系を C とする．具体例をあげると，hcp(AB, h)は $2H$，ccp(ABC, c)は $3C$，$ABCACB$(hcc)は $6H$，$ABACBCBACACB$($hhcc$)は $12R$ と表記されることになる．

---

*5 例えば，数字の個数が 3 である 211 は，そのまま書き下すと，[＋＋ー＋][＋＋ー＋][＋＋ー＋]…となり，この場合は 31 と表記されるべきものである．あるいは 211 を 2 回繰り返した 211211 が正しい表記である．

*6 最小単位に含まれる数字の数は偶数でなくてはならない．例えば，上の脚注で示した 211211 はすでに最小単位であり，ここから 211 を取り出すことはできない．

表 2-2　最密充填構造についての表記法の比較.

N	表記法			
	A-B-C	h-c	Zhdanov	Ramsdell
2	AB	h	11	$2H$
3	ABC	c	∞ †1	$3C$
4	$ABCB$	hc	22	$4H$
6	$ABCACB$	hcc	33	$6H$
9	$ABACACBCB$	hhc	12	$9R$
12	$ABACBCBACACB$	$hhcc$	13	$12R$

†1　ccp(ABC)の場合はすべてが + の変化である.

ここで扱った例を含めて，いくつかの最密充填構造について 4 種の表記法を比較したものが**表 2-2** である．これらの表記法は単に形式的なだけで，あまり有用性は感じられないかもしれない．しかし，ある種の構造に関してはこのような表記法が，非常に重要な役割を果たすのである．その実例は 5.3 節と 5.4 節において紹介する．

八面体配位と四面体配位

先に述べたように，酸化物の結晶構造の大枠は，サイズがより大きな酸化物イオンが造る場合が多い．そして酸化物イオンが造る大枠の構造として重要なものが最密充填構造であった．次の問題は最密充填構造において陽イオンが占める位置である．**図 2-15** に示すように，球が A–B と積み重なったとき，その間には 2 種類の空隙ができ，この空隙が陽イオンの占めるべきスペースとなる．

1 つ目の空隙の中心は，A 層と B 層のちょうど中間で(A 球の中心が張る面から $w/2$ だけ離れて)かつ，C 位置に相当する位置である．この位置は A 球 3 個と B 球 3 個，合わせて 6 個の球で囲まれている．これらの 6 個の球の中心を頂点とする多面体を考えると，それは正八面体である．正八面体は通常，頂点を上下にして**図 2-16**(a)のように描かれるが，最密充填構造に関係付けるには，正三角形の面を上下にした図 2-16(b)のほうが理解しやすい．下の三角形が 3 つの A 球に，上の三角形が B 球に対応するからである．八面体の頂点に位置する原子(イオン)によって囲まれるこのような配位を八面体配位と呼

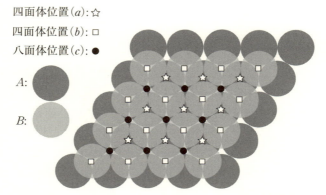

図 2-15 最密充填層 A–B の間にできる 2 種類の空隙.

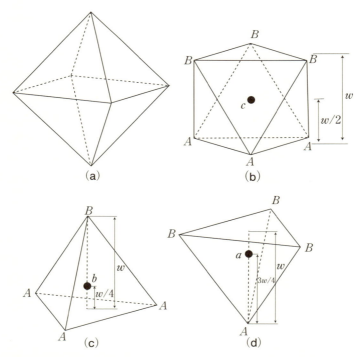

図 2-16 最密充填構造における陽イオンの配位.（a），（b）八面体配位.（c），（d）四面体配位.

ぶ．配位する原子の数（配位数）でいえば，八面体配位は6配位である．ここで八面体位置の数が，充填球の数と全く同じであることは覚えておくべき事柄である．

A と B 層の間の八面体位置は C 位置であったが，同様な議論から B，C 層間の八面体位置は A 位置であり C，A 層間では B 位置である．したがって，O が $ABC\cdots$ と ccp の格子を形成すると，その八面体位置も $CAB\cdots$ と位相はずれるが同じ配列となり，ccp に相当する格子を形成する．今後は，O の占める位置と区別するために，陽イオンが占める位置は小文字を使うことにする．この約束に従えば，O が ccp を形成し，そのすべての八面体位置を1種類の金属が占める構造は，$AcBaCb\cdots$ で表せる．次項で，これはよく知られた NaCl 型構造にほかならないことが明らかになる．

2種類目の空隙の中心は，B 球の中心の真下，あるいは A 球の中心の真上にできる．前者は当然ながら B 位置にあり，A 球の中心が張る面から $w/4$ 離れている．一方，後者は A 位置で A 球の中心の面から $3/4w$ 離れている．これらの空隙は結晶学的には等価であり，図2-16(c)，(d)が示すように，共に4個の球によって囲まれている．これらの4個の球が作る多面体は正四面体であり，この配位を四面体配位と呼ぶ．配位数でいえば4配位である．八面体位置と同様に四面体位置も小文字で表す．すると A，B 層間の四面体位置は b，a であり，B，C 層間は c，b，そして C，A 層間は a，c となる．四面体位置の総数が，充填球の数の2倍であることは自明である．この表記法を使えば，例えば，O が ccp を形成し，その四面体位置のすべてを1種類の金属が占める構造は，$AbaBcbCac\cdots$ で表すことができる．3.2節においてこの構造が実際に存在することが明らかになる．

八面体位置にも四面体位置にも，同じ文字，a，b，c を用いるが，それによって混乱が生じることはない．A と B 層間に c があればそれは八面体位置と決まるし，a や b があれば四面体位置と決まるからである．同様なことは B と C 層間や，C と A 層間の位置についても成り立つ．

NaCl 型構造

抽象的な議論が続いて，現実の結晶構造との関係がはっきりしないという不満を持たれるかもしれない．そこで，この段階で現実の構造の例として NaCl

型を取り上げ，最密充填の立場からそれを解釈してみようと思う．NaCl型構造は最もよく知られた結晶構造であり，酸化物においてもこの構造を有するものは多い(3.1節参照).

図 2-17(a),(b)がおなじみのNaCl型構造である．図(a)はClを原点とした図であり，(b)はNaを原点としたものである．図(a)から，Clがfcc格子を形成していることは明らかである．したがって，この構造はClのccpをベースとしたものである．図(a)で格子の体心位置にあるNaを見ると，それがClの造る正八面体の中心を占めていること，すなわち八面体配位であることも明らかである．ccpにおける最密充填層の積み重なりが，fcc格子の[111]方向であったことを思い出して，[111]方向が紙面の上になるように描いた図が(c)である．Clが$ABC\cdots$とccp様式で積み重なり，層間の八面体位置をNaが占めている様子が見て取れる．構造を(111)面に平行に，Cl層とNa層が1枚ずつ含まれる厚みにスライスしたものが図(d)である．この図によって，

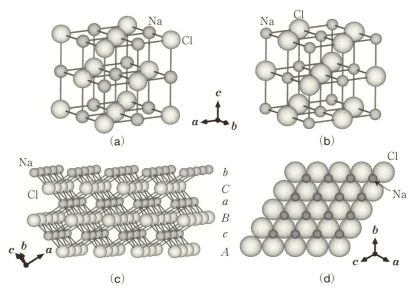

図 2-17 NaCl型構造(立方晶系). (a)原点をClに置いた図. (b)原点をNaに置いた図. (c)[111]に垂直な方向から見た構造. (d)(111)面に平行なスライス(Cl原子同士が接触するように，原子の半径を拡大してある).

Clの最密充填が造るすべての八面体位置がNaによって占められていることが確認できる。

先に述べたように，NaCl型構造は$AcBaCb\cdots$と表現できる．Naの位置，$cab\cdots$もccp様式の配列であるため，Naもまたfcc格子を形成しているはずである．実際に，それは図(b)から明らかである．また，Clに対するNaの配位を見ると，Naに対するClの場合と同様に八面体配位である．すなわちこの構造はClとNaが共にfcc格子を形成し，それらが入れ子になっているものにほかならない(結晶全体の単位格子もfccである)．

陽イオンの配位数と陰イオンの配位数

酸化物イオン等の陰イオンが最密充填構造を形成する場合，陽イオンは通常，八面体配位か四面体配位を取る[*7]．つまり，陽イオンの配位数は6か4である．一方，陰イオンから陽イオンを見たときの配位数はどうであろうか．この問に答えるために，陽イオンの配位数と陰イオンの配位数の間に成り立つ，簡単な関係について触れておく．一般式，$^{\alpha}\mathrm{A}_m{}^{\chi}\mathrm{X}_n$で表される物質を考える．A，Xはそれぞれ金属元素(陽イオンに対応)，非金属元素(陰イオンに対応)を表し[*8]，α，χはそれぞれ，陽イオンに対する陰イオンの配位数，陰イオンに対する陽イオンの配位数を表す(ここでは，AまたはXイオンの配位環境として，それぞれ1種類しかないことを仮定している)．陽イオンから陰イオンに伸びる結合手の総数と，陰イオンから陽イオンに伸びるそれは等しくなければならないため，

$$m\alpha = n\chi \tag{2.1}$$

が成り立つ．例えば，NaCl型AOの場合，$m=n=1$，$\alpha=6$より，$\chi=6$となって，Oも6配位となる．これは前項で見た通りの結果である．一方，ルチル型の酸化チタンTiO_2の場合は，$m=1$，$n=2$であり3.1節で見るようにTiは6配位(八面体配位)である．したがってOに配位するTiの数は3であ

[*7] 5.3節，5.4節において議論するように，最密充填構造の5配位位置を陽イオンが占める場合もある．

[*8] 金属元素を表す一般記号として立体文字のA, B, ...を用い，最密充填の位置を表す記号(イタリック文字のA, B, C)と区別する．

る.「陽イオンから陰イオンに伸びる結合手の総数と陰イオンから陽イオンに伸びるそれは等しい」という関係は，至極当たり前ではあるが，あらゆる物質について成立することから，式(2.1)は覚えておくと便利な関係である.

種々の配位多面体

酸化物の構造において，八面体配位と四面体配位が最も重要な配位様式であることは疑いない．しかし，実際の構造には，その他の多種多様な配位様式が出現し，配位数も広い範囲にわたる．図 2-18 に本書で扱うことになる配位多面体を示す．[4]四面体と[7]八面体は説明済みであるが，実は[10]立方八面体*9と[11]双立方八面体*10 もすでに出てきた配位多面体である．前者は ccp において，1つの球を中心にしてそれに配位する 12 の球が造る多面体で

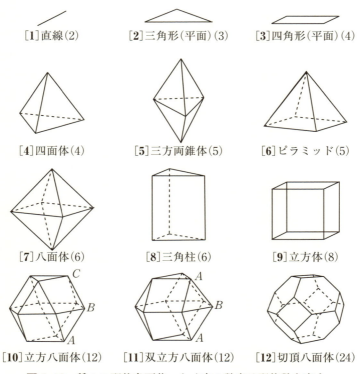

図 2-18　種々の配位多面体．（　）内の数字は配位数を表す．

あり，後者は hcp における 12 の球が造る多面体である．図 2-18 に示すように，前者の頂点の位置は ABC に対応し，後者は ABA に対応する．

[1]～[3]は多面体とはいえないが，このような配位もしばしば現れる．[1]は直線 2 配位（ダンベル型 2 配位と称されることもある）であり，陽イオンが線分の中央に陰イオンが線分の両端に位置する．[2]は平面 3 配位，[3]は平面 4 配位であり，どちらの場合も陽イオンと陰イオンは同一面上に位置する．

最密充填構造から派生する構造

最密充填は有力な考え方であり，後で見るようにいくつかの非常に重要な酸化物の構造がこれで説明できる．一方で，酸化物の構造は多様であり，最密充填の考え方が適用できない構造が数多くあることも事実である．しかし，最密充填配列がそのまま当てはまらなくとも，最密充填配列から派生したと考えることができる構造や，最密充填配列と何らかの関連を持つ構造などを含めて考えると，その数は少なくない．

1 つ実例をあげよう．図 2-19（a）に示す ReO_3 の構造[5]は最密充填配列ではない．しかし，立方晶系に属するその構造を，立方格子の(111)面に平行にスライスすると，図 2-19（b）のような原子配列が得られる．これと図 2-17（d）を比較すると，ReO_3 の O 層は，最密充填層から 1/4 の席を規則的に欠損

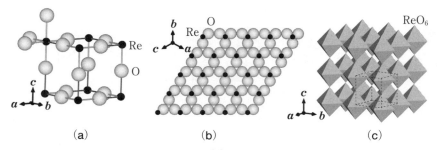

図 2-19 （a）ReO_3 の構造（立方晶系）[5]．（b）(111)面に平行なスライス．（c）ReO_6 八面体の連結．

---

*9　cuboctahedron
*10　twinned cuboctahedron

させたものであることが分かる．また，Re が八面体位置を占めていることも明らかであり，結局，この構造は欠損した ccp 配列において，八面体位置の 1/4 だけに陽イオンを配置したものということになる．その表記は $A_{3/4}c_{1/4}B_{3/4}a_{1/4}C_{3/4}b_{1/4}\cdots$ である．先に述べたように，NaCl 型構造の配列は $AcBaCb\cdots$ であることから，形式的ではあるが，ReO$_3$ 型構造は，NaCl 型構造の陰イオン席，陽イオン席の双方に大量の欠損を規則的に入れた，欠損 NaCl 型(Re$_{1/4}$O$_{3/4}$)と考えることもできる．Re^{6+} の最外殻電子は $5d^1$ であり，その酸化物は金属伝導を有することが期待される．実際に，ReO$_3$ は図 2-19 の対称性の高い結晶構造も関係して，非常によい金属であり電気伝導度は銀に匹敵する．

2.3 八面体および四面体の連結

　ここでは，最密充填配列からいったん離れて，結晶構造を理解する上で重要なもう 1 つの考え方を検討する．結晶構造を「配位多面体の連結」によって理解しようとする考え方である[6]．前節で ReO$_3$ 型構造を最密充填配列の視点から解釈して，その骨格構造が，最密充填配列に欠損を導入したものと見なせることを示した．一方，この構造は ReO$_6$ 八面体を単位として，それが 3 次元的に連結したものと解釈することもできる．図 2-19(c)によってその意味は明らかである．ReO$_6$ 八面体は 6 個の頂点すべてを他の八面体と共有して 3 次元のネットワークを形成している．八面体の連結をベースとした構造は，本書の様々な箇所に現れる．そこで次項において，その基本的な様態をまとめて議論しておくことにする．

八面体の連結

　八面体の連結の仕方としては，図 2-20(a)，(b)，(c)にそれぞれ示すように，頂点を共有するもの，稜を共有するもの，面を共有するものが考えられる[*11]．また，これらのうちの 2 種類，あるいは 3 種類すべてが組み合わさった連結も考えなくてはならない．さらに，6 個の頂点，12 本の稜，8 枚の面の中でどれを選ぶかによって連結のあり方は変わってくる．結果として，ほとんど無数の連結様式が考えられ，現実の構造の多様性につながっている．ただ

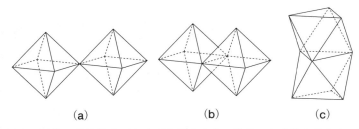

図 2-20 八面体の連結様式．(a)頂点を共有する連結．(b)稜を共有する連結．(c)面を共有する連結．

し，幾何学的な制約はあり，八面体を変形させず，かつ隣接する2つの八面体について頂点間の距離(O-Oの距離)が八面体の稜よりも短くならない(八面体間のO-O距離が八面体内のO-O距離よりも大きい)という条件を付けると，1つの頂点(O原子)が属することができる八面体の数(Oに配位する金属原子の数)の最大値は6である．NaCl型構造で見たように，この6という数は，立方最密充填構造において，すべての八面体位置が金属原子によって占められたときに実現する．そのとき，八面体の12本の稜すべてが共有されている(これは例外的であり，通常は6本以上の稜が共有されることはない)．また，稜共有や面共有がなく頂点共有のみの場合には，上のような条件を付けると，1つの頂点が属することができる八面体の数の最大値は2である[*12]．これはかなり厳しい制約であり，頂点共有のみを仮定すれば，Oは3個以上の金属原子に結合することはない．したがって，Aが八面体配位を取る酸化物 A_mO_n において，$n/m<3$ の場合は必ず稜または面が共有されていることになる．一方，ReO_3 型構造で見たように，$n/m \geq 3$ であれば稜または面の共有がない構造があり得る(もちろん，稜や面の共有も可能である)．

[*11] 稜の共有は必然的に2個の頂点の共有を伴い，面の共有は3個の頂点と3本の稜の共有を伴う．しかし，このようなより高次の共有に伴って必然的に生じるものは，頂点共有，稜共有には含めない．

[*12] AO_6 八面体を考えたとき，八面体を変形させずかつO-O距離を稜の長さ以上に保つという条件を付けると，A-O-Aの角度は132°以上でなくてはならない．しかし，1つの頂点を共有して3つの八面体が連結する場合(稜や面を共有しなければ)，A-O-Aの角度の1つは360°/3＝120°以下になる[6]．

2.3 八面体および四面体の連結

八面体が，隣接しない2つの頂点(トランスの位置にある頂点)のみを共有して連結すると，図 2-21(a)に示す1次元の鎖が形成される．この鎖を ReO_3 型鎖と呼ぶことにする．ReO_3 型構造は3次元のフレームワークを持った構造ではあるが，このような鎖をそこから抽出することができるためである．ReO_3 型鎖には2種類のOがあり，八面体を形成する6個のOのうち，2個は2つの八面体によって共有され，他の4個は共有されない．そのため金属原子1つ当たりのOの持ち分は $4+1/2 \times 2 = 5$ となり，その組成は AO_5 となる．ReO_3 型鎖を長さ方向に投影すると，図 2-21(a)の下部に示すように正方形となる．

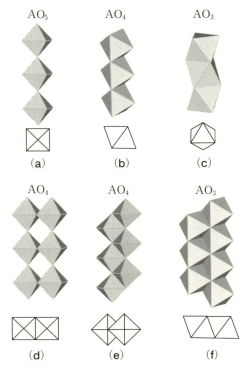

図 2-21 八面体の連結による1次元鎖．下部の図形は鎖の長さ方向への投影図．(a) ReO_3 型鎖．(b) ルチル型鎖．(c) 面共有による1次元鎖．(d), (e) 2重 ReO_3 型鎖．(f) 2重ルチル型鎖．

八面体が2つの相対する平行な稜のみを共有して連結すると，図2-21(b)に示す1次元鎖が形成される．3.1節で詳細に検討するように，この鎖はルチル型と呼ばれる構造のベースとなる構造ユニットである．そこでこの鎖をルチル型鎖と呼ぶ．ルチル型鎖の組成は，$2+1/2\times4=4$ より AO_4 である．ルチル型鎖を長さ方向に投影すると図(b)の下部に示すように菱形となる．菱形の中央の対角線は共有されている稜に対応する．八面体が相対する平行な面のみを共有して連結すると，図(c)のような鎖が形成される．その組成はすべての O が2つの八面体によって共有されることから，AO_3 となる．後に，$BaNiO_3$ の構造にこのような鎖の実例を見ることになる(3.5節参照)．

図(d)や(e)のように2本の ReO_3 型鎖を稜共有の形で連結することができる．これらを2重 ReO_3 型鎖と呼ぶが，頂点共有と稜共有の組み合わせの最も簡単な例である．図(d)の2重 ReO_3 型鎖の組成は，1つの八面体のみに属するO，頂点共有によって2つの八面体に属するO，稜共有によって2つの八面体に属するOが，それぞれ2個ずつあるため，$2+1/2\times2+1/2\times2=4$ より AO_4 となる．この2重 ReO_3 型鎖を鎖の方向に投影すると辺で連結した2つの正方形となる．一方，図(e)では，各八面体が2つの稜を共有する形で2重鎖が形成されている．この場合は1つの八面体に属するOが3個，3つの八面体に属するOが3個であり，組成はやはり AO_4 となる．鎖の方向への投影は，重なった2つの正方形を与える．

2本のルチル型鎖を，八面体当たり2本の稜を共有する形で連結すると，図(f)の2重ルチル型鎖が形成される．ルチル型鎖では八面体当たり2本の稜が共有されていたが，2重鎖では鎖の間でさらに2本の稜が共有されるため，4本の稜が共有されることになる．その長さ方向への投影は菱形2つを辺で連結したものである．2重ルチル型鎖の組成は，1つの八面体に属するO，2つの八面体に属するO，3つの八面体に属するO，がそれぞれ1，2，3個あるため，$1+1/2\times2+1/3\times3=3$ より AO_3 となる．

八面体の連結によって，2次元の層を形成することもできる．例えば，八面体を同一面内にある4つの頂点を共有する形で連結させれば，**図2-22(a)** に示す層が得られる．4個のOが2つの八面体に共有され，2個は共有されないため，この層の組成は AO_4 である．後に見る K_2NiF_4 型はこの層を構成要素とする構造である(3.7節)．一方，図(b)に示すように6本の稜を共有する形

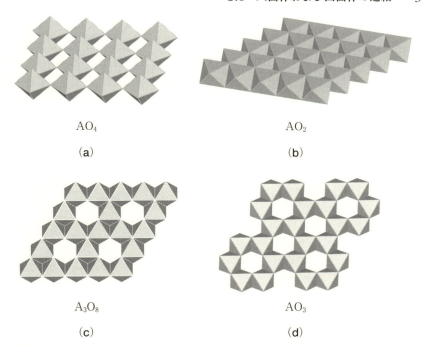

図 2-22 八面体の連結による 2 次元層．（a）AO_4 層（4 個の頂点を共有する連結）．（b）AO_2 層（6 本の稜を共有する連結）．（c）A_3O_8 層（4 本の稜を共有する連結）．（d）AO_3 層（3 本の稜を共有する連結）．

で八面体を連結させれば，八面体によって 2 次元面を埋め尽くすことができる．この層は，NaCl 型構造 $AcBaCb\cdots$ から，AcB（または BaC あるいは CbA）の部分を切り出したものにほかならない．すなわち，それは 2 枚の O の最密充塡層とその間の金属層（八面体位置）から構成される層である．したがって層の組成は AO_2 であり，それは，すべての O が 3 つの八面体に属することと整合する．3.1 節で見るように CdI_2 型や $CdCl_2$ 型はこのタイプの層を積み重ねた層状構造である．

図 2-22（c）に示すように，4 本の稜を共有する形で連結すると，図（b）の層から規則的に 1/4 の八面体を取り除いた層が得られる．組成は $A_{3/4}O_2$，すなわち A_3O_8 である．八面体の 6 個の O のうち，3 つの八面体に属するもの

が2個，2つに属するものが4個であり，ここからもA_3O_8の組成が得られる．後に見るように(3.4節)，スピネル型構造からは，このタイプの「層」を抽出することができる．3本の稜を共有する形で八面体を連結させると，図(d)が得られる．これは，図(b)の層から規則的に1/3の八面体を取り去った層であり，組成はAO_3である．この構造では，すべてのOが2つの八面体に属する．$Al(OH)_3$の構造(3.1節)は，このタイプの層を積み重ねたものである．

八面体を連結して3次元のフレームワークを形成することも可能であり，ほとんど無限のバリエーションがある．先に述べたようにReO_3型構造は八面体をそのすべての頂点を共有する形で3次元的に連結した構造であり，ルチル型構造はルチル型鎖を頂点共有で連結して3次元のフレームワークを形成したものである．

四面体の連結

四面体に関しても，頂点共有，稜共有，面共有による連結が考えられる．四面体を変形せず，四面体間のO-O距離を稜の長さ以上に保つという条件を付けると，1つのOが属することができる四面体の数の最高値は8である．Oがccpの様式で最密充填し，すべての四面体位置が金属原子で占められているとき(先に述べたように，この配列は$AbaBcbCac\cdots$である)，Oに対する金属原子の配位数は8である．この構造は逆蛍石型と呼ばれているが(3.2節)，そこでは四面体が6本の稜すべてを共有する形で連結している．しかし，このような構造は例外的であり，稜共有の実例は少ない．また，面共有はさらに希少である．

AO_4正四面体とAO_6正八面体について，それぞれ2つの多面体が，頂点，稜，面を共有したとき，A-A間の距離の最大値がどうなるかを示したのが**表2-3**である．距離は稜の長さ(O-O距離)を1として測ったものである．頂点共有に比べて，稜，面の共有により金属間の距離は減少するが，特に四面体の場合にそれが顕著である．陽イオン間の反発を考えるとこのような配置はエネルギー的に不利であり，四面体の場合に，稜共有や面共有が例外的にしか起きないことが理解できる．

頂点共有に限った場合は，幾何学的には1つのOが最大4個の四面体に属

表 2-3　AO_4 正四面体と AO_6 正八面体が頂点, 稜, 面を共有したときの A-A 距離の最大値[†1].

配位多面体	O-O 距離を単位とした A-A 距離		
	頂点共有	稜共有	面共有
正四面体	1.22	0.71	0.41
正八面体	1.41	1.00	0.82

[†1]　参考文献[1], TABLE 5.1 より.

することが可能であり, 後にウルツァイト型や閃亜鉛鉱型構造(3.2節)においてその実例を見ることになる. また O が 2 つの金属原子に結合するときには, A-O-A(または A-O-B)の角度は 180° であることはむしろ珍しく, 130～150° に分布することが多い.

　上で述べたように四面体の連結は頂点共有によるものにほぼ限られるが, それでも多種多様な構造が形成される. 特に, SiO_4 四面体を含む構造は, 地球科学の観点からの研究も多く, 四面体の連結に関しては実例の宝庫である. そこで, 四面体の連結が造る構造の詳細は, 第 4 章「ケイ酸塩」において議論することにする.

四面体と八面体の双方を含む連結

　四面体と八面体の双方を含み, それらの連結によって構造が形成されている場合も数多く知られている. 当然, 2 種類の多面体の連結は 1 種類の場合よりも多様であり, 構造自体も複雑になることが多い. スピネル型, オリビン型, ガーネット型, 層状ケイ酸塩など, 本書においてもその実例をいくつか取り上げる(3, 4 章).

2.4　イオン半径

　最密充填の考え方は, 酸化物イオン(陰イオン)や陽イオンが一定の半径を持った剛体球と見なせることを暗黙の了解としている. もし, すべての(もしくは多数の)陽イオンや陰イオンについて, 固有値としてのイオン半径を与えることができ, 結晶における陽イオンと陰イオンの結合距離が, 構造によらず

に単にイオン半径の和によって算出できるなら，その恩恵は計り知れない．信頼性の高いイオン半径のセットを得ようとする試みは，1920 年代から，Goldschmidt や Pauling を含む多数の研究者たちによって続けられてきた．それらの中で，酸化物とフッ化物に限っていえば，現段階で最も信頼性の高いイオン半径のセットは，Shannon と Prewitt による値[7]を，後に Shannon 自身が改定したものである[8]．表 2-4 にこの Shannon と Prewitt のイオン半径を示す．後に述べるように，Shannon と Prewitt はイオン半径として 2 種類の異なったセットを提案したが，表 2-4 には結晶半径(crystal radius)として知られているものを示してある．

Shannon と Prewitt の手法は完全な帰納法であり，千を越える酸化物とフッ化物について，陽イオンと酸化物イオン(フッ化物イオン)の結合距離の実測値を集め，それらを再現するように経験的にイオン半径を定めた．このイオン半径を使えば，広範な酸化物(フッ化物)について，おおむね 0.01Å 程度の誤差で結合距離を推定することができる．

表 2-4 から分かるように，配位数の増大に伴って，陽イオンのイオン半径は単調に増大する(表 2-4 において配位数はローマ数字で表されている)．この事実は従来から知られていたが，Shannon と Prewitt において定量性が上がった 1 つの要因は，彼らが，陽イオンのみならず陰イオンについても配位数がイオン半径に与える影響を考慮した点である．酸化物イオンやフッ化物イオンの場合は陽イオンの場合ほど顕著ではないが，配位数とイオン半径の間にはやはり正の相関があり，そのことを考慮することでイオン半径の定量性が増したのである．また，遷移金属は，結晶場の強さに依存して，高スピン状態と低スピン状態の 2 つの状態を取る場合がある*13．一般に高スピン状態のほうが大きなイオン半径を与えるが，Shannon と Prewitt はスピン状態がイオン半径に与える影響を定量的に明らかにした．表 2-4 で高スピン状態，低スピン状態はそれぞれ HS, LS として区別されている．

---

*13　例えば，Fe^{3+} が八面体配位を取る場合，電子は $(t_{2g})^3$(↑↑↑)と $(e_g)^2$(↑↑)のように，t_{2g} と e_g 軌道に収容され，すべてのスピンが上向きの高スピン状態となることが通常である(フント則)．しかし，結晶場分裂が大きい場合には，すべての電子が t_{2g} 軌道に収容されて，$(t_{2g})^5$(↑↓↑↓↑)の低スピン状態が実現する(2.6 節参照)．

酸化物イオン(陰イオン)と陽イオンの結合距離については多くの実測値があり，酸化物イオンと陽イオンの半径の和については，確固たる実験的な裏付けがある．しかし，結合距離を酸化物イオンと陽イオンに振り分けない限り，それぞれのイオン半径は決まらない．つまり，イオン半径の絶対値を決めなくてはならない．しかし，絶対値の決定は容易とはいえず，それ故に Shannon と Prewitt は 2 種類のイオン半径を与えたのである．彼らが有効イオン半径(effective ionic radii)と呼んだものは，酸化物イオンの 6 配位のイオン半径として，伝統的に用いられてきた値，$r(^{VI}O^{2-}) = 1.4$ Å を採用したものである．他方，表 2-4 に示した結晶半径(crystal radii)は $r(^{VI}F^{-}) = 1.19$ Å *14 を基に算出したイオン半径である．陽イオンについては結晶半径から 0.14 Å を引けば有効イオン半径が得られ，酸化物イオンとフッ化物イオンについては結晶半径に 0.14 Å を加えれば有効イオン半径が得られる．

陽イオンと酸化物(フッ化物)イオンの結合距離を問題とする限りにおいては，2 種類のイオン半径で違いはない．また，あるイオンを別のイオンで置換したいとき，その候補を探すというような目的においても，どちらの半径を用いても実質的な差はない．しかし，前節で議論した最密充填構造における空隙のサイズ，多形の構造安定性，固体内における拡散等を議論する上では，陽イオンと酸化物イオンの半径の絶対値，あるいはそれらの比が重要であり，2 種類のイオン半径が存在するのは困ったことである．一般的に使われているのは，伝統的な有効イオン半径のほうであるが，現実の物理的なサイズとしてはむしろ結晶半径のほうが妥当と思われる．

2.5 イオンの価数

物質の構造に，それを構成するイオンの価数は決定的な影響を与える．なにより，電荷中性の条件から，物質の組成はイオンの価数によって決まり，構造は組成に依存する．さらに，イオンの価数はより直接的な形で，物質が取り得る構造を制限する．ここで紹介する Pauling(ポーリング)の静電気原子価則

---

*14 圧縮率と熱膨張係数から得られた Born の斥力項に基づき，Fumi と Tosi が提案したハロゲンとアルカリ金属のイオン半径[9]に依拠した値．

表 2-4　イオン半径 [1] と BVS パラメーター r_0 [2].

イオン	イオン半径(Å)	r_0(Å)	イオン	イオン半径(Å)	r_0(Å)
1 族			**2 族**		
H^+	−0.24(I)	0.95	Be^{2+}	0.30(III)	1.381
	−0.04(II)			0.41(IV)	
D^+	0.04(II)			0.59(VI)	
Li^+	0.730(IV)	1.466	Mg^{2+}	0.71(IV)	1.693
	0.90(VI)			0.80(V)	
	1.06(VIII)			0.860(VI)	
Na^+	1.13(IV)	1.80		1.03(VIII)	
	1.14(V)		Ca^{2+}	1.14(VI)	1.967
	1.16(VI)			1.20(VII)	
	1.26(VII)			1.26(VIII)	
	1.32(VIII)			1.32(IX)	
	1.38(IX)			1.37(X)	
	1.53(XII)			1.48(XII)	
K^+	1.51(IV)	2.13	Sr^{2+}	1.32(VI)	2.118
	1.52(VI)			1.35(VII)	
	1.60(VII)			1.40(VIII)	
	1.65(VIII)			1.45(IX)	
	1.69(IX)			1.50(X)	
	1.73(X)			1.58(XII)	
	1.78(XII)		Ba^{2+}	1.49(VI)	2.29
Rb^+	1.66(VI)	2.26		1.52(VII)	
	1.70(VII)			1.56(VIII)	
	1.75(VIII)			1.61(IX)	
	1.77(IX)			1.66(X)	
	1.80(X)			1.71(XI)	
	1.83(XI)			1.75(XII)	
	1.86(XII)		Ra^{2+}	1.62(VIII)	
	1.97(XIV)			1.84(XII)	
Cs^+	1.81(VI)	2.42	**3 族**		
	1.88(VIII)				
	1.92(IX)		Sc^{3+}	0.885(VI)	1.849
	1.95(X)			1.010(VIII)	
	1.99(XI)		Y^{3+}	1.040(VI)	2.014
	2.02(XII)			1.10(VII)	
Fr^+	1.94(VI)			1.159(VIII)	
				1.215(IX)	

2.5 イオンの価数

イオン	イオン半径(Å)	r_0(Å)	イオン	イオン半径(Å)	r_0(Å)
4族			**6族**		
Ti^{2+}	1.00(VI)		Cr^{2+}	0.87(VI, LS †3)	1.73
Ti^{3+}	0.810(VI)	1.791		0.94(VI, HS †3)	
Ti^{4+}	0.56(IV)	1.815	Cr^{3+}	0.755(VI)	1.724
	0.65(V)		Cr^{4+}	0.55(IV)	
	0.745(VI)			0.69(VI)	
	0.88(VIII)		Cr^{5+}	0.485(IV)	
Zr^{4+}	0.73(IV)	1.937		0.63(VI)	
	0.80(V)			0.71(VIII)	
	0.86(VI)		Cr^{6+}	0.40(IV)	1.794
	0.92(VII)			0.58(VI)	
	0.98(VIII)		Mo^{3+}	0.83(VI)	
	1.03(IX)		Mo^{4+}	0.790(VI)	
Hf^{4+}	0.72(IV)	1.923	Mo^{5+}	0.60(IV)	
	0.85(VI)			0.75(VI)	
	0.90(VII)		Mo^{6+}	0.55(IV)	1.907
	0.97(VIII)			0.64(V)	
5族				0.73(VI)	
V^{2+}	0.93(VI)			0.87(VII)	
V^{3+}	0.780(VI)	1.743	W^{4+}	0.80(VI)	
V^{4+}	0.67(V)	1.784	W^{5+}	0.76(VI)	
	0.72(VI)		W^{6+}	0.56(IV)	1.921
	0.86(VIII)			0.65(V)	
V^{5+}	0.495(IV)	1.803		0.74(VI)	
	0.60(V)		**7族**		
	0.68(VI)		Mn^{2+}	0.80(IV, HS)	1.790
Nb^{3+}	0.86(VI)			0.89(V, HS)	
Nb^{4+}	0.82(VI)			0.81(VI, LS)	
	0.93(VIII)			0.970(VI, HS)	
Nb^{5+}	0.62(IV)	1.911		1.04(VII, HS)	
	0.78(VI)			1.10(VIII)	
	0.83(VII)		Mn^{3+}	0.72(V)	1.760
	0.88(VIII)			0.72(VI, LS)	
Ta^{3+}	0.86(VI)			0.785(VI, HS)	
Ta^{4+}	0.82(VI)		Mn^{4+}	0.53(IV)	1.753
Ta^{5+}	0.78(VI)	1.920		0.670(VI)	
	0.83(VII)		Mn^{5+}	0.47(IV)	
	0.88(VIII)		Mn^{6+}	0.395(IV)	
			Mn^{7+}	0.39(IV)	1.79

イオン	イオン半径(Å)	r_0(Å)	イオン	イオン半径(Å)	r_0(Å)
Mn^{7+}	0.60(VI)		Co^{2+}	0.79(VI, LS)	
Tc^{4+}	0.785(VI)			0.885(VI, HS)	
Tc^{5+}	0.74(VI)			1.04(VIII)	
Tc^{7+}	0.51(IV)		Co^{3+}	0.685(VI, LS)	1.70
	0.70(VI)			0.75(VI, HS)	
Re^{4+}	0.77(VI)		Co^{4+}	0.54(IV)	
Re^{5+}	0.72(VI)			0.67(VI, HS)	
Re^{6+}	0.69(VI)		Rh^{3+}	0.805(VI)	1.791
Re^{7+}	0.52(IV)	1.97	Rh^{4+}	0.74(VI)	
	0.67(VI)		Rh^{5+}	0.69(VI)	
			Ir^{3+}	0.82(VI)	
8族			Ir^{4+}	0.765(VI)	
Fe^{2+}	0.77(IV, HS)	1.734	Ir^{5+}	0.71(VI)	1.916
	0.78(IVSQ †4, HS)				
	0.75(VI, LS)		**10族**		
	0.920(VI, HS)		Ni^{2+}	0.69(IV)	1.654
	1.06(VIII, HS)			0.63(IVSQ)	
Fe^{3+}	0.63(IV, HS)	1.759		0.77(V)	
	0.72(V)			0.830(VI)	
	0.69(VI, LS)		Ni^{3+}	0.70(VI, LS)	
	0.785(VI, HS)			0.74(VI, HS)	
	0.92(VIII, HS)		Ni^{4+}	0.62(VI, LS)	
Fe^{4+}	0.725(VI)		Pd^{+}	0.73(II)	
Fe^{6+}	0.39(IV)		Pd^{2+}	0.78(IVSQ)	1.792
Ru^{3+}	0.82(VI)			1.00(VI)	
Ru^{4+}	0.760(VI)	1.834	Pd^{3+}	0.90(VI)	
Ru^{5+}	0.705(VI)		Pd^{4+}	0.755(VI)	
Ru^{7+}	0.52(IV)		Pt^{2+}	0.74(IVSQ)	1.768
Ru^{8+}	0.50(IV)			0.94(VI)	
Os^{4+}	0.770(VI)	1.811	Pt^{4+}	0.765(VI)	1.879
Os^{5+}	0.715(VI)		Pt^{5+}	0.71(VI)	
Os^{6+}	0.63(V)				
	0.685(VI)		**11族**		
Os^{7+}	0.665(VI)		Cu^{+}	0.60(II)	1.593
Os^{8+}	0.53(IV)			0.74(IV)	
				0.91(VI)	
9族			Cu^{2+}	0.71(IV)	1.679
Co^{2+}	0.72(IV, HS)	1.692		0.71(IVSQ)	
	0.81(V)			0.79(V)	

2.5 イオンの価数

イオン	イオン半径(Å)	r_0(Å)	イオン	イオン半径(Å)	r_0(Å)
Cu^{2+}	0.87(VI)		Al^{3+}	0.53(IV)	1.651
Cu^{3+}	0.68(VI, LS)			0.62(V)	
Ag^+	0.81(II)	1.805		0.675(VI)	
	1.14(IV)		Ga^{3+}	0.61(IV)	1.730
	1.16(IVSQ)			0.69(V)	
	1.23(V)			0.760(VI)	
	1.29(VI)		In^{3+}	0.76(IV)	1.902
	1.36(VII)			0.940(VI)	
	1.42(VIII)			1.06(VIII)	
Ag^{2+}	0.93(IVSQ)		Tl^+	1.64(VI)	2.172
	1.08(VI)			1.73(VIII)	
Ag^{3+}	0.81(IVSQ)			1.84(XII)	
	0.89(VI)		Tl^{3+}	0.89(IV)	2.003
Au^+	1.51(VI)			1.025(VI)	
Au^{3+}	0.82(IVSQ)	1.833		1.12(VIII)	
	0.99(VI)				
Au^{5+}	0.71(VI)		**14族**		
			C^{4+}	0.06(III)	1.39
12族				0.29(IV)	
Zn^{2+}	0.74(IV)	1.704		0.30(VI)	
	0.82(V)		Si^{4+}	0.40(IV)	1.624
	0.880(VI)			0.540(VI)	
	1.04(VIII)		Ge^{2+}	0.87(VI)	
Cd^{2+}	0.92(IV)	1.904	Ge^{4+}	0.530(IV)	1.748
	1.01(V)			0.670(VI)	
	1.09(VI)		Sn^{2+}		1.984
	1.17(VII)		Sn^{4+}	0.69(IV)	1.905
	1.24(VIII)			0.76(V)	
	1.45(XII)			0.830(VI)	
Hg^+	1.11(III)	1.90		0.89(VII)	
	1.33(VI)			0.95(VIII)	
Hg^{2+}	0.83(II)	1.93	Pb^{2+}	1.12(IVPY †5)	2.112
	1.10(IV)			1.33(VI)	
	1.16(VI)			1.37(VII)	
	1.28(VIII)			1.43(VIII)	
				1.49(IX)	
13族				1.54(X)	
B^{3+}	0.15(III)	1.371		1.59(XI)	
	0.25(IV)			1.63(XII)	
	0.41(VI)		Pb^{4+}	0.79(IV)	2.042

イオン	イオン半径(Å)	r_0(Å)	イオン	イオン半径(Å)	r_0(Å)
Pb^{4+}	0.87(V)		Te^{4+}	0.66(III)	1.977
	0.915(VI)			0.80(IV)	
	1.08(VIII)			1.11(VI)	
15 族			Te^{6+}	0.57(IV)	1.917
N^{3-}	1.32(IV)			0.70(VI)	
N^{3+}	0.30(VI)	1.361	Po^{4+}	1.08(VI)	
N^{5+}	0.044(III)	1.432		1.22(VIII)	
	0.27(VI)		Po^{6+}	0.81(VI)	
P^{3+}	0.58(VI)		**17 族**		
P^{5+}	0.31(IV)	1.604	F^-	1.145(II)	
	0.43(V)			1.16(III)	
	0.52(VI)			1.17(IV)	
As^{3+}	0.72(VI)	1.789		1.19(VI)	
As^{5+}	0.475(IV)	1.767	F^{+7}	0.22(VI)	
	0.60(VI)		Cl^-	1.67(VI)	
Sb^{3+}	0.90(IVPY)	1.973	Cl^{5+}	0.26(IIIPY †6)	
	0.94(V)		Cl^{7+}	0.22(IV)	1.632
	0.90(VI)			0.41(VI)	
Sb^{5+}	0.74(VI)	1.942	Br^-	1.82(VI)	
Bi^{3+}	1.10(V)	2.09	Br^{3+}	0.73(IVSQ)	
	1.17(VI)		Br^{5+}	0.45(IIIPY)	
	1.31(VIII)		Br^{7+}	0.39(IV)	1.81
Bi^{5+}	0.90(VI)	2.06		0.53(VI)	
16 族			I^-	2.06(VI)	
O^{2-}	1.21(II)		I^{5+}	0.58(IIIPY)	2.00
	1.22(III)			1.09(VI)	
	1.24(IV)		I^{7+}	0.56(IV)	1.93
	1.26(VI)			0.67(VI)	
	1.28(VIII)		At^{7+}	0.76(VI)	
S^{2-}	1.70(VI)		**18 族**		
S^{4+}	0.51(VI)	1.644	Xe^{8+}	0.54(IV)	
S^{6+}	0.26(IV)	1.624		0.62(VI)	
	0.43(VI)		**ランタノイド**		
Se^{2-}	1.84(VI)		La^{3+}	1.172(VI)	2.172
Se^{4+}	0.64(VI)	1.811		1.24(VII)	
Se^{6+}	0.42(IV)	1.788		1.300(VIII)	
	0.56(VI)			1.356(IX)	
Te^{2-}	2.07(VI)				

2.5 イオンの価数

イオン	イオン半径(Å)	r_0(Å)	イオン	イオン半径(Å)	r_0(Å)
La^{3+}	1.41(X)		Eu^{3+}	1.15(VII)	
	1.50(XII)			1.206(VIII)	
Ce^{3+}	1.15(VI)	2.151		1.260(IX)	
	1.21(VII)		Gd^{3+}	1.078(VI)	2.065
	1.283(VIII)			1.14(VII)	
	1.336(IX)			1.193(VIII)	
	1.39(X)			1.247(IX)	
	1.48(XII)		Tb^{3+}	1.063(VI)	2.049
Ce^{4+}	1.01(VI)	2.028		1.12(VII)	
	1.11(VIII)			1.180(VIII)	
	1.21(X)			1.235(IX)	
	1.28(XII)		Tb^{4+}	0.90(VI)	
Pr^{3+}	1.13(VI)	2.135		1.02(VIII)	
	1.266(VIII)		Dy^{+2}	1.21(VI)	
	1.319(IX)			1.27(VII)	
Pr^{4+}	0.99(VI)			1.33(VIII)	
	1.10(VIII)		Dy^{3+}	1.052(VI)	2.036
Nd^{2+}	1.43(VIII)			1.11(VII)	
	1.49(IX)			1.167(VIII)	
Nd^{3+}	1.123(VI)	2.117		1.223(IX)	
	1.249(VIII)		Ho^{3+}	1.041(VI)	2.023
	1.303(IX)			1.155(VIII)	
	1.41(XII)			1.212(IX)	
Pm^{3+}	1.11(VI)			1.26(X)	
	1.233(VIII)		Er^{3+}	1.030(VI)	2.010
	1.284(IX)			1.085(VII)	
Sm^{2+}	1.36(VII)			1.144(VIII)	
	1.41(VIII)			1.202(IX)	
	1.46(IX)		Tm^{2+}	1.17(VI)	
Sm^{3+}	1.098(VI)	2.088		1.23(VII)	
	1.16(VII)		Tm^{3+}	1.020(VI)	2.000
	1.219(VIII)			1.134(VIII)	
	1.272(IX)			1.192(IX)	
	1.38(XII)		Yb^{2+}	1.16(VI)	
Eu^{2+}	1.31(VI)	2.147		1.22(VII)	
	1.34(VII)			1.28(VIII)	
	1.39(VIII)		Yb^{3+}	1.008(VI)	1.985
	1.44(IX)			1.065(VII)	
	1.49(X)			1.125(VIII)	
Eu^{3+}	1.087(VI)	2.076		1.182(IX)	

イオン	イオン半径(Å)	r_0(Å)	イオン	イオン半径(Å)	r_0(Å)
Lu^{3+}	1.001(VI)	1.971	Np^{4+}	1.01(VI)	
	1.117(VIII)			1.12(VIII)	
	1.172(IX)		Np^{5+}	0.89(VI)	
			Np^{6+}	0.86(VI)	
アクチノイド			Np^{7+}	0.85(VI)	
Ac^{3+}	1.26(VI)	2.24	Pu^{3+}	1.14(VI)	2.11
Th^{4+}	1.08(VI)	2.167	Pu^{4+}	1.00(VI)	
	1.19(VIII)			1.10(VIII)	
	1.23(IX)		Pr^{5+}	0.88(VI)	
	1.27(X)		Pu^{6+}	0.85(VI)	
	1.32(XI)		Am^{2+}	1.35(VII)	
	1.35(XII)			1.40(VIII)	
Pa^{3+}	1.18(VI)			1.45(IX)	
Pa^{4+}	1.04(VI)		Am^{3+}	1.115(VI)	2.11
	1.15(VIII)			1.23(VIII)	
Pa^{5+}	0.92(VI)		Am^{4+}	0.99(VI)	
	1.05(VIII)			1.09(VIII)	
	1.09(IX)		Cm^{3+}	1.11(VI)	2.23
U^{3+}	1.165(VI)		Cm^{4+}	0.99(VI)	
U^{4+}	1.03(VI)	2.112		1.09(VIII)	
	1.09(VII)		Bk^{3+}	1.10(VI)	2.08
	1.14(VIII)		Bk^{4+}	0.97(VI)	
	1.19(IX)			1.07(VIII)	
	1.31(XII)		Cf^{3+}	1.09(VI)	2.07
U^{5+}	0.90(VI)		Cf^{4+}	0.961(VI)	
	0.98(VII)			1.06(VIII)	
U^{6+}	0.59(II)	2.075	No^{2+}	1.24(VI)	
	0.66(IV)				
	0.87(VI)		**その他**		
	0.95(VII)		OH^-	1.18(II)	
	1.00(VIII)			1.20(III)	
Np^{2+}	1.24(VI)			1.21(IV)	
Np^{3+}	1.15(VI)			1.23(VI)	

†1 参考文献[8],Table 1 の結晶半径(crystal radii)より.

†2 参考文献[12],Table 2 より.

†3 LS:低スピン,HS:高スピン.

†4 IVSQ:平面(四角形)4配位.

†5 IVPY:ピラミッド型4配位.

†6 IIIPY:ピラミッド型3配位.

2.5 イオンの価数

は，イオンの価数と構造の間の関係を規定する経験則である．一方，BVS法は静電気原子価則を発展させたものであり，それによって陽イオンの価数を定量的に推定することができる．

静電気原子価則

陽イオンの価数を V，配位数を n としたとき，静電結合の強さ(strength of the electrostatic bond)を $s = V/n$ で定義する．これは1つの陰イオンに分配される陽イオンの価数と考えてよい．そこで，ある陰イオンに結合しているすべての陽イオン ($i = 1, 2, ...$) について，静電結合の強さの和を取る．この総和をマイナスとした値が，陰イオンの価数に等しくなくてはならない，というのがPaulingによって見出された静電気原子価則[10]である．すなわち陰イオンの価数を V' とすると以下が成立する．

$$V' = -\sum_i s_i = -\sum_i \frac{V_i}{n_i}$$

一例として，先に出てきた ReO_3 にこの規則を当てはめてみよう．Reの価数は6で，配位数も6のため，$s = 6/6 = 1$ である．すべてのOイオンは2つのReイオンと結合しているため，$V' = -2s = -2$ となり，確かにOイオンの価数を得ることができる．これは当たり前に見えるかもしれないが，特定の組成に対して，静電気原子価則を満たす構造は，実はごく少数しか存在しない．ReO_3 の場合について考えると，すべてのOが2つのReに結合しているという制限をつけたとしても，なお，Reの配位数に関していくつかの可能性がある．例えば，2つのうち1つが4配位で他方が8配位であっても，ReO_3 の組成に適合する[*15]．しかしそのような構造については，$V' = -(6/4 + 6/8) = -9/4$ であり，静電気原子価則は成り立たない．実在の構造に於いていつも静電気原子価則が成立しているわけではないが，そこからひどく外れるような構造は一般的には不安定である．

[*15] Re_2O_6 という分子で考える．すべてのOが2つのReに結合し，その一方が4配位で，他方が8配位の場合，Reから出ている結合手の総数は $4+8=12$ である．Oについても結合手の総数は $2 \times 6 = 12$ で，双方の数が一致する．ちなみに，Reの一方が6配位で他方が8配位の場合は，Reから出る結合手の総数は14であり，Oがすべて2配位とするなら，組成は Re_2O_7 でなくてはならない．

BVS(Bond Valence Sum)法

　静電気原子価則は，陽イオンが理想的な(あるいはそれに近い)配位多面体を持つような構造には有効であるが，それが著しく歪んでいる場合に適用するには無理がある．そこで歪んだ構造にも適用可能な方法として，BVS法が考案された[11]．BVS法は陽イオンと陰イオンの結合距離から陽イオンの価数を経験的に推定する方法である．

　陽イオンと陰イオンの組み合わせに対して，その bond valence, s は，次の2つの式のいずれかを用いて定義される．

$$s = (r/r_0)^{-N} \tag{2.2}$$
$$s = \exp[(r_0 - r)/B] \quad (B \approx 0.37 \text{ Å}) \tag{2.3}$$

ここで，r は陽イオンと陰イオンの間の結合距離(Å)であり，r_0, N, B は，陽イオンと陰イオンの組み合わせに対して経験的に決められたパラメーターである．式(2.2)よりも(2.3)が便利でありそちらが使われる場合が多い．その理由は，パラメーター B が，陽/陰イオンの組み合わせにほぼ依存せず定数と見なせるためである(式(2.2)の N は，陽/陰イオンの組み合わせにかなりの程度依存する)．B の具体的な値としては，式(2.3)に記載したように 0.37 Å が使われる．BVS法によれば，陽イオンの実効的な価数 V は，それに結合するすべての陰イオン ($i = 1, 2, ...$) について bond valence, s_i を足し合わせた値(BVS)に等しい．すなわち，s として，式(2.3)を採用すると，以下が成立する．

$$V = \sum_i s_i = \sum_i \exp\left(\frac{r_0 - r_i}{B}\right) \tag{2.4}$$

　多くの陽イオンと陰イオンの組み合わせについて，パラメーターが経験的に決定され表の形で与えられている．表2-4には，酸化物系に適用する場合に必要となる，酸化物イオンと陽イオンの組み合わせについて，式(2.3)，(2.4)の r_0 の値[12]を記載してある(値は $B = 0.37$ Å として求められたものである)．r_0 は元素の種類だけではなく，その価数にも依存する．したがって，例えば Fe^{2+} と Fe^{3+} では，異なった r_0 を用いなければならない．

　結晶構造が報告されている具体的な物質について，BVS法を適用してみよう．例として取り上げるのは $CaTiO_3$ である．この物質は3.5節で論じるようにペロブスカイト型と呼ばれるグループに属するが，その構造は理想的なペロ

2.5 イオンの価数

ブスカイト型からは歪んでいる．Ca は 12 個の O によって配位されているが，理想的には Ca-O の結合距離はすべて等しい．しかし，表 2-5 に示すように，室温における実際の構造では短いものから長いものまで 8 種類の距離がある[13]．そのうち 4 種類については，同一距離を持つ結合が 2 本ある．一方，Ti については，3 種類の結合距離があり，それぞれについて同一距離の結合が 2 本ある．Ca^{2+}-O^{2-}，Ti^{4+}-O^{2-} について，表 2-4 の r_0 と結合距離から，式(2.4)に従って，Ca, Ti の価数を計算すると，それぞれ，+2.05, +4.09 となり，期待される +2 と +4 に近い値が求まる．これは，ここで採用した $CaTiO_3$ の構造解析結果[13]が信頼できることを示唆している．

以上で述べたように，BVS 法は構造解析で得られた原子間距離の信頼性を，チェックするために使うことができる．多くの場合，酸化物中の陽イオンの価数は電荷中性の条件や，元素の性質などから決定できる．例えば酸化物中で Ca が 2+ 以外，Ti が 4+ 以外の価数を持つことは例外的にしか起こらない．そこで Ca^{2+}，Ti^{4+} を仮定して BVS を計算し，それぞれについて自己無撞着的に +2, +4 が得られるかをチェックするのである．似たようなチェック

表 2-5 $CaTiO_3$ における結合距離(Å)と BVS．

結合距離[1]			
Ca-O1 [2]	2.364	Ca-O2 [2]	2.3804×2 [3]
	2.486		2.6268×2
	3.024		2.6696×2
	3.052		3.2312×2
Ti-O1	1.9525×2	Ti-O2	1.9582×2
			1.9594×2

BVS 計算

$$r_0(Ca) = 1.967 \ [4], \quad V(Ca) = \Sigma_i \exp\left(\frac{r_0 - r_i(Ca-O)}{B}\right) = 2.05$$

$$r_0(Ti) = 1.815 \ [4], \quad V(Ti) = \Sigma_i \exp\left(\frac{r_0 - r_i(Ti-O)}{B}\right) = 4.09$$

[1] 結合距離は，参考文献[13]，Table 3 より．
[2] この構造には結晶学的に異なる 2 種類の O が含まれるため，O1, O2 で区別している．
[3] 「×2」は同一距離の結合が 2 本あることを意味する．
[4] r_0 値は，参考文献[12]より(表 2-4 参照)．

は，前項で紹介したイオン半径によっても可能である．構造解析により得られた原子間距離の平均値と，陽イオンと陰イオンのイオン半径の和を比べて，大きな差がなければ構造解析の信頼性は高まる．しかし，BVS法による判定はより厳しいものになる場合が多い．例えば，$CaTiO_3$ペロブスカイトの例において，Ca-O の12個の結合距離のうち，1つを極端に短くしたときを考えると，それによってBVSが受ける影響は原子間距離の平均値が受けるものよりもはるかに大きい．

構造解析の技術が進み，構造データの信頼性が上がってきた近年，BVS法は上記とは少し異なった場面で使われることのほうが多い．すなわち，原子間距離の信頼性のチェックというよりも，むしろ陽イオンの実効価数のほうが未知であって，原子間距離を前提として実効価数を求めるという方向である．その実例は，高温超伝導体酸化物(5.5節)において見ることになる．

2.6 陽イオンの配位選択性

陽イオンの中には，特定の配位環境を好むものがあり，それが結晶構造に重大な影響を与える場合がある．例えば，最密充填構造の四面体位置と八面体位置のうち，陽イオンがどちらをより好むかによって，当該イオンが造る酸化物の構造が変わる可能性がある．また，3.4節で検討するスピネル型のように，四面体位置と八面体位置の両方が複数の陽イオンによって占められている構造がある．このような場合には，イオンの配位選択性は，2つの位置についての陽イオンの分配に影響する．別の例として，Cu^{2+}イオンは平面4配位(図2-18[3])やピラミッド型5配位(図2-18[6])というような特異な配位環境を好む．そのため，例えばCuOはたとえ高圧下に置かれてもNaCl型構造を取ることはない．

本節では，陽イオンの配位選択性に影響を与える要素として，共有結合性，陽イオンのサイズ，結晶場の3つを考察する．

共有結合性

NaClは典型的なイオン結晶である．そこでは，Naは電子を1つ放出して，$2s^22p^6$の球対称の閉殻電子配置となり，逆にClは電子を1つ受け取って，や

はり $3s^23p^6$ の閉殻電子配置となる．したがって，Na^+ イオンと Cl^- イオンの結合（イオン結合）は方向性を持たず，静電エネルギーを極小とするようなコンパクトな構造に結晶化する．それが，最密充填に基づく NaCl 型構造にほかならない．酸化物においてもイオン結合は支配的な結合様式である．しかし，遷移金属ではイオン化しても閉殻電子配置とならない場合があることからも明らかなように，典型的なイオン結晶の描像は必ずしも成り立たない．金属原子と酸素の結合はしばしば，共有結合的な性質を併せ持つのである．

典型的な共有結合結晶は，ダイヤモンド型の C や Si であり，そこでは原子は4個の原子によって四面体的に配位される（3.2節参照）．Si-Si の結合を例に取ると，配位結合は次のようなスキームに沿って形成されると考えることができる．まず，Si の外殻電子軌道 ($3s, 3p_x, 3p_y, 3p_z$) から，sp^3 混成軌道と呼ばれる4個の等価な軌道が形成され，$3s^23p^2$ の価電子は sp^3 混成軌道に1つずつ収容される．Si-Si の結合は，2つの Si の sp^3 混成軌道が重なることによって実現する．すなわち，軌道の重なりによって，結合性軌道と反結合性軌道が形成され，エネルギーの低い結合性軌道を双方の Si から1つずつ2個の電子が占める．これが結合力の源泉である．四面体の中心から4個の頂点に向かう Si-Si 結合の方向は sp^3 混成軌道が伸びる方向に一致している．

Si の酸化物の構造がほとんど場合 SiO_4 四面体をベースとしているのも，sp^3 混成軌道が関与する共有結合の影響と考えることができる．他の金属酸化物においても，原子（イオン）の外殻電子軌道が一定の方向に伸び，それとの軌道の重なりによって結合力が生み出される場合には（共有結合性を考慮すべき場合には），結合は方向性を持ち，その結果として配位選択性が生じ得る．Zn^{2+} イオンは $3d^{10}$ の閉殻電子配置を持つが，四面体配位の選択性が非常に強いイオンである．Zn の $4s$ と $4p$ の間で sp^3 混成軌道が形成され，それが結合に関与している，というのがこの現象の1つの解釈である．

陽イオンのサイズと配位選択性

理想的な最密充填構造における四面体位置と八面体位置に収容できる球の最大半径は，最密球の半径 r に対して，それぞれ $0.225r$ および $0.414r$ である[14]．実際に小さなサイズの陽イオンが四面体位置を占め，大きな陽イオンが八面体位置を占める傾向がある．このことは，四面体位置の陽イオンのサイ

ズを次第に大きくしていった場合，ある段階で四面体位置から追い出されて，四面体位置→八面体位置という変化が誘起されることを示唆する．酸化物に圧力をかけると，酸化物イオンのほうが陽イオンに比べて圧縮されやすいため，実効的に陽イオンの半径を大きくしていった場合の効果が観測できる．そして，実際に高圧下では，しばしば四面体位置→八面体位置に対応した構造変化が起こるのである．

定量的な観点からすると，$0.225r$ および $0.414r$ という値を，陽イオンの最大半径とするのには無理がある．r として Shannon と Prewitt の結晶半径 $r(^{VI}O^{2-}) = 1.26$ Å を用いると，四面体位置，八面体位置の最大半径はそれぞれ 0.28 Å および 0.52 Å となるが，現実の酸化物では，ほとんどの場合これより大きな陽イオンが四面体位置や八面体位置を占めている．$0.225r$ および $0.414r$ という半径は，むしろ，それぞれの位置を占めることができる陽イオンの最小の半径と考えたほうがよいかもしれない．この限界半径を越えた大きな陽イオンを収容すると，O イオンの格子は拡張されて最密充填ではなくなるが（O イオン同士は接触しなくなるが），引き続き，陽イオンと O イオンの接触は保たれる．しかし，逆に限界半径を下回ると，O イオン同士の接触は確保されるが，陽イオンは周囲の O イオンすべてとは接触できなくなり，静電エネルギー的に不利になる．この考え方によれば，四面体配位と八面体配位の境界は，陽イオンの半径として 0.52 Å 程度であることになる．常圧下ではもっぱら四面体配位を取る Si^{4+} の結晶半径（四面体配位：0.40 Å，八面体配位：0.54 Å）がこれに近い．Si の酸化物においては共有結合性を考慮すべきこと，また，超高圧下において四面体位置→八面体位置を伴う構造変化が誘起されることを考え合わせると，そのイオン半径が境界付近にあるとすることは，あながち的外れとはいえない．

結晶場の効果

d 軌道が閉殻となっていない遷移金属イオンの配位選択性には，周囲の O イオンが及ぼす結晶場の効果を考える必要がある[15]．正八面体配位の場合，5重に縮重している d 軌道は，結晶場の影響によって図 2-23 に示すように 3重縮重の t_{2g} 軌道（d_{xy}, d_{yz}, d_{zx}）と 2重縮重の e_g 軌道（$d_{x^2-y^2}$, d_{z^2}）へと分裂する．これは，$d_{x^2-y^2}$, d_{z^2} 軌道が配位子の方向を向いていることから，電子

2.6 陽イオンの配位選択性　49

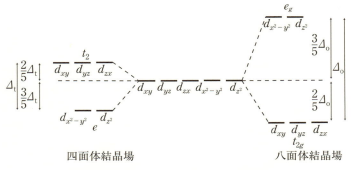

図 2-23　結晶場による d 軌道の分裂.

間の反発が大きくなるためである．分裂の幅を Δ_o とすると，分裂前の不摂動の状態と比べて，t_{2g} 軌道では $\frac{2}{5}\Delta_o$ だけ安定化し，逆に e_g 軌道では $\frac{3}{5}\Delta_o$ だけ不安定化する．

正四面体配位の場合にも，結晶場によって 2 つの順位に分裂するが，八面体の場合とは逆に，e 軌道 $(d_{x^2-y^2}, d_{z^2})$ のエネルギーのほうが t_2 軌道 (d_{xy}, d_{yz}, d_{zx}) よりも低くなる．これも軌道の方向と配位子の位置関係で説明できる．結晶場による分裂の大きさを Δ_t とすると，分裂前に比べて前者は $\frac{3}{5}\Delta_t$ だけ安定化し，後者は $\frac{2}{5}\Delta_t$ だけ不安定化する．陽イオン・配位子間距離が同一の場合には，Δ_o と Δ_t の間に理論的に $\Delta_t = \frac{4}{9}\Delta_o$ の関係があることが知られている．つまり結晶場の影響は八面体配位のほうが大きいのである．

電子の配置が決まると，結晶場により低下するネットのエネルギー(結晶場安定化エネルギー，CFSE*16)を求めることができる．八面体配位の場合，電子配置を $(t_{2g})^m(e_g)^n$ とすると，CFSE $= (2m - 3n)\Delta_o/5$ である．一方，四面体配位の場合には，電子配置 $(e)^m(t_2)^n$ に対して，CFSE $= (3m - 2n)\Delta_t/5$ となり，$\Delta_t = \frac{4}{9}\Delta_o$ を用いると，CFSE $= (12m - 8n)\Delta_o/45$ が導ける．m, n は

---

*16　Crystal Field Stabilization Energy

(したがって CFSE も)d 電子の総数ばかりでなく，高スピン状態であるか，低スピン状態[*17]であるかに依存する．例として，図 2-24(a), (b)にそれぞれ高スピン状態と低スピン状態の $Fe^{2+}(3d^6)$ について，八面体結晶場，四面体結晶場における電子配置と CFSE を比較してある．一般に，低スピン状態の方が CFSE は大きく，その面では安定である．しかし，$3d$ 遷移金属酸化物の場合は，フント則によってスピンが平行に並ぶことによる利得のほうが，結晶場による安定化よりも大きな場合が多く，通常は高スピン状態が実現する．

先に述べたように，結晶場による安定化は八面体配位のほうが大きく，八面体配位の CFSE から四面体配位の CFSE を引くと，正(またはゼロ)の値となる．この差分を八面体配位選択エネルギー(OSPE[*18])と称する．OSPE は四面体配位と比べたときの，八面体配位の取りやすさの目安であり，これが大きいことはそのイオンが八面体配位を好むことを意味する．Δ_{o} は分光測定から実験的に求めることができ，Δ_{o} が分かれば CFSE も OSPE も簡単に計算する

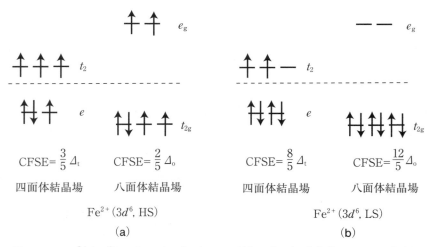

図 2-24 $Fe^{2+}(3d^6)$ の高スピン(HS)および低スピン(LS)状態における電子配置と結晶場による安定化エネルギー(CFSE)．

[*17] 高スピン，低スピン状態については 2.4 節，脚注[*13]を参照．
[*18] Octahedral Site Preference Energy

2.6 陽イオンの配位選択性

表 2-6 遷移金属イオンの結晶場安定化エネルギー（CFSE）と八面体配位選択エネルギー（OSPE）．

イオン	CFSE (kJ/mol) [†1]		OSPE (kJ/mol)	
	八面体	四面体	CFSE より [†1]	スピネルより [†2]
Mn^{2+}	0	0	0	-17
Fe^{2+}	49.8	33.1	16.7	4
Co^{2+}	92.9	61.9	31.0	-13
Ni^{2+}	122.2	36.0	86.2	51
Cu^{2+}	90.4	26.8	63.6	38
Ti^{3+}	87.4	58.6	28.9	
V^{3+}	160.2	106.7	53.6	
Cr^{3+}	224.7	66.9	157.7	88
Mn^{3+}	135.6	40.2	95.4	59
Fe^{3+}	0	0	0	-16

[†1] 参考文献[16]，Table 2 より．
[†2] 参考文献[17]，Fig. 3 より．

ことができる．表 2-6 は $3d$ 遷移金属イオンについて，Δ_o の分光学的実測値から計算した CFSE と OSPE の値である[16]．Cr^{3+}，Mn^{3+}，Ni^{2+} などは八面体位置を好むイオンとして知られているが，確かに大きな OSPE を持っている．表 2-6 にはスピネル型構造の四面体位置と八面体位置における陽イオンの分配から（3.4 節参照），実験的に求めた OSPE の値を合わせて示してある[17]．定量性はともかくとして，全体の傾向としてはこれらの 2 種類のデータは整合している．

ヤーン-テラー効果

正八面体や正四面体の結晶場により，d 軌道は 2 つの準位に分裂したが，結晶場の対称性が低下するとさらなる分裂が起こる．ここではもっぱら立方対称から正方対称[*19]へと対称性が低下した場合を考える．図 2-25（a）は，八面

[*19] 立方対称の条件は 4 本の 3 回回転軸（または回反軸）であるが，正八面体や正四面体はそれを持っている．正方対称の条件は 1 本の 4 回回転軸（または回反軸）である．

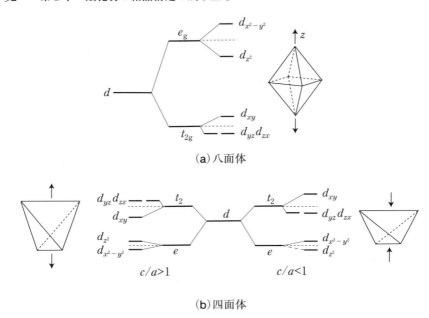

図 2-25 ヤーン–テラー歪による d 軌道の分裂.

体配位において，x-y 面内の 4 個の配位子が陽イオンに近づき，z 軸上の 2 個の配位子が陽イオンから遠ざかるような歪を加えた場合の，準位の分裂を示したものである．x-y 面内の配位子が近づくことにより，電子間の反発が大きくなるため，$d_{x^2-y^2}$ と d_{xy} のエネルギーは増大し，z 軸上の配位子が遠ざかることで，d_{z^2}，d_{yz}，d_{zx} のエネルギーは減少する．その結果，d 軌道は 4 種類の準位に分裂する．**図 2-26**(a), (b) は，$Cu^{2+}(d^9)$ を例に取り，このような歪が加わる前後の電子配置を示したものである．歪による e_g 軌道の分裂幅を δ_0 とすると，電子系のネットのエネルギーは $1/2\delta_0$ だけ低下する．そのため，このような場合には，電子系のエネルギーを下げるために，結晶格子が変形するということが起こり得る．変形は歪のエネルギーが電子系の利得を上回るようになるまで進行するはずである．これがヤーン–テラー (Yahn-Teller) 効果[15, 18]と呼ばれる現象であり，この効果によって誘起される歪はヤーン–テラー歪と称される．八面体配位の場合，ヤーン–テラー歪の影響は t_{2g} 電子よりも，e_g 電子に対してより顕著である．e_g 軌道 ($d_{x^2-y^2}$, d_{z^2}) が配位子の方向

2.6 陽イオンの配位選択性   53

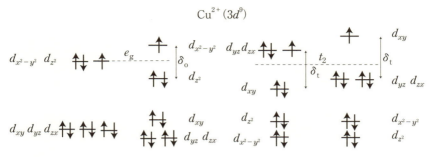

(**a**)正八面体　(**b**)八面体($c/a>1$)　(**c**)四面体($c/a>1$)　(**d**)四面体($c/a<1$)

図 2-26 種々の配位環境における $Cu^{2+}(3d^9)$ の電子配置.

に伸びているため，そこに収容された電子が配位子の変位により鋭敏であるためである．

前段の歪は正方格子に関して $c/a>1$ となるものであるが，逆に，$c/a<1$ となる歪も考えられる．すなわち x-y 面内の配位子が陽イオンから遠のき，z 軸上の配位子がそれに近づくような歪である．結晶場の理論の枠組みでは，この歪にも同等の可能性があるように見えるが，実際にはほとんど例がない．詳しい計算によると，陽イオンと配位子間の静電ポテンシャルにおける非調和項の影響によって，$c/a>1$ の歪のほうがエネルギー的に安定になる[18]．

四面体配位についても，立方対称から正方対称への対称性の低下によって，電子のエネルギー準位のさらなる分離が起こる．四面体配位の場合は $c/a>1$ および $c/a<1$ の 2 種類のヤーン-テラー歪を考える必要がある．前者は四面体の相対する稜を遠ざける方向の歪であり，後者は逆に近づける（四面体を扁平にする）方向である．それぞれについてのエネルギー準位は図 2-25（b）に示すようなものである．四面体配位の場合は，e 軌道（$d_{x^2-y^2}$, d_{z^2}）が非結合性軌道であるため，ヤーン-テラー歪の影響は，t_2 電子に対してより顕著である．図 2-26（c），（d）に，$c/a>1$ および $c/a<1$ のヤーン-テラー歪場における，Cu^{2+} イオンの電子配置を示す．t_2 軌道の分裂幅を δ_t とすると，$c/a>1$ および $c/a<1$ の歪場における電子系のエネルギーの低下は，それぞれ，$\frac{1}{3}\delta_t$ および $\frac{2}{3}\delta_t$ である．したがって，Cu^{2+} が四面体位置を占めている場合には，

表 2-7　遷移金属イオンに期待されるヤーン-テラー歪とその程度 [†1].

N_d [†2]	イオン	ヤーン-テラー歪	
		八面体配位	四面体配位
1	Ti^{3+}	小	小
2	Ti^{2+}, V^{3+}	小	無
3	V^{2+}, Cr^{3+}, Mn^{4+}	無	大($c/a>1$)
4	Cr^{2+}, Mn^{3+}	大($c/a>1$)	大($c/a<1$)
5	Mn^{2+}, Fe^{3+}	無	無
6	Fe^{2+}, Co^{3+}, Ni^{4+}	小	小
7	Co^{2+}, Ni^{3+}	小	無
8	Ni^{2+}	無	大($c/a>1$)
9	Cu^{2+}	大($c/a>1$)	大($c/a<1$)

[†1] 参考文献 [18]，Table 1 より．
[†2] d 電子の数．

$c/a<1$ の歪が誘起される可能性がある．

　以上の議論から，d 電子の数に応じて，ヤーン-テラー効果の有無，ヤーン-テラー歪の大小をまとめたものが**表 2-7** である[18]．例として取り上げてきた，Cu^{2+} イオン(d^9)は，八面体配位では $c/a>1$ の大きな歪が，四面体配位では $c/a<1$ の大きな歪が予想される．先に述べたように Cu^{2+} イオンは平面4 配位やピラミッド型5 配位など，特異な配位を好むイオンとして知られている．平面4 配位は八面体配位の *z* 軸上の配位子を無限遠方まで遠ざけたものと考えることもできるし，四面体配位を完全に扁平化したものと考えてもよい．同様に，ピラミッド型5 配位も，八面体配位の *z* 軸上の配位子の一方を無限遠方まで遠ざけたものと見なすことができる．すなわち，Cu^{2+} イオンの特異な配位様式はヤーン-テラー歪の極限の姿と解釈できる．5.5 節で見るように，このような Cu^{2+} イオンの特性は，高温超伝導体の結晶構造に対して決定的な影響をもたらす．

参考文献

[1] 結晶化学全般に関する大部な学術書として次があり，本書の 2～5 章も多くをこれに依っている．

A. F. Wells, "Structural Inorganic Chemistry", fifth edition, Oxford University Press (1984).
[2] 結晶学やX線回折については優れた入門書が多数あるが，分かりやすいものとして，
角戸正夫，笹田義夫，「X線解析入門」，第3版，東京化学同人 (1993)．
[3] 対称性や空間群に関する解説書として，
定永良一，「結晶学序説」，岩波書店 (1986)．
[4] 最密充填構造やその対称性については次の2つの解説が参考になる．
A. L. Patterson and J. S. Kasper, "7.1 Close Packing", International Tables for X-ray Crystallography, Volume II, The International Union of Crystallography (1959).
S. Ďurovič, P. Krishna, and D. Pandey, "9.2 Layer stacking", International Tables for Crystallography, Volume C, The International Union of Crystallography (2004).
[5] K. Meisel, Z. Anorg. Allg. Chem. **207**, 121 (1932).
[6] 参考文献[1]，3章および5章に詳しい解説がある．
[7] R. D. Shannon and C. T. Prewitt, Acta Crystallogr. **B25**, 925 (1969).
[8] R. D. Shannon, Acta Crystallogr. **A32**, 751 (1976).
[9] F. G. Fumi and M. P. Tosi, J. Phys. Chem. Solids, **25**, 31 (1964).
[10] ポーリング著，小泉正夫訳，「化学結合論 (改訂版)」，13章，共立出版 (1962)．
[11] I. D. Brown and R. D. Shannon, Acta Crystallogr. **A29**, 266 (1973).
[12] N. E. Brese and M. O' Keeffe, Acta Crystallogr. **B47**, 192 (1991).
[13] R. H. Buttner and E. N. Maslen, Acta Crystallogr. **B48**, 644 (1992).
[14] 参考文献[1]，4章を参照．
[15] 結晶場理論の分かりやすい入門書として，
バーンズ著，大森啓一訳，「鉱物の結晶場理論」，内田老鶴圃新社 (1972)．
[16] J. D. Dunitz and L. E. Orgel, J. Phys. Chem. Solids **3**, 318 (1957).
[17] A. Navrotsky and O. J. Kleppa, J. Inorg. Nucl. Chem. **29**, 2701 (1967).
[18] J. D. Dunitz and L. E. Orgel, J. Phys. Chem. Solids **3**, 20 (1957).

第3章 基本的な酸化物の構造と機能

本章では，最低限知っておくべき酸化物の結晶構造を解説する．第2章で述べた，酸化物の結晶を成り立たせている基本的な原理にできる限り則って話を進める．それによって，実際的に役立つ知識に加えて，結晶構造を組織的，系統的に解釈するための手法や道筋を提示する．また，やや断片的な形ながら，酸化物の持つ機能や物性にも触れる．

3.1 最密充填の八面体位置が占められた構造

NaCl 型構造

2.2節において NaCl 型構造を取り上げ(図2-17)，それが，陰イオンの最密充填をベースとして，その八面体位置のすべてを陽イオンが占めた構造であることを明らかにした．その基本的成り立ちが，$AcBaCb\cdots$ と表現できることも指摘した．

表3-1 に NaCl 型構造を有する主な酸化物をリストする．この表では 1:1 の定比組成を示してあるが，実際には多くの NaCl 型酸化物が組成の幅を持っている．例えば，鉄の酸化物については，6.6節で議論するように鉄の欠損に起因して，$Fe_{1-x}O$ ($0.05 < x < 0.15$) で示されるように組成領域が広がっている．一方チタンの酸化物においては，チタンの欠損に加えて酸素にも欠損が起こ

表3-1 NaCl 型構造を有する主な酸化物．

2族(アルカリ土類)元素	MgO CaO SrO BaO
4族元素	TiO ZrO
5族元素	VO NbO TaO
12族元素	ZnO [†1] CdO
上記以外の遷移金属元素	MnO FeO CoO NiO
ランタノイド元素	LaO [†1] CeO [†1] PrO [†1] NdO [†1] SmO EuO YbO
アクチノイド元素	UO NpO PuO AmO

[†1] 高圧安定相．

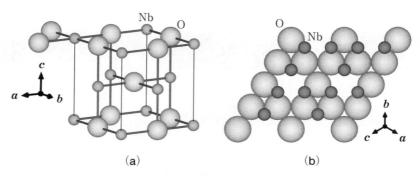

図 3-1 （a）NbO の構造(立方晶系)[1]．（b）(111)面に平行なスライス．

り，Ti$_x$O（～0.65＜x＜～1.25）で示されるように x は 1 を挟んで両側に幅を持っている．金属や酸素の欠損は結晶中にランダムに導入される場合もあるが，それらが規則的に配列して構造の対称性が変わるような場合もある．2.2 節において，形式的にではあるが，ReO$_3$ 型構造も欠損 NaCl 型と見なすことができることを示したが，欠損が規則配列する，より適切な例として NbO がある．

図 3-1（a）に，立方晶系に属する NbO の結晶構造[1]を示すが，図 2-17（b）の NaCl 型と比較すると，Nb と O が規則的に欠損していることが分かる．その結果，Nb は八面体配位ではなく，平面 4 配位（図 2-18[3]）にまで配位数が減っている．NaCl 型と同様に，Nb から見た O の配位環境は，O から見た Nb の配位環境と同一であり，O に対する Nb の配位も平面 4 配位である．Nb と O をそれぞれ 1 層だけ含むように，立方格子の(111)面に平行にスライスして得られた構造を図 3-1（b）に示すが，この図から明らかなように，最密充填層(O)とその八面体位置(Nb)に対して，欠損は同じ規則で導入されており，その割合は共に 1/4 である．したがって，NbO の配列様式は $A_{3/4}c_{3/4}B_{3/4}a_{3/4}C_{3/4}b_{3/4}\cdots$ と表され，NaCl 型を基準とすれば，その組成は Nb$_{0.75}$O$_{0.75}$ とするのが相当である*1．

---

*1 Nb に結合する O は 4 個であり，NaCl 型の 2/3 である．一方，Nb の空席(□)の周りの O には欠損がない．したがってその組成は Nb$_{3/4}$O$_{3/4 \times 2/3}$・□$_{1/4}$O$_{1/4 \times 1}$ となり，Nb$_{0.75}$O$_{0.75}$ と整合する．

3.1 最密充填の八面体位置が占められた構造

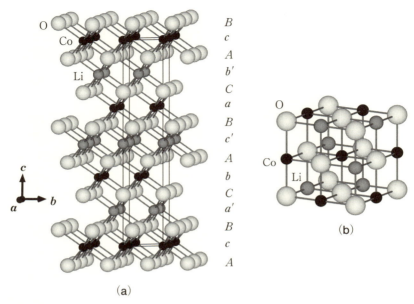

図 3-2 (a) $LiCoO_2$ の構造(三方晶系)[2]. (b) 図(a)の構造から,NaCl 型の「格子」を切り出したもの.

複数種の金属を含む NaCl 型酸化物も数多く知られている.それらの中で,$LiCoO_2$ は,材料という観点からすれば最も重要な物質といってよい.よく知られているように,Li イオン電池の正極材料として,広く実用に供されているからである.図 3-2 にその構造[2]を示すが,酸素原子が ccp の様式で積み重なり,すべての八面体位置が金属元素で占められているという点で,NaCl 型の属性を備えている.もし Li と Co がランダムに配置していれば,NaCl 型そのものであり立方晶系の対称性を持つはずである.しかし実際には,Li と Co は規則的に配列しているため,三方晶系(R 格子)にまで対称性が落ちている.2.1 節で議論した,菱面体格子と六方格子の関係を使うことで,$LiCoO_2$ の構造は図 3-2(a)のように,六方格子を用いて表すことができる.Li と Co の規則配列の様式は図から明らかで,c 軸方向(最密充填層の積み重なりの方向)に Li 層と Co 層が交互に積み重なっている.Li の席を「′」を付けて区別すると,$AcBa'\ CbAc'\ BaCb'\cdots$ が層の積み重なりである.Li/Co の規則配列に

より，c 軸方向に NaCl 型の 2 倍の周期となっている（ABC を 2 回繰り返して単位の周期となる）．この構造から NaCl 型の「格子」を無理やり切り出すと図 3-2(b) のようになる．Li と Co の規則配列の結果，これはもはや結晶学上の格子ではないが，NaCl 型格子の [111] の方向に，Li 層と Co 層が規則的に積み重なっていることは確認できる．

Li/Co の規則配列により Li のみの層が形成されていることが，$LiCoO_2$ が Li イオン電池の正極材料となり得る決定的な理由である．Li イオン電池の正極では次のような電気化学反応により Li が出入りするが，規則配列のおかげで，Li イオンが拡散速度の小さい Co イオンに邪魔されずに層内を動くことができるからである．

$$Li_xCoO_2 \rightleftharpoons Li_{x'}CoO_2 + (x-x')Li^+ + (x-x')e^-$$

$LiCoO_2$ は，第 8 章において，ソフト化学の対象としてもう一度取り上げることにする．

NaCl 型の酸化物は，構成金属元素に依存して様々な物性を示す．例えば，アルカリ土類金属の酸化物は完全な絶縁体であるのに対して，TiO，VO，NbO，LaO，NdO，SmO，EuO 等は金属導電性を示す．特に TiO は $T_c = 2.3$ K の超伝導体として知られている．

NiAs 型構造

NaCl 型は陰イオンが ccp の様式で積み重なり，その八面体位置のすべてを陽イオンが占めている構造であった．同様なことを hcp について考えてみよう．つまり，陰イオンが hcp に配列しその八面体位置のすべてを陽イオンが占めている場合である．**図 3-3(a)** に示す NiAs の構造[3]がそれにあたる．六方晶系に属するこの構造は，ヒ素化物，硫化物，セレン化物等において例があるが，酸化物ではほとんど例がない[*2]．

陰イオンの配列が ccp から hcp に変わることで，八面体のつながりは大きな影響を受ける．図 3-3(b) は NiAs の構造を $NiAs_6$ 八面体の連結によって表したものである．(001) の面内方向に関しては，八面体は 6 本の稜を共有する形で連結しており，(001) 面に平行に八面体 1 つ分スライスすれば，図 2-22

[*2] 10〜15 GPa の高圧下で，BaO が NiAs 型構造を取るという報告がある[4]．

3.1 最密充填の八面体位置が占められた構造　61

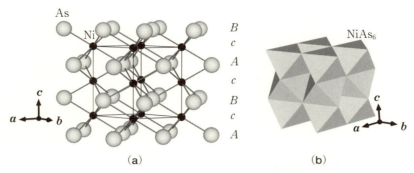

図 3-3 （a）NiAs の構造（六方晶系）[3]．（b）NiAs$_6$ 八面体の連結により表した構造．

（b）に示した AO$_2$ 型の層が得られる．この点は NaCl 型構造を立方格子の（111）面に平行にスライスした場合と同じである．一方，図 3-3（b）の c 軸方向を見ると，八面体は 2 つの面を上下の八面体と共有して連結している．c 軸方向に伸びる Ni の「鎖」を 1 本だけ切り出せば，それは図 2-21（c）で見た八面体の面共有による 1 次元鎖となる．

NaCl 型における層の積み重ねが $AcBaCb$… であったのに対して，NiAs では $AcBc$… であり，Ni はいつも c 位置を占める．これが c 軸方向に面が共有される理由である．別の言い方をすると，八面体の面共有は h-c 表記の h においてのみ起こり得る．NaCl 型ではすべてが c であるため，面共有は起こらないのである．表 2-3 で見たように，配位多面体が面を共有するとその中心にある陽イオン間の距離が減少し，エネルギー的に不利である．これがイオン結合性の強い酸化物において，NiAs 型構造が稀である理由と考えられる．

コランダム型構造

コランダム（corundum）は酸化アルミニウム（Al$_2$O$_3$）の結晶からなる鉱物の名称であり，その構造を表す場合にも使われる．**図 3-4（a）**に三方晶系（R 格子）に属する Al$_2$O$_3$ の構造[5]を，六方格子を用いて表す．構造は一見複雑に見えるが，図 3-4（b）のように構造を理想化した上で c 軸に垂直な方向から眺めると，NiAs 型格子を c 軸方向に 3 つ重ねたものがベースとなっていることが分かる．すなわちコランダム型構造も陰イオンの hcp を基本として，その八

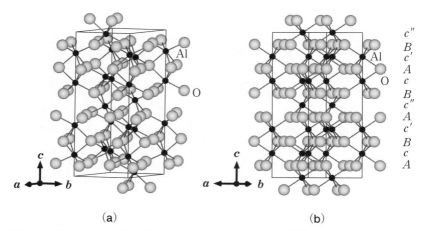

図 3-4 (a) Al_2O_3 の構造(コランダム型，三方晶系)[5]．(b)(a)の構造を理想化したもの．

面体位置が陽イオンで占められた構造である．違いは NiAs では八面体位置がすべて占められていたのに対して，コランダム構造では，2/3 だけが占められ，1/3 が空いていることであり，そのため，この構造は陽イオンと陰イオンの比が 2:3 の化合物に対応する．仮に Al の占める八面体位置がランダムであるとすれば，NiAs と同じ対称性を持つはずであるが，実際には，Al が占有する位置と欠損する位置は規則的に配列している．

図 3-5(a)は，図 3-4(b)の構造を，(001)面に平行にスライスし，O の「層」と Al の「層」を，それぞれ 1 枚だけ含む厚みを取り出したものである．ここから Al が占める席の規則性が分かる．図 3-5(a)に示した「層」の直上の「層」を考えると，Al 席の位置は c で変わらないが，配置のパターン(Al の欠損位置)は，(001)面内で，$\frac{1}{3}(\boldsymbol{a}-\boldsymbol{b})$ だけ平行移動する．これを 3 回繰り返すと元に戻るため，Al 層に関しては 3 枚周期となる．一方，O に関しては $AB\cdots$ の 2 枚周期であるため，単位格子は，O 層と Al 層がそれぞれ 6 枚から構成される．したがって，この構造を形式的に表すと，$Ac_{2/3}Bc'_{2/3}Ac''_{2/3}Bc_{2/3}Ac'_{2/3}Bc''_{2/3}\cdots$ となる．ここで「′」と「″」は，平行移動によって(001)面内における Al の欠損位置が，異なっていることを表す．

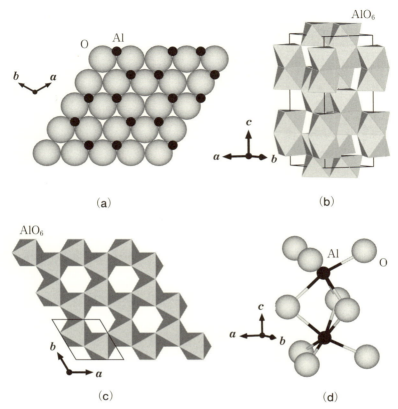

図 3-5 （a）図 3-4（b）の構造の(001)面に平行なスライス．（b）AlO$_6$ 八面体の連結により表した構造．（c）(001)面に平行なスライス．（d）面共有により形成される AlO$_6$ 八面体の対（図 3-4（a）の実際の構造におけるもの）．

以上は図 3-4（b）の理想化された構造に関する議論であるが，構造の基本的な成り立ちは図 3-4（a）の実際の構造においても同じである．

Al の欠損は c 軸方向についても 3 個に 1 つ規則的に挿入されるため，NiAs において見られた，c 軸方向への八面体の「鎖」は存在しない．その代わりに，図 3-5（b）に示すように，c 軸方向についてすべての八面体が面を共有して「対」を形成する．一方，(001)面内の方向に見ると，図（c）に示すように八面体は 3 本の稜を共有してつながっている．この連結の様式は，図 2-22

表 3-2 コランダム型構造を有する主な酸化物.

13 族元素	Al_2O_3 Ga_2O_3 In_2O_3 [†1] Tl_2O_3 [†1]
遷移金属元素	Ti_2O_3 V_2O_3 Cr_2O_3 Fe_2O_3 Co_2O_3 [†1] Rh_2O_3

[†1] 高圧安定相.

(d)で見たものである.

　図3-5(d)は実際の構造の中の，1つの「対」を取り出したものである．Al原子の位置は明らかに八面体の中心にはなく，c 軸方向に（図で上下に）変位している．対の中の Al-Al の距離が伸長し，陽イオン間のクーロン反発が低減されているわけである．これは Al の欠損が 3 個に 1 つ規則的に挿入されることによって初めて可能となる．**表 3-2** にコランダム型構造を取る代表的な酸化物をリストする．NiAs 型の酸化物はほとんど例がなかったのに比べて，かなりの数の酸化物がこの構造に結晶化する．またこれらの酸化物は実用上も重要な材料である．陽イオンの規則的な欠損によるクーロン反発の低減こそが，多くの酸化物でこの構造が実現している理由と考えられる．

イルメナイト型と LiNbO$_3$ 型構造

　コランダム型 Al_2O_3 において，Al 席を 2 種類の金属が半分ずつ占める場合を考えよう．その一般式は ABO_3 となるが，もし，A と B がランダムに配置すれば，コランダム型構造が維持される．しかし，A と B が規則配列をすれば，配列の様式に従って，種々の派生構造が生まれる．ここでは，2 つの典型的な例を紹介する．

　図 3-6 に三方晶系に属する $FeTiO_3$ の構造[6]を示す．$FeTiO_3$ の鉱物名から，この構造はイルメナイト (ilmenite) 型と呼ばれている．イルメナイト型構造は，4 価の Ti と 2 価の Fe という 2 種類の金属を含む点とそれらが規則配列している点を除けば，コランダム型と本質的な相違はない．金属の規則配列は，c 軸方向に沿って，Fe が占める層と Ti が占める層が交互に積み重なるタイプである．このような規則配列の結果，図 3-5(d)で見た八面体の対は，必ず Ti^{4+}-Fe^{2+} の組み合わせとなり，Ti^{4+}-Ti^{4+} という静電エネルギー的に不利な組み合わせは出現しない．このことが金属の規則配列の駆動力として働いているものと考えられる．

3.1 最密充填の八面体位置が占められた構造　65

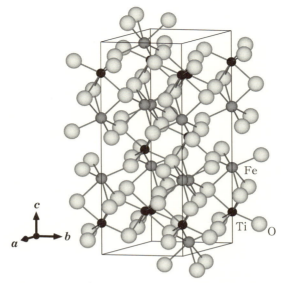

図 3-6　FeTiO$_3$ の構造(イルメナイト型, 三方晶系)[6].

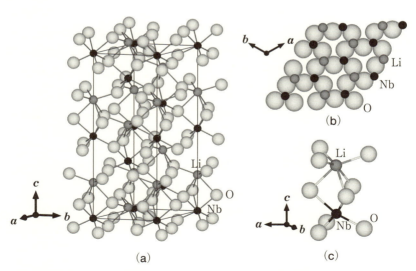

図 3-7　(a) LiNbO$_3$ の構造(三方晶系)[7]．(b) (001)面に平行なスライス．
(c) 面共有により形成される八面体の対．

図3-7(a)は三方晶系に属するLiNbO$_3$の結晶構造[7]である．これもコランダム型からの派生構造である．Li/Nbも規則配列しているが，その様式はイルメナイト型とは異なり，(001)面内で，LiとNbが交互に並ぶようなタイプである*3．その2次元配列の実際を図3-7(b)に示す．このようなタイプの規則配列においても，図3-7(c)に示すように，八面体の対は必ずNb^{5+}-Li$^+$の組み合わせとなり，Nb^{5+}-Nb^{5+}の組み合わせは出現しない．LiNbO$_3$は強誘電性(3.5節参照)を示し，表面弾性波素子*4等として広範に使われている．

ルチル型構造

図3-8(a)にルチル(rutile)型構造[8]を示す．ルチルはTiO$_2$の鉱物名であるが，TiO$_2$にはいくつかの多形が知られており，正方晶系に属するルチル型はその1つである．構造を一見して分かるように，ルチル型構造においてTiは6個のOで八面体的に配位されている．一方，OはTiの造る三角形の中心に位置する(平面3配位)*5．図3-8(b)に示すように，八面体は相対する稜を他の八面体と共有して正方晶系のc軸方向に無限に伸びる鎖を形成している．2.3節で述べたように，この鎖はルチル型鎖と呼ばれている(図2-21(b))．図から分かるように，ルチル型鎖は，頂点共有によって隣接する4本のルチル型鎖と連結している．ルチル型鎖が単独で存在する場合の組成はAO$_4$であるが，ルチル型構造においては八面体当たり4個の頂点を他のルチル型鎖と共有しているため(すべてのOが3個のTiと結合することになり)，組成はAO$_2$となる．

図3-8(c)は，正方晶系の(010)面に平行に，O層とTi層が一層含まれる厚

---

*3 厳密には，LiとNbは同一平面内になく，ここでの議論はかなり単純化したものである．

*4 特定の電磁波を選択したり，増幅したりする素子．

*5 Tiの正八面体配位とOの正三角形平面3配位は両立しない．正方晶のルチル型格子における原子の位置は，Ti：$(0,0,0)$，O：$(x,x,0)$であるが，c軸長とa軸長の比，c/aとxに関して以下が成立する．正八面体配位：$c/a=0.58$，$x=0.29$，正三角形3配位：$c/a=0.817$，$x=0.33$．TiO$_2$の場合は，$c/a=0.65$，$x=0.31$であり，前者の正八面体配位に近い状況が実現している．多くの酸化物で同様な傾向がある[9]．

3.1 最密充填の八面体位置が占められた構造

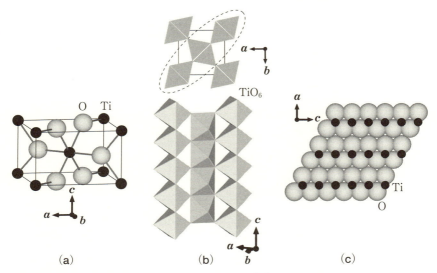

図 3-8 (a) ルチル型 TiO_2 の構造(正方晶系)[8]. (b) 上部:TiO_6 八面体の連結により表した構造(c 軸投影図),下部:c 軸方向に伸びるルチル型鎖(上部の図で点線で囲んだ部分).(c) (010)面に平行なスライス.

さに構造をスライスしたものである.この O 層は近似的にではあるが最密充填層であり,b 軸方向に $ABAB\cdots$ の様式で積み重なっている.一方,Ti は八面体位置の半分だけを規則的に占めている.規則配列の様式は簡単であり,図 3-8(c) に示されるように,Ti が占有したライン(c 軸方向)と欠損したラインが交互に並ぶようなものである.占有ラインがルチル型鎖に相当する.

ルチル型構造は O が hcp に配列し,その八面体位置の半分が Ti によって占められた構造である.それを形式的に表すと,$Ac_{1/2}Bc'_{1/2}\cdots$ となる.ここで,「′」はそれが付かない Ti 層に対して,占有席と欠損席の位置が逆転していることを示す.この逆転により,Ti の上下の c 位置は必ず欠損席となり,NiAs やコランダム型構造で見られた,八面体間の面共有は起こらない.

表 3-3 にルチル型構造を有する主な酸化物をリストする.面共有がない安定な構造ということに対応して,多くの 4 価金属がこの構造に結晶化する.

68   第3章 基本的な酸化物の構造と機能

表 3-3 ルチル型構造を有する主な酸化物.

5族元素	VO_2 NbO_2 TaO_2
8族元素	RuO_2 OsO_2
9族元素	RhO_2 [†1] IrO_2
10族元素	PdO_2 [†1] PtO_2 [†1]
14族元素	SiO_2 [†1] GeO_2 SnO_2 PbO_2
上記以外の遷移金属	TiO_2 CrO_2 MnO_2

[†1] 高圧安定相.

ルチル型鎖をベースとする構造

　ルチル型鎖をベースとする構造の最も単純な例として，図 3-9 に示す Sr_2PbO_4 の構造[10]があげられる．斜方晶系に属するこの構造において，PbO_6 八面体が造るルチル型鎖は c 軸方向(図で紙面に垂直な方向)に伸びている．ルチル型構造と異なり，Sr_2PbO_4 のルチル型鎖は他の鎖と連結することのない単独鎖であり，Sr イオンを仲介して間接的に結び付けられている．PbO_4 は単独ルチル型鎖の組成にほかならない．

　より複雑な派生構造を見るために，MnO_2 の多形について触れる．MnO_2 には5種類の多形が知られているが，そのいずれもがルチル型鎖をベースとした構造を有している．図 3-10(a), (b), (c)は，β型[11]，ラムズデライト(ramsdellite)型[12]，α型[13]の3つの多形を選び，その構造をルチル鎖の伸

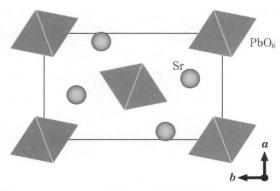

図 3-9 Sr_2PbO_4 の構造の c 軸投影図(斜方晶系)[10].

3.1 最密充填の八面体位置が占められた構造

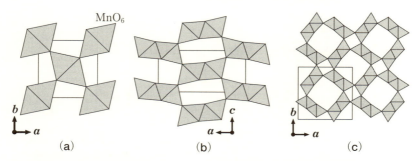

図 3-10 MnO_2 の多形の構造(ルチル型鎖が伸びる方向への投影図). (a) β 型(正方晶系)[11], (b) ラムズデライト型(斜方晶系)[12], (c) α 型(正方晶系)[13].

びる方向に投影したものある. β-MnO_2 が図 3-8 のルチル型そのものであるのに対して,後二者の構造は,2 本のルチル型鎖を稜共有で連結した,2 重ルチル型鎖(図 2-21(f))を基本としている.2 重ルチル型鎖は,隣接する四本の 2 重ルチル型鎖と頂点を共有してつながっている.2 重ルチル鎖が単独で存在する場合の組成は AO_3 であるが,2 重鎖間の頂点共有の結果,ラムズデライト型も α 型も組成は AO_2 となる.ラムズデライト型と α 型構造を分けるのは,頂点共有の様式の違いである.

2 重ルチル型鎖により形成されるこの種の構造では,しばしば鎖と平行に大きな 1 次元のトンネルができる.そのトンネルの中にはアルカリイオンやアルカリ土類イオンなどのかさ高いイオンを収容することができる.1 つの例を挙げると,α 型構造のトンネルに Ba^{2+},Pb^{2+},K^+ イオン等を収容した物質が存在し,ホーランダイト(hollandite)という鉱物名で知られている[14].

アナターゼ型構造

TiO_2 の多形としてはルチル型以外に,アナターゼ(anatase)型とブルッカイト(brookite)型がよく知られている.熱力学的安定相はルチル型であり,これら 2 つは準安定相と考えられるが,アナターゼ型 TiO_2 は触媒等に広く利用されており,ルチル型に劣らず重要な材料である.アナターゼは正方晶系に属し,その構造は**図 3-11**(a)に示すようなものである[15].しかし,この図では分かりにくいため,図 3-11(b)に八面体の歪をなくした理想的な構造を示

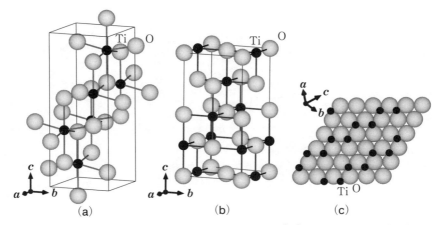

図 3-11 （a）アナターゼ型 TiO_2 の構造（正方晶系）[15]．（b）図（a）の構造を理想化し，O を原点として描いた図．（c）図（b）の構造の(112)面に平行なスライス．

す．図（b）において O は fcc 格子を形成しており，c 軸方向に fcc 格子を 2 個重ねたものが正方晶系の単位格子である．この構造は NaCl 型から陽イオンを規則的に半分取り去ったものである．つまり，ルチル型が hcp の八面体位置が半分占められた構造であるのに対して，アナターゼ型は ccp の八面体位置が半分占められた構造ということである．

図 3-11（c）は，正方格子の(112)面[*6]に平行に，O 層と Ti 層がそれぞれ 1 枚入るような厚さにスライスした図である．Ti の占有席の配置は，図 3-8（c）のルチル型の場合とは異なっている．このような Ti の配列様式の違いと，hcp と ccp の違いに起因して，アナターゼ型の八面体は 4 本の稜を共有して連結している（図 8-3（c）を参照）．

ブルッカイト型構造も TiO_6 の八面体をベースとする構造ではあるが，正八面体からの歪はルチル型やアナターゼ型に比べて大きい．ブルッカイト型では八面体は 3 本の稜を共有して連結している．

[*6] NaCl 型の(111)面に相当する．

CdI₂型およびCdCl₂型構造

ルチル型構造は陰イオンがhcpに配列し，その八面体位置の半分を陽イオンが占める構造であったが，同じ範疇に属する別の構造について触れておく．図3-12にMg(OH)$_2$の構造[16]を示す．三方晶系に属するこの構造はOH$^-$イオンのhcpをベースとするもので，CdI$_2$型と呼ばれている．Mg以外にCa, Mn, Co, Ni, Cdなどの水酸化物がこの構造を取る．CdI$_2$型における層の積み重なりは，$AcB\square AcB\square\cdots$であり，八面体位置が完全に占められた$c$層と完全に欠損した空隙層が，交互に積み重なっている．すなわち，それはAcBという八面体の層を積み重ねた層状構造である．図3-12(b)に示すAcB層は図2-22(b)で見たものであり，八面体が6本の稜を共有して2次元的に連結している．Mg(OH)$_2$のHはMgO$_2$(AcB)層の層間に存在し，水素結合により，層同士を結び付ける役割を果たしている．つまり，上の表現で，$\square$にHを2つ置いたものと考えることができる．

Al(OH)$_3$にはいくつかの多形が存在するが，鉱物名バイヤーライト(bayerite)として知られるα型とギブサイト(gibbsite)として知られるγ型が基本的なものである．図3-13(a)に示すα-Al(OH)$_3$の構造[17]は単斜晶系(βはほぼ90°)に属するが，その基本構造はCdI$_2$型において金属席を規則的に1/3欠損させたものである．すなわち，$Ac_{2/3}B\square Ac_{2/3}B\square\cdots$と表現すべきものであ

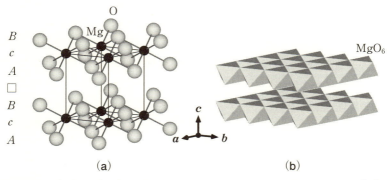

図3-12 (a) Mg(OH)$_2$の構造(CdI$_2$型，三方晶系，Hは示してない)[16]．
(b) MgO$_6$八面体の連結により表した構造．

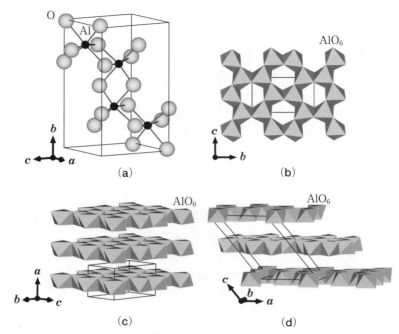

図 3-13 （a）α-Al(OH)$_3$ の構造(単斜晶系, H は示してない)[17]. （b）(100)面に平行なスライス(AlO$_3$ 層). （c）α-Al(OH)$_3$ における AlO$_3$ 層の積み重なり. （d）γ-Al(OH)$_3$（単斜晶系）における AlO$_3$ 層の積み重なり[18].

り, Mg(OH)$_2$ と同様に □ の位置には H が存在する. 図 3-13(a)の構造を(100)面に平行にスライスすると, 八面体が連結して造る AlO$_3$ 層を取り出すことができる. 図 3-13(b)に示すその層は図 2-22(d)や図 3-5(c)で見たものである. 図 3-13(c)のように, この層が **a** 軸方向に積み重なることで構造ができ上がる. Al が欠損する席の面内位置はどの層でも同じであり, 層が積み重なる方向に六角柱のトンネルが通っている.

図 3-13(d)の γ-Al(OH)$_3$ の構造[18]も単斜晶系に属するが, O 層の積み重なりは $ABBA\cdots$ であり最密充填ではない. Al が A と B(B と A)の間の, 八面体位置の 2/3 を規則的に占めている点は, α 型と同じである. したがって, 構造は $Ac_{2/3}B\square Bc_{2/3}A\square\cdots$ と表すことができ, 基本的には α 型と等価な層($Ac_{2/3}B$)から構成されている. 違いは, 層が 1 枚おきに反転している点であ

3.1 最密充填の八面体位置が占められた構造

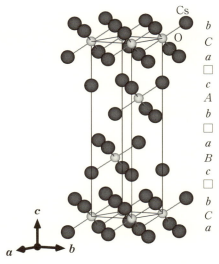

図 3-14 Cs_2O の構造(三方晶系)[19].

る．層が積み重なる方向には，α 型と同様に六角柱のトンネルが通っている．

　CdI_2 型では陰イオンが hcp に配列していたが，陰イオンが ccp に配列する構造も知られている．$CdCl_2$ 型として知られるその構造は，$AcB\square CbA\square BaC\square\cdots$ と表現でき，3 種類の(互いに結晶学的に等価な)層の積み重なりからなる層状構造である．積み重なり方向の単位周期には 6 枚の陰イオン層が含まれる．

　図 3-14 は三方晶系(R 格子)に属する Cs_2O の結晶構造[19]である．この構造は，陰イオンの位置と陽イオンの位置をひっくり返した $CdCl_2$ 型である．すなわち，Cs が ccp に配列し，それが造る八面体位置の半分を O が占める構造であり，$aCb\square cBa\square bAc\square\cdots$ と表すことができる．Cs^+ イオンが O^{2-} イオンより大きく(表 2-4 参照)，また価数が 1 価と小さいことが，Cs の ccp 配列が実現している理由と考えられる．

3.2 最密充填の四面体位置が占められた構造

逆蛍石型構造

図 3-15(a)に立方晶系に属する Li_2O の構造[20]を示す．一見して分かるように，この構造の O は fcc 格子を形成している．すなわち，O は ccp の様式で配列していて，その四面体位置を Li が占めている．LiO_4 四面体は 6 本の稜すべてを隣接する四面体と共有して連結している．一方，O は Li が造る立方体の体心に位置し，立方体 8 配位(図 2-18[9])を取っている．図 3-15(b)は立方格子の[111]に垂直な方向から見た構造である．この図により，O が $ABC\cdots$ と配列し，O 層間の四面体位置がすべて Li により占められていること，すなわち $AbaBcbCac\cdots$ という配列が見て取れる．四面体位置の数は O の数の 2 倍であることから，A_2O という組成に符合する．$baBcb$ という並びが OLi_8 立方体に対応する．表 3-4 に示すように Cs_2O を除くアルカリ金属酸化物がこの構造を取ることが知られている．

上記の構造は逆蛍石(anti-fluorite)型と呼ばれることがある．蛍石(fluorite)は CaF_2 の鉱物名であるが，その構造は Li_2O 構造で Li 位置を F が，O 位置を Ca が占めたものである．すなわち蛍石型に対して，陽イオンと陰イオンの位置をひっくり返した構造(同様の関係は，$CdCl_2$ と Cs_2O の間でも見た)である

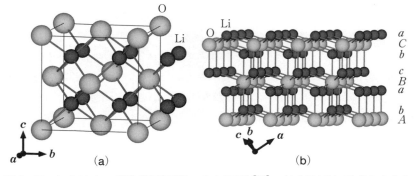

図 3-15 (a)Li_2O の構造(逆蛍石型，立方晶系)[20]．(b)[111]に垂直な方向から見た構造．

表3-4 蛍石型および逆蛍石型構造を有する主な酸化物.

1族元素	Li_2O [†1] Na_2O [†1] K_2O [†1] Rb_2O [†1]
4族元素	ZrO_2 HfO_2
16族元素	PoO_2
ランタノイド元素	CeO_2 PrO_2 TbO_2
アクチノイド元素	ThO_2 PaO_2 UO_2 NpO_2 PuO_2 AmO_2 CmO_2

[†1] 逆蛍石型.

ため,逆蛍石型という名称が与えられたのである.

ウルツァイト型と閃亜鉛鉱型構造

陰イオンが ccp に配列し,その四面体位置をすべて陽イオンが占めた構造が逆蛍石型構造であったが,hcp の場合はどうであろうか.その構造を形式的に示すと,$AbaBab\cdots$ となるが,aBa および bAb という配列は面を共有して四面体が連結することを意味する.2.3節で述べたように,四面体の面共有は,陽イオン間の距離を極端に短くするため,エネルギー的に非常に不利である.そのため,hcp のすべての四面体位置を陽イオンが占めるような物質(組成は A_2X)は知られていない.

面共有を避けるためには四面体位置に規則的に欠損を入れればよい.最も単純には,四面体位置が完全に占められた層と完全に欠損した層を交互に積み重ねて,$Ab\square Ba\square\cdots$ とすれば面共有はすべてなくなる.ウルツァイト(wurtzite)型構造はまさにそのようなものである.ウルツァイトはこの構造を取る ZnS の鉱物名であるが,酸化物としての例は,ZnO,BeO,CoO[*7] など少数である.図3-16(a)に六方晶系に属する ZnO の構造[21]を示す.この図から,O が hcp の様式で配列し,四面体位置が1層おきに占められていることが確認できる.また,図(b)から,四面体が面も稜も共有せず,しかしすべての頂点を共有して連結していることも明らかである.四面体位置の Zn もまた hcp 格子を形成することから,この構造は陰イオンと陽イオンの hcp 格子が入れ子になったものである.そのため,Zn から見た O の配位は,O から見た Zn の配位と等しく,O は4個の Zn に結合している(4個の四面体に共有されてい

[*7] CoO の安定相は NaCl 型であり,ウルツァイト型は準安定相である.

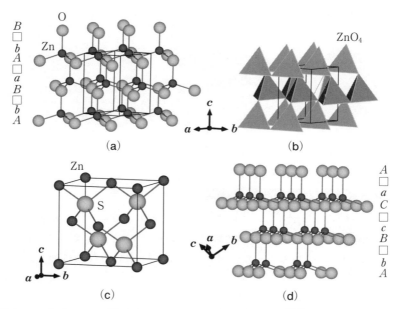

図 3-16 （a）ZnO の構造（ウルツァイト型，六方晶系）[21]．（b）ZnO_4 四面体のネットワーク．（c）閃亜鉛鉱型 ZnS の構造（立方晶系）[22]．（d）図（c）の構造を[111]に垂直な方向から見たもの．

る）．

　上の議論を ccp に対して適用して，ccp の4配位位置が1層おきに占められた構造を考えよう．それを形式的に表すと，$Ab□Bc□Ca□\cdots$ となる．陽イオン層も $bca\cdots$ と ccp の様式で積み重なることから，NaCl 型と同様に，陰，陽イオンの fcc 格子が入れ子になった構造である（当然ながら，入れ子の方法は NaCl 型とは異なる）．この構造は閃亜鉛鉱（zinc blende）型として知られている．閃亜鉛鉱も ZnS の鉱物名であり，ウルツァイトが高温で安定な高温相であるのに対して，閃亜鉛鉱は低温相である*8．図 3-16（c）に，立方晶系に属する閃亜鉛鉱型 ZnS の構造[22]を示す．上で述べたように，Zn が（S も）fcc 格子を形成していることが確認できる．図（d）は[111]に垂直な方向から見た

---

*8　ZnS における，閃亜鉛鉱型→ウルツァイト型の転移は 1020℃で起こる．

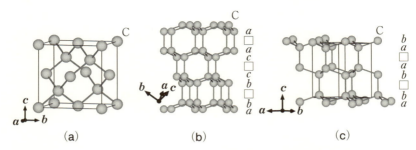

図 3-17 （a）ダイヤモンドの構造[23]（立方晶系）．（b）[111]に垂直な方向から見たダイヤモンドの構造．（c）六方晶ダイヤモンドの構造[24]．

構造である．この方向からの図はウルツァイト型と似ているが，ccpとhcpの違いは見て取れる．酸化物では，CoO, GdO, SmO, ZnOなどがこの構造を取るという報告があるが，いずれも準安定相である．

ダイヤモンド型構造

酸化物からは離れるが，ここでダイヤモンドの構造について触れておく．よく知られているようにダイヤモンドとグラファイトは炭素の多形で，前者が高圧相である．ダイヤモンド型構造は立方晶系に属し，閃亜鉛鉱型ZnSにおいてZnとSの両方をCで置換したものである．これを形式的に示すと，$ab\square bc\square ca\square \cdots$となる．図 3-17(a)に立方晶系の格子[23]を，図(b)に[111]に垂直な方向から見た構造を示す．図(b)において，$ab\square bc\square ca\square \cdots$という積み重なりを確認することは容易である．これはCのccpが2つ入れ子になった構造である．閃亜鉛鉱型の代わりにウルツァイト型構造の原子をすべてCで置換すると，hcp格子を入れ子にした$ab\square ba\square \cdots$という配列が得られる．実際にこの構造を持つCの多形が存在し，六方晶系に属することから六方晶ダイヤモンドと呼ばれている．図3-17(c)にその構造[24]を示す．

3.3 蛍石型とそれに関連する構造

先に逆蛍石型のLi_2Oとの関連で，蛍石CaF_2の構造に触れた．それは，陽イオンがccpに配列し，そのすべての四面体位置を陰イオンが占める構造

であった．Ca^{2+} のイオン半径は，F^- のそれとほとんど等しい（表 2-4 参照）ことから，蛍石型構造について，物理的な意味で陽イオンの最密充填を想定することは適切ではない．しかし，トポロジーや対称性に関してならば，最密充填の概念を適用することは可能である．蛍石型構造の配列は，逆蛍石型の $AbaBcbCac\cdots$ において陽イオンと陰イオンを逆転させればよいから，$aBAbCBcAC\cdots$ である．ここで $BAbCB$ の並びは，陽イオン（b 位置）が陰イオン（B, A, C, B 位置）の造る立方体の体心に位置していることを意味する．

表 3-4 に蛍石型構造を有する主な酸化物を示すが，この中から非常に重要な材料である ZrO_2（ジルコニア）を取り上げることにする．ZrO_2 は室温では単斜晶系の相が安定であるが，温度を変えることで次のように2段階の相転移が起こる[25]．ここで，昇温時と降温時の転移温度に差がある（ヒステリシスが観測される）のは，転移が一次であることの証左である．

$$\text{単斜晶系} \underset{900℃}{\overset{1150℃}{\rightleftarrows}} \text{正方晶系} \underset{2355℃}{\overset{2370℃}{\rightleftarrows}} \text{立方晶系}$$

図 3-18 において ZrO_2 の3つの多形の構造を比較する．図（a）の立方晶系の構造[26]は，蛍石型そのものである．図（b）は正方晶系の構造[27]であるが，このままでは蛍石型との関連を考察することは難しい．そこで，正方格子と立方格子の格子定数の間には，$a_t \approx \frac{\sqrt{2}}{2} a_c$, $c_t \approx c_c$（添え字 t, c はそれぞれ正方格子，立方格子を表す）の関係があることを手掛かりとして，正方晶系の構造から，$\boldsymbol{a}' = \boldsymbol{a} - \boldsymbol{b}$, $\boldsymbol{b}' = \boldsymbol{a} + \boldsymbol{b}$, $\boldsymbol{c}' = \boldsymbol{c}$ に相当する部分を切り出してみる．その結果得られた図（c）は，図（a）の構造を少し歪ませたものであることは明らかであり，正方晶系の構造は基本的には蛍石型である．

図 3-18（d）に示した，単斜晶系の相の構造[28]は蛍石型から大きく変位しており，蛍石型に関係付けることは難しい．立方晶系や正方晶系の構造においては，O の席も Zr の席も1種類であったが，単斜晶系の構造には，結晶学的に異なる2種類の O 席（O1 と O2 で区別する）が存在する（Zr の席は1種類である）．また，Zr の配位は8配位ではなく7配位であり，理想的には図（e）に示すように，立方体8配位の底面の4個の O はそのままにして，上面の4個を3個に変えたものである（底面の席が O2，上面の席が O1）．

ZrO_2 は機械的強度に優れ，融点（2715℃）が高く化学的にも安定であること

3.3 蛍石型とそれに関連する構造　79

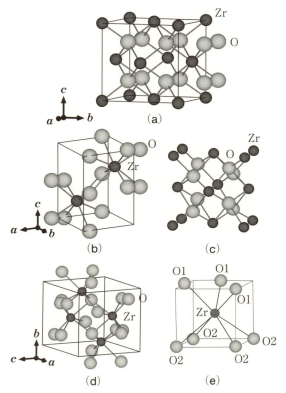

図 3-18 （a）立方晶 ZrO_2 の構造（蛍石型）[26]．（b）正方晶 ZrO_2 の構造[27]．（c）図（b）の構造から，$a' = a - b,\ b' = a + b,\ c' = c$ に相当する部分を切り出したもの．（d）単斜晶 ZrO_2 の構造[28]，（e）単斜晶 ZrO_2 における Zr の配位環境（理想化したもの）．

から，高温用の構造材料としての用途が考えられる．しかし，体積の変化を伴う 1000℃ 近辺の単斜晶系 ⇌ 正方晶系の相転移は，高温用材料としては致命的な欠陥といわざるを得ない．そこで，Zr の一部を，Ca や Y などで置換した安定化ジルコニアと呼ばれる材料が開発された．Zr の部分置換によって，正方晶や立方晶の構造が安定化され，室温においても維持されるため相転移による体積変化を回避することができるのである．4 価の Zr イオンに対して，Ca イオンは 2 価，Y イオンは 3 価であるため，電気的中性を維持するために，

置換に伴って，酸素欠損が導入される．この酸素欠損ゆえに安定化ジルコニアは酸化物イオンの導電体であり，電子伝導度も小さいため，固体酸化物型燃料電池(Solid Oxide Fuel Cell, SOFC)の電解質としても利用されている．

PbO の構造

いくつかの構造は，蛍石型構造から陰イオンを規則的に欠損させたものとして理解できる．最初に，比較的分かりやすい例として PbO の構造を検討しよう．PbO は室温では正方晶系の構造が安定であるが，〜550℃で斜方晶系へと転移する[29]．図 3-19 (a)は正方晶系の構造[30]を示したものである．図(b)に示すように，Pb はピラミッドの頂点に位置するピラミッド型 4 配位を取っている．この配位は立方体 8 配位から四隅(O を 4 個)を取り去ったものと考えることができる．2 価の Pb がこのような特徴的な配位を好む理由は，その

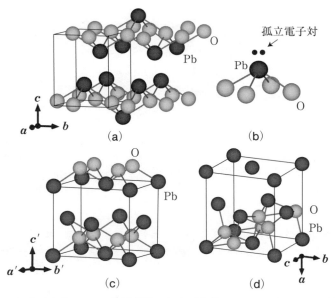

図 3-19 (a)正方晶 PbO の構造[30]．(b)正方晶 PbO における Pb の配位環境と孤立電子対．(c) $a' = a - b$, $b' = a + b$, $c' = c$ の格子により表した正方晶 PbO の構造(原点を Pb に置いた図)．(d)斜方晶 PbO の構造(原点を Pb に置いた図)[31]．

電子配置にある．Pb^{2+} の電子軌道の最外殻は $(6s)^2$ であり，この s 軌道の電子対は化学結合に関与せずに孤立する傾向が強い．そのため孤立電子対あるいは非共有電子対と呼ばれている．図 3-19(b) に示すように，孤立電子対は共有電子対との反発を避けるために，配位子がいない方向に向く．図 3-19(a) の構造は，PbO 組成の層からなる層状構造である．層は Pb が向き合う形で積み重なっているが，Pb 層の間の距離は 2.6 Å にまで広がっている．層を結び付けている引力には，孤立電子対の間に働くファン・デル・ワールス力が寄与しているものと考えられる．

図 3-19(a) の格子に対して，a, b の対角線を軸とする正方格子 $a' = a - b, b' = a + b, c' = c$ を取り，格子の原点を Pb に置いて描いた図が (c) である．Pb は近似的にではあるが，fcc 格子を形成し，O は四面体配位である．これを図 3-18(a) の CaF_2 型構造と比較するとその関連は明らかである．すなわち，正方晶系の PbO 構造も，Pb が ccp に配列しその四面体位置を O が占めている点で，CaF_2 型と共通の特徴を持っている．明らかな相違は，PbO においては，c 軸方向について O の層が 1 枚おきに欠損していることである．この欠損部分が孤立電子対の存在する空間である．

図 3-19(d) に斜方晶系に属する PbO 高温相の構造[31]を示す．この図は，図 (c) と比較するために，Pb を原点として描いてある．Pb に注目すると，斜方晶系の構造においても，それが近似的に fcc 格子を形成していることが分かる．しかし，O の位置は大きく変位しているため，OPb_4 四面体はかなり歪んでいる．Pb-O の距離は 2.20 Å，2.29 Å，2.47 Å×2 の 3 種類となり，当然のことながら正方晶系(Pb-O の距離はすべて等価で，2.33 Å)に比べて対称性が落ちている．2.20 Å，2.29 Å に対応する短い結合をたどると，b 軸方向に伸びる Pb-O のジグザグの鎖となる．2.47 Å×2 はこの鎖同士を ±c 軸方向につなぐ結合の距離である．

A, B, C 型構造

Mn_2O_3 には α, γ の 2 つの多形が知られているが，熱力学的安定相は，立方晶系の α 相である．図 3-20(a) に示すように，α 相は図 3-18(a) の蛍石型に比べて，格子軸長が 2 倍，体積としては 8 倍の大きな格子を持っている[32]．この構造は C 型構造と呼ばれるものである．図 (b) は，各軸について半分，

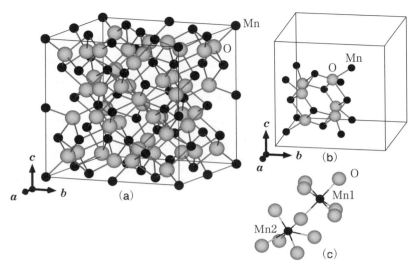

図 3-20 （a）α-Mn_2O_3 の構造（C型，立方晶系）[32]．（b）（a）の構造から，各軸の半分，体積として1/8の部分を切り出したもの．（c）α-Mn_2O_3 における2種類の Mn 席．

体積として 1/8 の部分を切り出したものである．ここから，Mn が近似的にfcc の格子を形成し，O は Mn によって四面体的に配位されていることが見て取れる．また，図 3-18(a) の蛍石型構造に比べて，O が 1/4（8個のうちの2個）欠損していることも分かる．組成から考えて，もし Mn 席が1種類であるなら，それは6配位席となるはずである．実際には図(c)に示すように2種類の Mn 席が存在するが，双方共に6配位である．Mn1 と Mn2 の配位多面体は，それぞれ，立方体から体対角線上にある2つの頂点を欠損させた場合と，立方体の1つの面から対角線上にある2つの頂点を欠損させた場合に対応する．C型構造を取る酸化物としては，Mn_2O_3，In_2O_3，Tl_2O_3 および次に述べる希土類元素の酸化物が知られている．

希土類元素の酸化物 R_2O_3[*9] には，温度と希土類元素の種類に応じて，A，B，C，H，X と呼ばれる5つの構造が出現する．C は上で見た C 型構造にほ

[*9] 希土類元素とは，Sc，Y およびランタノイド元素（La〜Lu）をいう．

3.3 蛍石型とそれに関連する構造

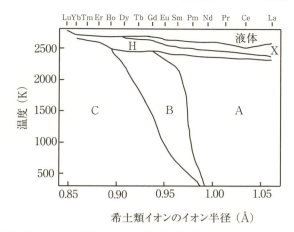

図 3-21 希土類元素の酸化物 R_2O_3 の多形と温度および R のイオン半径の関係（参考文献[33], Fig.2.1 より）.

かならない．図 3-21 はその出現のパターンを，温度と希土類元素のイオン半径の関数として見たものである[33]．イオン半径が大きくなるにつれて C→B→A の順に安定な構造が移り変わる．また，温度を上げても同様な移り変わりが見られる（H および X 型は融点に近い高い温度における安定相であるが，ここでは議論しない）．また，C→B あるいは B→A の転移は圧力をあげることでも誘起される．

図 3-22(a) に A 型の La_2O_3[34], (b) に B 型の Sm_2O_3[35] の構造を示す．A 型構造における La の配位は非常に特徴的で，八面体の 6 配位に 1 つ O を加えた 7 配位となっている．La^{3+} イオンは八面体の中に収容するには大きすぎるため，C 型構造やコランダム型構造は取ることができない．A 型構造における La の結晶学的席は 1 種類であるが，O の席は 2 種類以上のはずである．これは「陽イオンから陰イオンに伸びる結合手の総数と，陰イオンから陽イオンに伸びるそれは等しくなければならない」(2.2 節) ことから簡単に導ける．1 種類の O 席を仮定すると，O への La の配位数は 14/3 となってしまうからである．O に対する La の配位環境としては，八面体的 6 配位と四面体的 4 配位の 2 種類が存在し，結合手の総数が 14 であることから，その比は 6 配位：4 配位 =1:2 である．

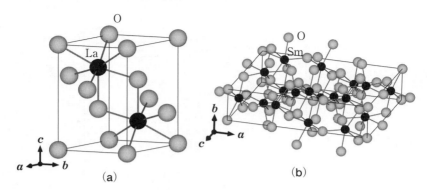

図3-22 （a）La_2O_3 の構造（A型，三方晶系）[34]．（b）Sm_2O_3 の構造（B型，単斜晶系）[35]．

図3-22（b）のB型構造は単斜晶系まで対称性が落ちており，格子定数も大きくなかなか複雑である．Smの配位に注目すると，6配位のものと7配位のものがあり*10，その限りにおいてはC型とA型の中間的な存在といえる．温度や圧力の上昇に伴う，C→B→A という転移は，6→(6,7)→7 という陽イオンの配位数の系統的増加に対応している．

パイロクロア型構造

図3-23に $Cd_2Nb_2O_7$ の構造[36]を示す．パイロクロア型と呼ばれるこの構造は立方晶系に属し，C型と同様に蛍石型に比べて軸長が2倍，体積で8倍の大きな格子を持っている．各軸の1/2までを切り取った部分が図（b）である（見やすくするために図（b）ではOの位置を理想化してある）．CdとNbを合わせて考えると，それらはfcc格子を形成し（ccp様式に配列し），Oは四面体位置を占めている．この点で CaF_2 型と同じトポロジーを持っている．違いは，O席の1/8が欠損していることである．これは図（b）でOの造る立方体の1つの頂点が欠けていることから見て取れる．図3-23（c）は(001)面に平行にスライスしてO層を切り出したものであるが，欠損席の規則的な配列が理

---

*10 Smの席は3種類あり，1つが6配位（Smの1/3がこの席を占める），他が7配位である．

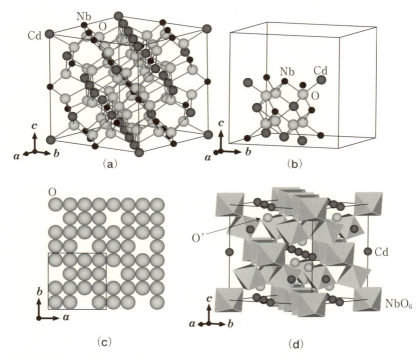

図 3-23 （a）$Cd_2Nb_2O_7$ の構造（パイロクロア型，立方晶系）[36]．（b）図（a）の構造から各軸の半分，体積として 1/8 の部分を切り出したもの（O の位置を理想化してある）．（c）(001)面に平行にスライスして O 層を切り出したもの（O の位置を理想化してある）．（d）NbO_6 八面体のネットワークとネットワークに参加しない O′ 原子．

解できる．

　パイロクロア型 $A_2B_2O_7$ においては，A イオンは B イオンよりもサイズが大きく，後者が八面体配位を取るのに対して，前者は立方体型 8 配位を取る．ただし一般的には，正八面体や立方体からは歪んでいる．図 3-23（d）は $Cd_2Nb_2O_7$ における NbO_6 八面体の連結を見たものである．八面体はすべての頂点を共有して連結し 3 次元のネットワークを形成している．ネットワークの組成は 6 個の頂点がすべて 2 つの八面体で共有されているため NbO_3 である．この点を強調するのであれば，パイロクロア型 $A_2B_2O_7$ は $A_2B_2O_6O'$ と表記

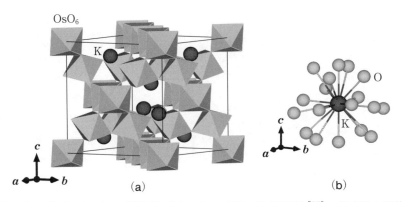

図 3-24 （a）KOs_2O_6 の構造（β-パイロクロア型，立方晶系）[37]．（b）K の配位環境．

するのが妥当である．O′ は八面体のネットワークに参加しない O 原子であり，図 3-23(d) で容易に確認できる．Cd イオンは八面体ネットワークの 6O とネットワークに参加しない 2O′ によって配位されている．

パイロクロア型の派生構造として β-パイロクロア型がある．β 型の一般式は AB_2O_6 である．**図 3-24**(a) に代表的な物質である KOs_2O_6 の構造[37]を示す．OsO_6 八面体のネットワークはパイロクロア型と基本的には同じである．違いは O′ がなくなって，その位置を K が占めていることである．図 3-24(b) に示すように，K は 18 個の O が造る大きなケージの中に収容されている．

パイロクロア型 $A_2B_2O_7$ のイオンの組み合わせは，A^{2+}-B^{5+} の場合と A^{3+}-B^{4+} の場合がある．そのこともあって，非常に大きなファミリーをつくる．A^{2+}-B^{5+} の組み合わせについての代表的な物質は，$Ca_2B_2O_7$（B = Nb, Sb, Os），$Cd_2B_2O_7$（B = Nb, Re, Os, Sb, Ta）などである．A^{3+}-B^{4+} については，$R_2B_2O_7$（R：希土類元素，B = Ti, Zr, Hf, V, Mo, Nb, Ru, Pt, Ir）などがある．一方，パイロクロア型に比べて，β-パイロクロア型の酸化物は報告が少なく，AOs_2O_6（A = K, Cs, Rb），$CsTe_2O_6$，CsW_2O_6 などに限られる*11．

パイロクロア型酸化物は数が多いこともあり多様な物性を示す．B = Re, Os, Ir, Ru の場合などで見られるように，金属的伝導を示す物質が比較的多い．

---

*11　$RbNbWO_6$ のように B 席に 2 種類の元素を含むものまで数えると数は増える．

$Cd_2Re_2O_7$ は超伝導転移温度 (T_c) が 1 K という低温ながら超伝導体である[38]. β-パイロクロアが注目を集めたのは,AOs_2O_6 (A = K, Cs, Rb) が比較的高い温度で超伝導転移を起こすためである[39]. T_c は A = K, Rb, Cs に対してそれぞれ,9.6,6.3,3.3 K であり,$Cd_2Re_2O_7$ に比べるとはるかに高い. β-パイロクロア構造においてアルカリイオンは大きなケージの中に収容されていることから(図 3-24(b)),ラットリングと呼ばれる特異な振動状態にあることが明らかになっている. このラットリングが超伝導に関係している可能性がある.

3.4 四面体位置と八面体位置の両方が占められた構造

スピネル型構造

スピネル(spinel)は $MgAl_2O_4$ の鉱物名である. 一般式 AB_2O_4 で示される酸化物の中でスピネル型は最も大きなファミリーを造り,多数の物質が知られている(表 3-5 参照). また様々な物性を示すことから,膨大な数の研究が蓄積されてきた系である. 図 3-25(a)にスピネル型構造を示すが,構造は単純ではない. 立方晶系に属するこの構造の格子定数は NaCl 型の 2 倍,体積は 8 倍である. また,単位格子に AB_2O_4 が 8 分子収容されている. 結論からいうと,これは O が ccp の様式で配列し,その四面体位置を金属原子 A が八面体位置を金属原子 B が占めている構造である. スピネル型構造が複雑に見えるのは,四面体位置と,八面体位置の両方が占められていることと,それらが部分的かつ規則的に占められていて,格子が NaCl 型の 8 倍にまで大きくなっているためである.

ccp の積み重なりを確認するために,図 3-25(b)に立方格子の[111]に垂直な方向から見た構造を示す. 確かに,O が $ABC\cdots$ と積み重なり,O 層の間の八面体位置,四面体位置に金属元素が置かれている. この構造を形式的に表すと,$Ab_{1/4}c_{1/4}a_{1/4}Ba_{3/4}Ca_{1/4}b_{1/4}c_{1/4}Ac_{3/4}Bc_{1/4}a_{1/4}b_{1/4}Cb_{3/4}\cdots$ となる. 全体としては,四面体位置の 1/8 が A で八面体位置の 1/2 が B で占められている. 組成は A:$1/4\times 6$,B:$1/4\times 3+3/4\times 3$,O:6,より $A_{3/2}B_3O_6$ となり,AB_2O_4 に符号する.

図(b)を AO_4 四面体と BO_6 八面体のネットワークとして表したものが図

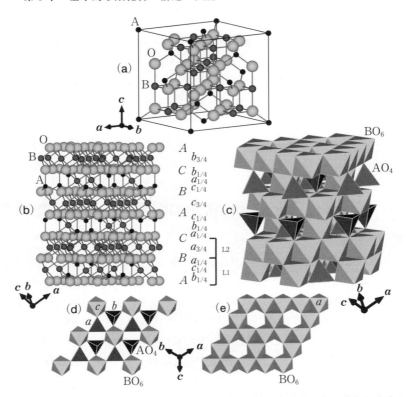

図 3-25 （a）スピネル型 AB_2O_4 の構造（立方晶系）．（b）[111]に垂直な方向から見た構造．（c）AO_4 四面体と BO_6 八面体のネットワーク．（d），（e）それぞれ，図（b）の L1，L2 に相当する(111)面に平行なスライス．八面体，四面体に付記した a, b, c は A，B 原子の位置を表す．

（c）である．便宜的にではあるが，この構造を，O-$A_{1/4}$-$B_{1/4}$-$A_{1/4}$-O 層[*12]（図(b)の L1）と，O-$B_{3/4}$-O 層(L2)を[111]方向に積み重ねたものと考えてみよう[*13]．L1 と L2 を四面体，八面体の連結によって表し[111]方向に投影す

[*12] A，B は元素を表す．最密層 A, B ではないことに注意．
[*13] O は L1，L2 に共有されている．組成を正確に表すなら O は $O_{1/2}$ としなくてはならない．

3.4 四面体位置と八面体位置の両方が占められた構造

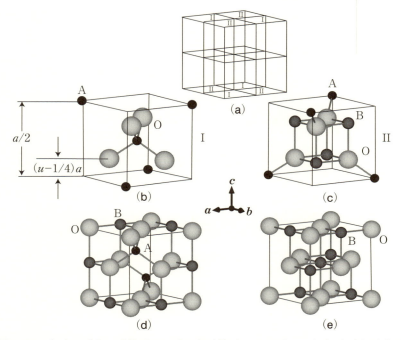

図 3-26 （a）スピネル型格子における部分格子ⅠおよびⅡ．（b），（c）部分格子Ⅰ，Ⅱの構造．（d），（e）Oに原点を置いた部分格子．

ると，図（d），図（e）が得られる．前者において四面体位置と八面体位置が共に 1/4 だけ占められていることが確認できる．また，四面体と八面体は頂点を共有してつながっている．一方，後者では八面体位置の 3/4 が B によって占められ，八面体が 4 本の稜を共有してつながっている．これは図 2-22（c）で見た連結様式である．このような 2 種類の「層」が [111] 方向に交互に積み重なるため，O 層については 6 枚周期となり，格子定数は NaCl 型の 2 倍となる．

図 3-26（a）に示すように，スピネル型の格子はⅠと付した部分格子とⅡと付した部分格子からできていると考えることができる．どちらの部分格子も NaCl 型と同じ大きさであり，それらを切り出したものが，図 3-26（b），（c）である．Ⅰの部分には AO_4 四面体が含まれ，Ⅱの部分には八面体配位の B 原子が含まれる．一方，O を原点として描いた格子から，同じように NaCl 型と

同じ大きさの部分格子を切り出したものが図(d), (e)である. ここから O が fcc 格子を形成し, その四面体位置と八面体位置を A, B が占めている様子が見て取れる.

電荷の中性条件から, スピネル型酸化物 AB_2O_4 の金属元素について, 3つの価数の組み合わせが考えられる. すなわち, $A^{2+}B_2^{3+}O_4^{2-}$, $A^{4+}B_2^{2+}O_4^{2-}$, $A^{6+}B_2^+O_4^{2-}$ であり, それぞれ 2:3, 4:2, 6:1 スピネルと称される. $MgAl_2O_4$ ($Mg^{2+}Al_2^{3+}O_2^{2-}$) は 2:3 スピネルである. ほとんどのスピネル型酸化物は 3 つのうちのどれかに入るが, LiV_2O_4 や $LiMn_2O_4$ などは例外である. これらの化合物では, Li を 1 価とすると, V(Mn) は 3.5+ となり, B イオンは $V^{3+}(Mn^{3+})$ と $V^{4+}(Mn^{4+})$ の 1:1 の混合イオンである. また, A と B を同一の元素とした, Mn_3O_4, Fe_3O_4, Co_3O_4 などの A_3O_4 型のスピネルが存在する. Fe_3O_4 等を $FeFe_2O_4$($Fe^{2+}Fe_2^{3+}O_4$) 等と読み替えれば, これらは 2:3 スピネルの特別な場合であることが分かる.

u パラメーター

スピネル型構造は複雑に見えるが, 対称性が高く, 構造を規定するために必要な構造パラメーターは 2 個のみである. 1 つは立方格子の格子定数 a であり, もう 1 つは, u パラメーターと呼ばれる O の位置を規定するパラメーターである. 単位格子の中の 1 つの O の位置が (u, u, u) で表され, u が決まると対称性によってすべての O の位置が決まる. 一方, 金属の位置は u に無関係に一意的に決まっている[*14]. 図 3-26(b) に示すように, A 原子が張る面とそれに四面体的に結合する O の張る面の間の距離は $(u-1/4)a$ である[*15]. O が歪のない ccp 配列をしているのであれば, $4(u-1/4)a = a/2$ が成立するはずであり, $u = 3/8$ となる. 図 3-25 はこの u を用いて描いた図である. u と A-O, B-O の原子間距離 r_{A-O}, r_{B-O} の間には次の関係がある.

$$r_{A-O} = \sqrt{3}\left(u - \frac{1}{4}\right)a,$$

[*14] 1 つの A の位置は $(0, 0, 0)$, 1 つの B の位置は $(5/8, 5/8, 5/8)$ であり, 対称性から他の A, B の位置も決まる.

[*15] $(1/4, 1/4, 1/4)$ も A の位置の 1 つであり, O の位置 (u, u, u) と比較すると, 格子軸方向の差は $(u-1/4)$ である.

$$r_{\text{B-O}} = \left(\frac{5}{8} - u\right)a.$$

したがって，u が大きくなると A-O 間の距離は延び，逆に B-O 間の距離は縮まる．酸化物スピネルの場合，理想的な ccp における四面体位置は，多くの陽イオンにとって窮屈であり，O は A から離れる方向（[111]方向）に変位して四面体を膨張させ，その結果，逆に八面体は縮小する．つまり，酸化物スピネルにおいては $u > 3/8$ となる場合が多い．u が 3/8 から変位しても，四面体の立方対称性は維持される（正四面体のままである）が，八面体の立方対称性は損なわれ（正八面体ではなくなり），ccp は歪むことになる．

正スピネルと逆スピネル

これまでの説明では，スピネル AB_2O_4 において，A が四面体位置を B が八面体位置を占めていると仮定した．そのような配置を持つスピネルを正スピネル（normal spinel）と呼ぶ．八面体位置を占める原子を [ ] で括ることにすれば，正スピネルは $A[B_2]O_4$ と表される．$MgAl_2O_4$ は完全ではないが，ほぼ正スピネルの配置といってよい．一方，配置が $B[AB]O_4$ というタイプのスピネルも存在し，逆スピネル（inverse spinel）と称される．すなわち，逆スピネルでは四面体位置は B 原子によって占められ，八面体位置は A，B 元素によって半分ずつ占められるのである[16]．例えば，Ti の 4:2 スピネル，$TiMg_2O_4$ は逆スピネルであり，$Mg[TiMg]O_4$（$Mg^{2+}[Ti^{4+}Mg^{2+}]O_4^{2-}$）と表すことができる．

研究の進展に伴って，多くのスピネル酸化物が，正スピネルと逆スピネルの中間的な状況にあることが明らかになってきた．そこで，スピネルの一般式を $(A_{1-\lambda}B_\lambda)[A_\lambda B_{2-\lambda}]O_4$ と表し，逆スピネルの度合いを示すパラメーター λ を導入する．すると，$\lambda = 0, 1$ はそれぞれ正，逆スピネルに対応し，$0 < \lambda < 1$ が中間的状況に対応することになる．

表 3-5 に代表的なスピネル酸化物の λ 値[40]を示す．$\lambda = 0.5$ を境界として，λ がそれより小さな場合には正スピネル（的）を表す「N」を，大きな場合には

---

[16] A_3O_4 型スピネルの場合には，$A^{2+}[A_2^{3+}]O_4$ の場合を正スピネル，$A^{3+}[A^{2+}A^{3+}]O_4$ の場合を逆スピネルと定義する．

表3-5 スピネル型酸化物 AB$_2$O$_4$ の λ 値 [†1].

A \ B$_2$	Li	Na	Mg	Al	Ga	In	Sn	Ag	Zn	Cd	Ti	V	Cr	Mn	Fe	Co	Rh	Ni
Li																		
Mg				N 0.1	I 0.7-0.8	I 1.0					N 0.0	N 0.0		N 0.0-0.4	I 0.7		N	
Si			N 0.0												N 0.0			N 0.0
Ge			N												N 0.0			N 0.0
Sn			I 1.0						I 1.0	I 1.0				I 1.0		I 0.9		
Cu				N 0.4	I 1.0								N 0.0	N 0.2-0.4	I 0.66-1.0		N 0.0	
Zn				N 0.0	N 0.0							N 0.0	N 0.0	N 0.0	N 0.0	N 0.0	N 0.0	
Cd				I 0.7	N 0.1	I 1.0						N 0.0	N 0.0	N 0.0	N 0.0		N 0.0	
Ti			I 1.0						I 1.0					I 1.0	I 1.0	I 0.9		
V			I 1.0						I 1.0	I 1.0				I 0.8	I 1.0	I 0.9		
Cr								N 0.0						I 1.0	I 1.0			
Mo	N 0.0																	
W	N 0.0																	
Mn				N 0.3	N 0.2						N 0.0	N 0.0	N 0.0	N* 0.0*	N 0.1	I 1.0	N 0.0	
Tc			I 1.0											I 1.0		I 1.0		
Fe				N 0.0	I 1.0							N 0.0	N 0.0	I 0.9	I* 1.0*	I* 1.0*		
Co				N 0.2	I 0.9							N 0.0	N 0.0	N 0.0-0.2	I 1.0	N* 0.0*	I 1.0	
Ni				I 0.75	I 1.0								N 0.0	I 0.74	I 1.0	I 1.0	N 0.0	
Pd			I 1.0															
Pt			I 1.0															

[†1] 参考文献[40], Table 1 より (「*」付きのデータは参考文献[40], Table 5 より).

3.4 四面体位置と八面体位置の両方が占められた構造

逆スピネル(的)を表す「I」を付してある．この表から，各金属イオンが四面体配位を取りやすいか，八面体配位を取りやすいかを判定することができる．例えば，Zn については，それが A 元素として入った場合には例外なく正スピネル ($Zn[B_2]O_4, \lambda=0$) である．一方，B 元素として入った場合には必ず逆スピネル ($Zn[AZn]O_4, \lambda=1$) となる．すなわち Zn^{2+} は四面体配位の選択性が非常に高いイオンである．一方，Cr^{3+} については全く逆であり，A 元素として入った場合には逆スピネル ($B[CrB]O_4, \lambda=1$) であるのに対して，B 元素として入った場合には必ず正スピネル ($A[Cr_2]O_4, \lambda=0$) となる．これは Cr^{3+} イオンの高い八面体配位選択性を示している．なお，この表を見るときには，同じ元素でも価数が異なる場合があることに注意しなくてはならない．例えば，B＝Mn については，$MgMn_2O_4$ の場合には，Mg が 2 価であるため Mn は 3 価である．それに対して，$TiMn_2O_4$ では，Ti が 4 価であるため Mn は 2 価である．

　正スピネルか逆スピネルか(あるいは中間か)を決める因子は 1 つではない．A イオンと B イオンのサイズは重要な因子と考えられるが，小さなイオンが四面体席を占め，大きなイオンが八面体席を占めるとは限らない(Shannon と Prewitt のイオン半径(2.4 節)はこのようなことを検討するには必ずしも便利ではない．それが配位数に依存するからである＊17)．また，2.6 節で議論した結晶場による安定化エネルギー(CFSE)も正負スピネルを決める有力な因子である．しかし，これも決定的とはいえない．確かに Cr^{3+} に対しては大きな八面体配位選択エネルギーが期待され，表 3-5 の結果を説明できるが，Zn^{2+} の場合は d^{10} であるため結晶場の影響はない．したがって，Zn^{2+} がいつも四面体位置を占める理由を結晶場に求めることはできず，共有結合性のような他の因子を考える必要が出てくる(2.6 節)．

　イオンの種々の性質に基づいて正，逆スピネルの出現を予測するという方向とは全く逆に，λ やその温度変化の実測値を用いて，イオンの席選択制を帰納

＊17　イオン半径が配位数によって変わってしまうと，A，B イオンのイオン半径を 2 軸にとって 2 次元マップを描き，正(逆)スピネルの出現する領域を推定するようなことが困難になる．参考文献[40]では，A，B 元素の擬ポテンシャル軌道半径が，正，逆スピネルを決める因子として非常に有力であるとされている．

的に明らかにする試みがなされている．これは，原子間距離の実測値からイオン半径を求めるのと同じ方向である．その結果はすでに，表 2-6 に示した．結晶場の理論に基づく値と全体の傾向は一致するが，細部を見ると齟齬があり，また定量的にはかなりの差がある．繰り返しになるが，正，逆スピネルの安定性に関与するパラメーターは複数あって，結晶場の効果はその 1 つと考えるべきである．

正方晶スピネルとヤーン-テラー効果

スピネル型構造は立方晶系に属するが，$CuFe_2O_4$，$CuCr_2O_4$，$NiCr_2O_4$，Mn_3O_4，$ZnMn_2O_4$ などは，室温で正方晶系にまで対称性が落ちている．この対称性の低下は，ヤーン-テラー効果(2.6 節)によってうまく説明できる[41]．ここでは $CuFe_2O_4$ と $CuCr_2O_4$ を取り上げよう．前者は室温で正方晶系に属するが，温度を上げると 760℃ で通常の立方晶スピネルへと転移する．正方晶系の格子定数 a_t，c_t と立方晶系の定数 $a_c(=c_c)$ の間には，$a_t \approx a_c/\sqrt{2}$，$c_t \approx c_c$ の関係がある．そこで，正方晶系の $CuFe_2O_4$ の c/a を，立方格子に対応する $c_t/(\sqrt{2}a_t)$ で定義すると，$c/a=1.06$ となる．表 3-5 から分かるように，$CuFe_2O_4$ は逆スピネル ($Fe^{3+}[Fe^{3+}Cu^{2+}]_2O_4$) であり，$Cu^{2+}$ イオンの大半は八面体位置を占めている．表 2-7 よりこの場合，大きなヤーン-テラー効果が期待され，歪む方向は $c/a>1$ である．一方，Fe^{3+} についてはヤーン-テラー効果は働かない．したがって，$CuFe_2O_4$ の対称性の低下は Cu^{2+} イオンの八面体配位におけるヤーン-テラー効果で説明できる．

$CuCr_2O_4$ も室温では正方晶系であるが，約 600℃ において立方晶系へと転移する．正方晶系の $CuCr_2O_4$ における，歪の方向は $CuFe_2O_4$ とは逆であり，立方格子を基準として $c/a=0.91<1$ である．表 3-5 より $CuCr_2O_4$ は正スピネル ($Cu^{2+}[Cr^{3+}]_2O_4$) であり，Cu^{2+} イオンはもっぱら四面体位置を占めている．表 2-7 よりこの場合は，$c/a<1$ の方向に大きなヤーン-テラー効果が働く．一方，八面体配位の Cr^{3+} については，ヤーン-テラー効果は働かない．したがって，$CuCr_2O_4$ の場合もヤーン-テラー効果は対称性の低下とその方向を説明できる．

スピネル型酸化物の磁性

Bとして3価のFeが入ったスピネル型酸化物AFe_2O_4はスピネルフェライト(spinel ferrite)と呼ばれている．スピネルフェライトは重要な磁性材料であり，高周波用のインダクタやトランスの磁芯材料などとして用いられている[42,43]．酸化物においては，磁性イオンの間にO^{2-}イオンを媒介とした相互作用(超交換相互作用)が働き，これが磁性の起源となり得る．スピネル型構造において考えるべき相互作用は，四面体席のイオン間に働くもの，八面体席のイオン間に働くもの，四面体席と八面体席のイオン間に働くもの，の3種類である．超交換相互作用の強さはOから伸びる結合の角に依存し，それが180°に近い四面体席-O-八面体席について，最も強い反強磁性超交換相互作用*18が働く．したがって，逆スピネル型のフェライトのスピン配置は，模式的に表して，$\overrightarrow{Fe^{3+}}[\overleftarrow{A^{2+}}\overrightarrow{Fe^{3+}}]O_4$となることが期待される(矢印はスピンの向きを示している)[43]．この結果Fe^{3+}のスピンは相殺され，A^{2+}のスピンのみが生き残って磁性に寄与することになる．この種の磁性はフェリ磁性と呼ばれている．

スピン1個の磁気モーメントはボーア磁子(μ_B)で表されるため，逆スピネル型フェライトの分子当たりの磁気モーメントは，ボーア磁子にA^{2+}イオンのスピン数を乗じることで求まる．**表3-6**に種々のスピネルフェライトにおけるイオン配置とイオンおよびフェライト分子の磁気モーメントを示す[42]．上述の単純な理論による分子当たりの磁気モーメントと実験データの一致は悪くない．実験データが理論値より大きくなる傾向が認められるが，その理由は，軌道磁気モーメントが一部生き残っているためと考えられている[43]．

変形スピネル型構造

Mn_2GeO_4にはα, β, δの3個の多形が知られている．常圧安定相であるαは次項で述べるオリビン型である．他の2つの相，β, δは共に超高圧下の安定相である．**図3-27**(a)に示すβ型の構造[44]はスピネル型に近く，変形スピネル(modified spinel)型と呼ばれている．他にMg_2SiO_4やCo_2SiO_4が超高

---

*18 スピン同士が互いに反対向きになろうとする相互作用．

表 3-6 種々のスピネルフェライトにおけるイオン配置とボーア磁子数で表した磁気モーメント[†1].

物質	イオン		イオンの磁気モーメント		分子の磁気モーメント	
	四面体位置	八面体位置	四面体配位イオン	八面体配位イオン	理論	実験
$MnFe_2O_4$	$0.2Fe^{3+}+0.8Mn^{2+}$	$0.2Mn^{2+}+1.8Fe^{3+}$	5	5+5	5	4.6
Fe_3O_4	Fe^{3+}	$Fe^{2+}+Fe^{3+}$	5	4+5	4	4.1
$CoFe_2O_4$	Fe^{3+}	$Co^{2+}+Fe^{3+}$	5	3+5	3	3.7
$NiFe_2O_4$	Fe^{3+}	$Ni^{2+}+Fe^{3+}$	5	2+5	2	2.3
$CuFe_2O_4$	Fe^{3+}	$Cu^{2+}+Fe^{3+}$	5	1+5	1	1.3
$MgFe_2O_4$	Fe^{3+}	$Mg^{2+}+Fe^{3+}$	5	0+5	0	1.1
$Li_{0.5}Fe_{2.5}O_4$	Fe^{3+}	$0.5Li^{+}+1.5Fe^{3+}$	5	0+7.5	2.5	2.6

[†1] 参考文献[42], TABLE 32.II より.

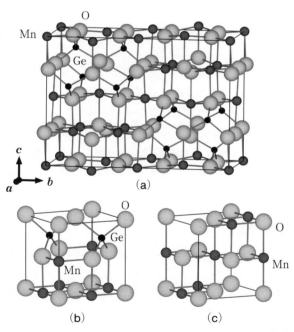

図 3-27 (a) β-Mn_2GeO_4 の構造(変形スピネル型, 斜方晶系)[44]. (b), (c) 図(a)の構造から切り出した部分格子(原子位置は理想化してある).

圧下でこの構造を持つことが知られている．特に Mg_2SiO_4 は地球の上部マントルの主成分であり，変形スピネル型構造は，マントルの挙動という地球科学的観点からも重要である．

変形スピネル型 Mn_2GeO_4 は斜方晶系に属し，その格子定数（$a = 6.025$ Å，$b = 12.095$ Å，$c = 8.752$ Å）[44]は，スピネル型の格子定数 a_c と，$a \approx a_c/\sqrt{2}$，$b \approx \sqrt{2}a_c$，$c \approx a_c$ の関係で結ばれている．したがって，格子ベクトルの間には，$\boldsymbol{a} \approx 1/2(\boldsymbol{a}_c - \boldsymbol{b}_c)$，$\boldsymbol{b} \approx \boldsymbol{a}_c + \boldsymbol{b}_c$，$\boldsymbol{c} \approx \boldsymbol{c}_c$ の関係が想定できる．このような比較的簡単な関係が成立していることは，変形スピネル型においても O が ccp に配列していることを示唆するが，実際にそうである．金属の配置に関しても，Ge が四面体位置を，Mn が八面体位置を占めている点は正スピネル型と同じである．図 3-27（a）から分かるように，GeO_4 四面体は頂点の 1 つを他の四面体と共有し，Ge_2O_7 組成の二量体を形成している．スピネル型では四面体同士の連結はなく（図 3-25（d）参照），この点は明確な相違である．Ge とそれに結合する O の組成は $GeO_{3.5}$ であり，分子式当たり 0.5 個の O，すなわち O の 1/8 は Ge に結合していないことになる．これに対して，正スピネル型ではすべての O が A 原子に結合している．

図 3-26 で行ったのと同様に，変形スピネル型構造から NaCl 型と同じ大きさの部分格子を切り出したものが，図 3-27（b），（c）である（見やすくするために構造は理想化してある）．この図から O が fcc 格子を形成し，その四面体位置を Ge が，八面体位置を Mn が占めている様子が確認できる．

オリビン型構造

オリビン（olivine）は鉱物のグループ名であるが，オリビン型構造を有する代表的な物質は上で述べた Mg_2SiO_4 である．Mg_2SiO_4 には α，β，γ の 3 つの多形が知られている．それらのうち，鉱物名フォルステライト（forsterite）として知られている α 相が，オリビン型であり常圧安定相である．高圧下で安定な β，γ 相はそれぞれ，変形スピネル型，スピネル型である．**図 3-28**（a）に α-Mg_2SiO_4 の構造[45]を示す．スピネル型が O の ccp をベースとした構造であったのに対して，オリビン型は O の hcp をベースとする構造である．実際に，斜方晶系に属するオリビン型構造の格子ベクトルは，六方晶系の hcp 格子ベクトル（図 2-12（c））$\boldsymbol{a}_h$，$\boldsymbol{b}_h$，$\boldsymbol{c}_h$ に対して，$\boldsymbol{a} \approx 4\boldsymbol{a}_h + 2\boldsymbol{b}_h$，$\boldsymbol{b} \approx 2\boldsymbol{b}_h$，$\boldsymbol{c} \approx \boldsymbol{c}_h$

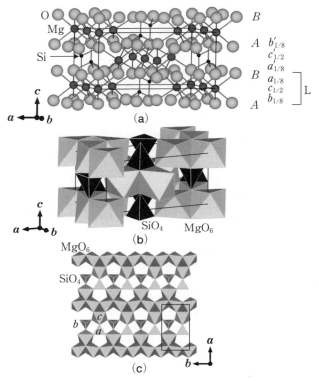

図 3-28 （a）α-Mg_2SiO_4 の構造（オリビン型，斜方晶系）[45]．（b）SiO_4 四面体と MgO_6 八面体のネットワーク．（c）図（a）で L と示した部分に相当する (001) 面に平行なスライス．八面体，四面体に付記した a, b, c は Si, Mg の位置を表す．

の関係で結ばれている（格子定数に関しては，$a \approx 2\sqrt{3}\,a_h$, $b \approx 2a_h$, $c \approx c_h$）．

図 3-28（a）から Mg が八面体配位を Si が四面体配位を取っていることは容易に分かる．図（b）は SiO_4 四面体と MgO_6 八面体のネットワークとして，構造を表現したものである．一方，図（c）は図（a）で L と示した部分に相当する (001) 面に平行なスライスである．このスライスには，Si 層が 2 枚（a, b 位置）Mg 層が 1 枚（c 位置）含まれている．この図から，面内方向に関して，MgO_6 八面体が互いに稜を共有して連結していること，SiO_4 四面体は八面体

と頂点共有でつながっているが四面体同士の連結はないことが分かる．また，四面体位置の占有率は 1/8，八面体位置の占有率は 1/2 である．3 次元の構造は，このような複合「層」を c 軸方向に積み重ねたものと考えることができる．これを形式的に示すと $Ab_{1/8}c_{1/2}a_{1/8}Ba'_{1/8}c'_{1/2}b'_{1/8}\cdots$ となる．ここで，a-a', b-b', c-c' の関係は，「′」のついた層の Mg や Si の配置が，付かない層の配置に対して一定の対象操作が施されていることを意味する．この対象操作によって，SiO_4 四面体は c 軸方向に見ても他の四面体からは孤立して存在する（$a_{1/8}Ba_{1/8}$ は四面体の面共有を意味するが，$a_{1/8}Ba'_{1/8}$ では共有はない）．

スピネル型もオリビン型も O が最密充填配列し，八面体位置の 1/2 と四面体位置の 1/8 が金属によって占められた構造である．しかし，前者は ccp を，後者は hcp をベースとしている．

3.5 ペロブスカイト型構造と関連構造

ペロブスカイト型構造

今までは酸化物イオンが最密充填の様式で配列し，その空隙の四面体位置，八面体位置を金属イオンが占めるような構造を中心に議論してきた．本節では，酸化物イオンとサイズの大きな金属イオンが一緒になって最密充填構造を形成する場合を考える．ペロブスカイト（perovskite）型構造はその典型例である．

ペロブスカイト型酸化物の一般式は ABO_3 であるが，A イオンがサイズの大きなイオンであり，B イオンとの組み合わせとしては，A^+-B^{5+}，A^{2+}-B^{4+}，A^{3+}-B^{3+} の 3 通りがある．いくつか例をあげると，

A^+-B^{5+} : $ANbO_3$, $ATaO_3$ （A = Na, K, Rb），
A^{2+}-B^{4+} : $ATiO_3$, $AZrO_3$, $AMoO_3$ （A = Ca, Sr, Ba），
A^{3+}-B^{3+} : $AAlO_3$, $ACrO_3$, $AMnO_3$ （A = 希土類元素）．

さらに，$Sr_2(FeNb)O_6$ や $Ba_3(MgNb_2)O_9$ などのように B 席に 2 種類の元素が入る場合もあり，それらを含めると膨大な数の物質が知られている[46]．

理想的なペロブスカイト型構造は立方晶系に属するが，酸化物では理想構造から歪んで対称性が落ちていることが珍しくなく，立方晶のペロブスカイトはむしろ少数派である．ペロブスカイトは $CaTiO_3$ の鉱物名であるが，後に見る

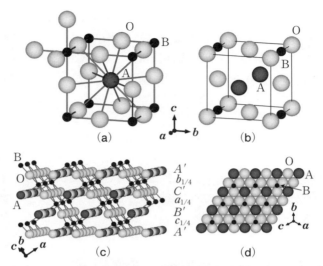

図 3-29 （a）ペロブスカイト型 ABO_3 の構造（立方晶系）．（b）O を原点とした格子．（c）[111]に垂直な方向から見た構造．（d）(111)面に平行なスライス．

ように $CaTiO_3$ の構造も常温，常圧では斜方晶系にまで対称性が落ちている．

最初に理想的な立方晶系の ABO_3 を考えることにする．例えば，$SrTiO_3$ は常温，常圧でこの理想的な構造を取る[47]．図 3-29(a)が立方晶系のペロブスカイト型構造である．この構造において，B は正八面体配位を取り，A は 12 個の O によって囲まれている．図(b)は，O を原点とした単位格子を示す．この図から明らかなように，A と O を区別しないこととすれば，それらは一緒に fcc 格子を形成している．したがって，ペロブスカイト酸化物 ABO_3 は $B(A_{1/4}O_{3/4})_4$ とでも表すべきものであり，$A_{1/4}O_{3/4}$ が造る ccp の八面体位置の 1/4 を B が占める構造ということになる．これを形式的に表すと $A'c_{1/4}B'a_{1/4}C'b_{1/4}\cdots$ となる．ここで「′」は，O だけの層ではなく，$AO_3(A_{1/4}O_{3/4})$ 組成の最密充填層であることを示すために付けてある．

図 3-29(c)は[111]に垂直な方向から，ペロブスカイト型構造を見たものである．また，図(d)は(111)面に平行に A/O 層と B 層が 1 枚ずつ入る厚みに，構造をスライスしたものである．A 同士が接触しないように A と O が規則配列し，B は O のみが造る三角形の中心の上方に位置する．3 次元の構造はこの

ような「層」を，$A'B'C'\cdots$ と積み重ねていくことででき上がる．A 同士が接触しないこと，B が O のみで囲まれることを条件とすると，構造は一意的に決まる．

ペロブスカイト ABO_3 において，A への O の配位数は 12 である．したがって，O への A の配位数は 4 である（$1\times12=3\times4$）．2.2 節で見たように ccp において 1 つの原子の周囲の配位多面体は図 2-18[10]に示す立方八面体である．今，中心に O を置いて考えると，A 同士が接触しないという条件下では，周囲の 12 個の席の中で最大 4 個にしか A を置くことができない．すなわち，A/O の比は 1/3 を超えることはなく，これを越えると必ず A 同士の接触が起こる．したがって，例えば，A_2BO_4 において，A 同士が接触しない条件で A と O が最密充填を形成するような構造は実現しない．一方，ペロブスカイト型における B への O の配位数は 6 であることから，O への B の配位数は 2 である（$1\times6=3\times2$）．これは BO_6 八面体がすべての頂点を共有して連結していることに対応する．

八面体の傾斜による構造歪

先に述べたように，ペロブスカイト酸化物では，理想的な立方晶の構造から歪んでいる場合が多い[48]．このような歪の第一の理由はイオンサイズのミスマッチである．理想的なペロブスカイト ABO_3 においては，A，B，O のイオン半径，r_A，r_B，r_O の間に次の関係が成立する．

$$r_A + r_O = \sqrt{2}(r_B + r_O)$$

そこで，以下によりトレランスファクター(tolerance factor) t を定義する[49]．

$$t = (r_A + r_O)/[\sqrt{2}(r_B + r_O)]$$

ペロブスカイト構造が安定となる t の範囲はおおむね 0.8〜1 であり，理想的な立方晶の構造は t が〜0.89 より大きいときに実現する[*19]．これは，ペロブスカイト構造は相対的に小さな A イオンを収容することができ（$t\leq1$），一定の許容範囲までは理想的な構造が実現するが，それよりも r_A が小さくなると，構造が歪んで対称性が低下する，ということを意味する．

イオンのサイズミスマッチ（小さすぎる A イオン）に起因する構造歪は，

[*19] この関係が成り立つためには，Goldschmidt のイオン半径を用いなければならない．

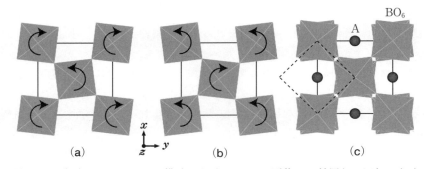

図 3-30 （a）ペロブスカイト構造における BO_6 八面体の z 軸周りの回転．（b）図（a）の逆回りの回転．（c）z 軸（c 軸）方向に回転（a）と回転（b）が交互に起こる構造（$a^0a^0c^-$，正方晶系）の c 軸投影図．点線は立方晶ペロブスカイトの格子を表す．

BO_6 八面体の傾斜(tilt)という形で顕現する．すなわち，BO_6 八面体自体は変形しないが*20，それが種々の様式で傾くことで，小さすぎる A イオンの周囲の環境を変化させ，構造を安定化させるのである．ペロブスカイト構造における八面体の傾斜は Glazer によって系統的に整理された[50]．Glazer に従えば，八面体の任意の傾斜は，直交座標系の x, y, z 軸周りの八面体の回転として表現できる（x, y, z 軸はそれぞれ立方晶系のペロブスカイト格子の，a, b, c 軸に一致する）．図 3-30（a），（b）はペロブスカイト構造を(001)面に平行に八面体1つ分の厚みにスライスし，それに z を回転軸とする回転を施したものである．（a）と（b）とでは回転の向きを反対にしてある．中心の八面体が z 軸の周囲を反時計(時計)回りに回転すると，それに連結する4つの八面体は時計(反時計)回りに同じ角度だけ回転する．ペロブスカイト構造を z 軸の方向に見たとき，図（a）または（b）の回転のどちらか一方だけが起こっている場合，その回転を同相回転と定義し，c^+ と表記する．一方，図（a）と（b）の回転が z 軸方向に対して交互に起こる場合を逆相回転と定義し，c^- と表記する．また，z 軸周りの回転がない場合は c^0 で表す．図 3-30（c）は，逆相回転 c^- を施した構造の c 軸投影図である．x, y 軸周りの回転も同様に考えることと

---

*20 傾斜の種類によっては，八面体自体に歪が生じることがある．

し，それぞれ，a^+, a^-, a^0 および b^+, b^-, b^0 を定義する．しばしば，2軸あるいは3軸の間で回転角が同一の場合がある．その場合は前に現れた文字を繰り返し使うものと約束する．例えば，x軸とy軸周りに同じ角度だけ回転している場合は，a^+b^+あるいはa^+b^-などとはせずに，それぞれa^+a^+あるいはa^+a^-と表記するのである．

以上の定義から，例えば，$a^+b^+c^+$はx, y, z軸の周りにすべて異なった角度で同相回転した場合の構造を表す．$a^0a^0a^0$は全く回転がない場合で，立方晶系の構造そのものに対応する．一方，$a^-a^-c^+$はx, y軸の周りに同じ角度だけ逆相回転し，z軸周りにはそれとは異なった角度で同相回転しているような構造に対応する．先に出てきた図3-30(c)の構造をこの記号で表すと，$a^0a^0c^-$となる．

$CaTiO_3$は以下のように温度の上昇に伴って，2段階の相転移を起こし[51]，最終的には理想的な立方晶系の構造になる*21．

$$\text{斜方晶系} \xrightarrow{1512\pm13\,\text{K}} \text{正方晶系} \xrightarrow{1636\pm12\,\text{K}} \text{立方晶系}$$
$$a^-a^-c^+ \qquad\qquad a^0a^0c^- \qquad\qquad a^0a^0a^0$$

中間的温度の$a^0a^0c^-$相の構造は，すでに図3-30(c)に示した．この相の正方格子の格子長は，立方晶系の格子長a_cと，$a\approx\sqrt{2}a_c$, $c\approx 2a_c$の関係にあり，格子ベクトルの関係は，$\boldsymbol{a}\approx\boldsymbol{a}_c-\boldsymbol{b}_c$, $\boldsymbol{b}\approx\boldsymbol{a}_c+\boldsymbol{b}_c$, $\boldsymbol{c}\approx 2\boldsymbol{c}_0$である．つまり，$\boldsymbol{c}$軸周りの八面体の回転の結果として，(001)面内では立方格子の対角線が新たな格子軸となる(図3-30(c)参照)．また，逆相回転c^-の結果として$\boldsymbol{c}$軸方向に2倍周期となる．

斜方晶系の$a^-a^-c^+$相の構造[53]を図3-31(a), (b)に示すが，ここでは3軸で回転が起こっており，その変形を正確に捉えるのは容易ではない*22．斜方格子と立方格子の間には，$a\approx b\approx\sqrt{2}a_c$, $c=2a_c$の関係がある．BO_6八面体の傾斜によって，Aイオンの配位環境は変化する．というより逆で，Aイオンのサイズに配位環境を合わせるために，八面体の傾斜が起こる．斜方晶系

---

*21 $a^-a^-c^+$相と$a^0a^0c^-$相の間に別の正方晶系の相，$a^0b^-c^+$が存在する可能性が指摘されている[52]．

*22 a^-a^-は[110]周りの1軸回転と等価である．したがって，$a^-a^-c^+$は[110]と[001]の2軸の回転と見なすことができる．

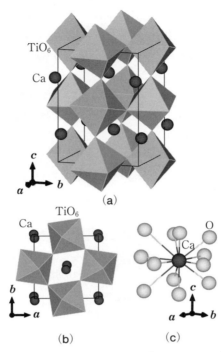

図 3-31 （a）$CaTiO_3$ の室温相の構造（$a^-a^-c^+$，斜方晶系）[53]．（b）c 軸投影図．（c）Ca の配位環境．

の $CaTiO_3$ では，Ca の配位環境は図 3-31（c）に示すようなものとなる．$a^-a^-c^+$ の傾斜により，もはや Ca-O の原子間距離は 1 種類ではなく，表 2-5 に示したように，短いものから長いものまで 8 種類に分化する．2.5 節で議論したように，これらの距離を用いて BVS を計算すると +2 に近い値が得られる．この配位環境が Ca^{2+} イオンのサイズに適合していることを，BVS 計算は示唆しているのである．

3 軸周りの回転を考えることで，種々の異なった対称性を持つ構造が導出され，その結晶系は六方晶系を除く 6 つの晶系にわたる[48]．異なった構造の間の相転移は温度変化によって誘起されるが，一般的には高温になるにつれて構造の対称性は上がっていく．このことはすでに $CaTiO_3$ で見たところであるが，もう 1 つの典型的な例として $NaTaO_3$ を紹介する．この物質は以下のよ

3.5 ペロブスカイト型構造と関連構造　105

うに，温度の上昇に伴って，3軸回転から始めて，2軸回転，1軸回転，無回転と対称性を上げていく[54]．

$$\underset{a^-a^-c^+}{\text{斜方晶系}} \xrightarrow{\sim 700\,\text{K}} \underset{a^0b^-c^+}{\text{斜方晶系}} \xrightarrow{835\,\text{K}} \underset{a^0a^0c^+}{\text{正方晶系}} \xrightarrow{890\,\text{K}} \underset{a^0a^0a^0}{\text{立方晶系}}$$

相転移は加圧によっても起こり得る．圧力の増大に伴い対称性が上がる場合もあるが，そうでない場合もあり，その効果は温度ほど単純ではない．

$BaTiO_3$ と $PbTiO_3$ における構造歪

Ba^{2+} のサイズは Ca^{2+} より大きく，$BaTiO_3$ においては前項で見たような八面体の傾斜に起因する構造歪は起こらない．その代わりに，2次のヤーン-テラー効果(second order Jahn-Teller effects)という異なったメカニズムによる構造歪が導入される[55]．2.6節で議論したように，(1次の)ヤーン-テラー効果は，配位の対称性が下がることで電子の縮退が解かれ，エネルギー的に安定化する現象であった．しかし，Ti^{4+} は d^0 イオンのためそのような1次の効果は原理的に働かない．一方，2次のヤーン-テラー効果は，非縮退の基底状態と低励起状態の間の相互作用に起因する構造変化であり，最高被占軌道(HOMO)と最低空軌道(LUMO)のエネルギー差が小さく，それらが構造歪を介して混成できる対称性を持っているときに現れる．Ti^{4+} のような d^0 イオンが八面体配位を取るときには，Tiイオンの変位によるHOMO-LUMO混成に必要な対称性を満たすことから，この効果に基づく構造歪が期待される．

　2次のヤーン-テラー効果が働くと，Bイオンは八面体の中心から変位する．それに伴って八面体は変形し，一般的にはAイオンの位置も変位する．Bイオンの変位の方向として**図3-32**に示す3種類が考えられる．すなわち，(ⅰ)八面体の頂点方向(立方格子の[001]方向)，(ⅱ)八面体の辺に直行する方向([011]方向)および，(ⅲ)八面体の面に直行する方向([111]方向)である．このような変位の結果として，結晶格子はBイオンが変位する方向に引き伸ばされ，(ⅰ)正方晶系，(ⅱ)斜方晶系，(ⅲ)三方晶系へと対称性が低下する．

　$BaTiO_3$ は上に述べたすべての変位が起こる稀な例である．それは温度の上昇に伴って以下のように4段階の相転移を起こす[56]．

$$\underset{[111]}{\text{三方晶系}} \xrightarrow{-80\,°C} \underset{[011]}{\text{斜方晶系}} \xrightarrow{5\,°C} \underset{[001]}{\text{正方晶系}} \xrightarrow{120\,°C} \text{立方晶系} \xrightarrow{1460\,°C} \text{六方晶系}$$

106   第3章   基本的な酸化物の構造と機能

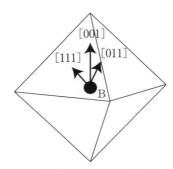

図 3-32　BO_6 八面体における B 原子の変位の方向．

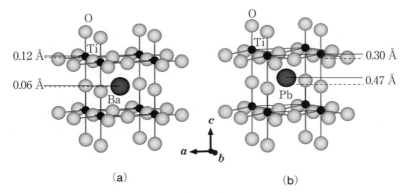

図 3-33　(a) 正方晶 $BaTiO_3$ の構造[56,57]．(b) 正方晶 $PbTiO_3$ の構造[56,58]．

後に述べるように，1460℃以上の最高温領域で安定な六方晶系の構造は，最密充填の様式が ccp とは異なっていて，ペロブスカイト型とは似て非なるものである．120〜1460℃の広い温度範囲について，理想的な立方晶系のペロブスカイト構造が安定であるが，120℃で正方晶系への相転移が誘起される．この正方晶系の構造[57]を **図 3-33**(a) に示すが，それは(i)の[001]変位に相当し，Ti が c 軸に沿って移動するため c 軸方向の Ti-O 結合距離は一方が長く他方が短くなる．Ti の変位の大きさは 0.12 Å 程度である．Ba も同様に c 軸方向に変位するがその大きさは半分の 0.06 Å 程度である．5〜−80℃の斜方晶系の構造は(ii)の[011]変位に，また −80℃以下の三方晶系の構造は(iii)の

[111]変位に対応し，それぞれ，立方格子の[011]および[111]方向にTiが変位する．

図3-33(b)に正方晶系のPbTiO$_3$の構造[58]を示す．これは，室温における安定相である．構造は基本的には，先に述べた正方晶系のBaTiO$_3$と同じである．しかし，c軸方向のTiの変位はBaTiO$_3$の場合の2倍以上(0.30 Å)である．さらに特徴的なこととして，同じ方向にPbも大きく変位している．その値は0.47 ÅとTiよりも顕著であり，BaTiO$_3$におけるBaの変位がTiの半分に過ぎなかったことと対照的である[56]．PbTiO$_3$のこのような構造歪は，図3-19のPbOの構造を思い起こさせ，孤立電子対の関与を示唆するものである．実際に，2次のヤーン-テラー効果は，Pb^{2+}のような孤立電子対を持つイオンにも働くことが知られている[55]．

Pb^{2+}イオンはBa^{2+}イオンに比べて相対的に小さいため，CaTiO$_3$で見たような八面体の傾斜による構造歪も考慮しなくてはならない．事実，PbZrO$_3$，PbHfO$_3$などにおいては，PbやZr(Hf)の変位と八面体の傾斜が同時に起こっている[48]．

強誘電体

物質の分極Pは単位体積当たりの双極子モーメントであり，結晶の場合，単位格子当たりの双極子モーメントpに単位体積当たりの格子数を掛けたものである．通常の物質は電場を印加したときだけ分極が発生するが(常誘電体)，ある限られた物質群においては，電場を掛けることなしに自発的に分極(自発分極)が生ずる．また自発分極と反対方向に電場を加えることで分極の方向を反転させることができる．このような物質は強磁性体との類似から強誘電体と呼ばれている．強誘電体はコンデンサ，強誘電体メモリ(FRAM)，アクチュエーター，光変調器などに使われ，電子デバイス分野で非常に重要な材料である．

単位格子当たりの双極子モーメントpは格子内の電荷q_nとその位置ベクトルr_nの積を足し合わせることで求まる．

$$p = \sum_n q_n r_n$$

ここで，格子が中心対称性*23を持っている場合には，この和は必ず零になり

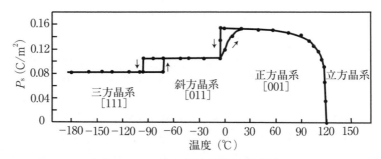

図 3-34 BaTiO$_3$ の自発分極の温度依存性(参考文献[59], Fig.2 より). 立方格子の1つの軸方向について観測したもの. [111]等は分極の方向を表す.

自発分極は発生しない. 正方晶系, 斜方晶系, 三斜晶系の BaTiO$_3$ や, 正方晶系の PbTiO$_3$ などが研究者の注目を集めてきたのは, それらの構造が中心対称性を持たず, 自発分極が発生するからである. つまり, A, B イオンの位置の変位を特徴とする, これらのペロブスカイト物質はいずれも強誘電体(変位型強誘電体)である.

図 3-34 に BaTiO$_3$ の自発分極の温度変化[59]を示す. 立方晶系の相は対称中心があるため強誘電体ではないが, 120℃以下の温度において自発分極が発生し, その大きさ(立方格子の1つの軸方向について観測したもの)が相転移によって変化していく様子が見て取れる. 正方晶系, 斜方晶系, 三方晶系における自発分極の向きは, 図 3-32 に示したイオンの変位の方向に一致する.

BaNiO$_3$ 型構造

ペロブスカイト構造のベースは, AO$_3$ 層を $A' B' C' \cdots$ と積み重ねた ccp 構造であった. そこで, AO$_3$ 層を $A' B' \cdots$ と積み重ねた hcp の構造が想起されるが, 実際にそのような構造が存在する. **図 3-35**(a)は六方晶系に属する BaNiO$_3$ の構造[60]を示したものである. (001)面に平行に BaO$_3$ 層と Ni 層を1枚ずつ含む厚さにスライスしたものが図(b)である. 図(b)はペロブスカイト

---

*23 (x, y, z)に原子が存在するとき, 同じ原子が$(-x, -y, -z)$にもある場合, 中心対称性を持つという.

3.5 ペロブスカイト型構造と関連構造　109

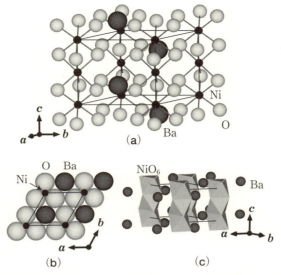

図 3-35 （a）$BaNiO_3$ の構造（六方晶系）[60].（b）(001) 面に平行なスライス．（c）面共有による NiO_6 八面体の鎖．

構造をスライスした図 3-29(d) と等価である．ペロブスカイト構造との違いは，BaO_3 層が hcp 様式で積み重なっていることである．それを形式的に表すと，$A'c_{1/4}B'c_{1/4}\cdots$ であり，Ni はいつも c 位置を占める．これに対応して，NiO_6 八面体は面を共有して連結し，図 3-25(c) に示すように c 軸方向に伸びる鎖を形成する．この 1 次元鎖は図 2-21(c) で見たものである．面を共有する鎖の形成は，$BaNiO_3$ の BaO_3 層が h-c 表記においてすべて h 層であることに起因する．これは ccp に配列するペロブスカイト構造ではすべてが c 層であり，八面体が頂点共有によって連結していたことと対照的である．

　ペロブスカイト型に比べて $BaNiO_3$ 型の構造を有する酸化物はあまり多くなく $BaNiO_3$ 以外には，$BaCoO_3$, $BaIrO_3$, $BaMnO_3$ など[*24]に限られる．しかし，ハロゲン化物や硫化物等を含めるとこの構造を取る化合物は少なくない．

[*24] いずれもいくつかの多形の中の 1 つがこの構造である．

六方晶 $BaTiO_3$

先に見たように，$BaTiO_3$ は，1460℃で六方晶系の相に転移する．六方晶系の構造も最密充填をベースとするものであるが，BaO_3 層の積み重なりは，ccp でも hcp でもなく，$A'B'C'A'C'B'\cdots$ である．すなわち，6枚周期であり，h-c 表記では hcc となる．八面体位置まで含めた配列は，$A'c_{1/4}B'a_{1/4}C'b_{1/4}A'b_{1/4}C'a_{1/4}B'c_{1/4}\cdots$ であるが，h 層を挟む八面体は面を共有して対を造る（$c_{1/4}A'c_{1/4}$ と $b_{1/4}A'b_{1/4}$）．図 3-36（a）の構造図[61]の BaO_3 層に A, B, C および h, c を付記してあるが，h 層において八面体の面共有が起こっていることが確認できる．hc と ch が造る八面体が対となり，cc が造るものが頂点で連結することから，対を造るものと造らないものの比は 2:1 である．図 3-36（b）に対を抽出して示す．面共有に起因する Ti^{4+}-Ti^{4+} の静電反発によって，Ti は八面体の中心から c 軸に沿って上下に変位し，Ti-Ti の距離を広げている．

AO_3 層に関する h-c 表記は，ペロブスカイト型が c，$BaNiO_3$ 型が h，六方晶 $BaTiO_3$ が hcc であったが，これ以外にも，hc（例として $BaMnO_3$ 高温相[62]）や hhc（例として $BaRuO_3$ の多形の1つ[63]）など，種々の配列が知られ

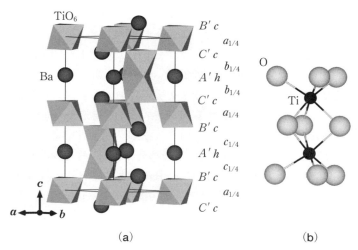

図 3-36 （a）六方晶 $BaTiO_3$ の構造[61]．（b）面共有による TiO_6 八面体の対．

ている．なお，これらの物質の表記法として，2.2 節で述べた Ramsdell 表記が使われることがある．すなわち，$3C$, $2H$, $6H$, $9R$ などであり，すでに述べたように C, H, R はそれぞれ立方晶系，六方晶系，三方晶系（稜面体格子）を意味し，その前の数字は繰り返し単位に含まれる層の枚数である．表 2-2 は「′」付きの層 A', B', C' の積み重なりにも適用でき，ペロブスカイト型は $3C$, $BaNiO_3$ は $2H$, $BaMnO_3$ 高温相 (hc) は $4H$, 六方晶 $BaTiO_3$ は $6H$, $BaRuO_3(hhc)$ は $9R$ となる．

3.6 ReO$_3$ 型構造と関連構造

ReO$_3$ 型構造（図 2-19）は 2.2 節，2.3 節において議論し，欠損 NaCl 型および頂点共有による ReO$_6$ 八面体の 3 次元ネットワーク，という二通りの解釈を示した．ペロブスカイト型構造を学んだ今，第 3 の解釈が可能である．すなわち，ReO$_3$ 型構造はペロブスカイト型構造から A 原子を取り去ったものにほかならない．

ReO$_3$ 型構造を持つ酸化物としては他に WO$_3$ や UO$_3$ などが知られているが，特に WO$_3$ については多数の報告がある．その理由の 1 つは，WO$_3$ が温度変化に伴って次のような多段階の相転移を起こすことである[64, 65]．

$$\underset{a^-b^-c^-}{\text{単斜晶系(I)}} \xrightarrow{230\text{ K}} \underset{a^-b^-c^-}{\text{三斜晶系}} \xrightarrow{290\text{ K}} \underset{a^-b^+c^-}{\text{単斜晶系(II)}} \xrightarrow{600\text{ K}} \underset{a^0b^+c^-}{\text{斜方晶系}} \xrightarrow{1010\text{ K}} \underset{a^0a^0c^-}{\text{正方晶系}}$$

WO$_3$ の 5 つの異なった構造はすべて，立方晶系の ReO$_3$ 型構造を歪ませたものであるが，その様態はペロブスカイト型構造で見たものと類似している．すなわち，構造歪は WO$_6$ 八面体の傾斜と八面体の中心からの W の変位の組み合わせから生じている．八面体の傾斜に関してはペロブスカイト構造で使った Glazer の記号をそのまま使うことができる．上に示したように，単斜晶系（I）と三斜晶系の間の転移では，傾斜の様式は変化せず $a^-b^-c^-$ が維持される．一方，他の転移は傾斜の様式の変化を伴う．正方晶系の傾斜は $a^0a^0c^-$ であり，正方晶 CaTiO$_3$ と同じである．WO$_3$ の複雑な相転移は，八面体の傾斜に加えて W の変位による歪が加わることによる．正方晶系では W の変位は立方格子の[001]方向に起こる．三斜晶系，単斜晶系（II），斜方晶系でも[001]方

向への変位が主要なものではあるが，[010]方向[25]への変位が重畳している．また，単斜晶系(I)では同じく[001]を主要な方向とするが，[110]方向[26]の変位が重畳している．また，この単斜晶系(I)の相は中心対称性を持たず，強誘電体であると考えられている．

WO_3が大きな注目を集めてきた第二の理由は，タングステンブロンズ(tungsten bronze)と呼ばれる一群の物質のためである[66]．ReO_3型はペロブスカイトのA席が空隙となった疎な構造であり，この空隙にイオンを挿入することができる．タングステンブロンズは化学式M_xWO_3 ($0<x<1$)で表され，Mとしてアルカリ金属，Ba, Pb, Tl, Cu, Ag, 希土類元素など多様な金属が導入される．W^{6+}は$(5s)^2(5p)^6$の閉殻軌道を持つため，WO_3は絶縁体であるが，Mの導入によって電子がドープされ[27]，その結果，金属光沢を帯び金属的伝導を示すようになる（「ブロンズ」はこのブロンズ様光沢からきたものである）．

Na_xWO_3は最も研究されたブロンズ系の1つである．この系ではxが小さいときには，先に見た最高温で安定な正方晶系のWO_3構造(tetragonal IIと称される)が維持されるが，$x \sim 0.3$では八面体の連結の仕方が変わりReO_3型構造とは異なった骨格を持つ正方晶系の構造(tetragonal Iと称される)が安定となる．xがさらに大きくなると立方晶のペロブスカイト型が出現する．一方，M＝Kでは，xが小さいときには六方晶系の相が生成し[28]，xが大きくなるとtetragonal Iと同型の正方晶系の構造へと変化する．六方晶系の相はM＝Rb, Csについても合成できる．tetragonal Iや六方晶系の相は低温で超伝導を示すこともあって[67]，活発な研究が行われてきた．

---

[25] (001)面内において八面体の頂点に向かう方向．
[26] (001)面内において八面体の稜に向かう方向．
[27] 例えば，$Na_{0.5}WO_3$では，Wの形式価数は+5.5となり，W^{6+}の状態に分子当たり0.5個の電子がドープされたことになる．この電子が伝導バンドを占めるため，金属的な電気伝導が実現する．
[28] 正方晶系の構造(tetragonal I)も六方晶系の構造もWO_6八面体が頂点共有により連結し，3次元のネットワークを作っている点ではReO_3型と同じである．しかし，その連結の様式はより複雑である．

MoO_3 の構造

WO_3 に関連して，MoO_3 に触れておく．MoO_3 にはいくつかの多形が知られているが，熱力学的な安定相は斜方晶系の相である．**図 3-37**(a)にその構造[68]を示す．構造の特徴は b 軸方向に伸びる 2 重 ReO_3 型鎖である．この 2 重鎖は，図 2-21(e)に示したものである．図(b)は b 軸方向への投影図であるが，この図から 2 重鎖が c 軸方向に頂点を共有して連結し，(100)面に平行な層を形成していることが分かる．この層が a 軸方向に積み重なって MoO_3 の層状構造ができ上がる．

MoO_3 も WO_3 と同様に，多様なブロンズ相，M_xMoO_3 を造る．特に，$M_{0.3}MoO_3$ (M＝K, Rb, Tl)はブルーブロンズ(blue bronze)と呼ばれ，低次元伝導体としての興味から多くの研究が行われてきた[69]．その構造は MoO_3 と同様に，MoO_6 八面体をベースとする層状構造であり，M 原子は層間の位置を占めるが，八面体の連結様式は MoO_3 より複雑である[69]．

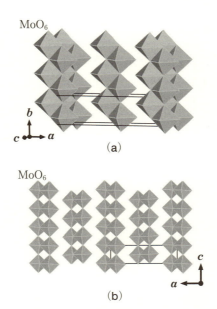

図 3-37 （a）MoO_3 の構造(斜方晶系)[68]．（b）b 軸投影図．

3.7 K₂NiF₄型構造と関連構造

K₂NiF₄型はペロブスカイト型と密接な関係がある．そこで，K₂NiF₄型への準備として，$SrTiO_3$を例に取って，再度ペロブスカイト型酸化物を検討することにする．図3-38(a)に示すように，$SrTiO_3$の構造を c 軸方向に層が積み重なった層状構造と考えてみよう*29．今までは[111]方向への積み重ねを

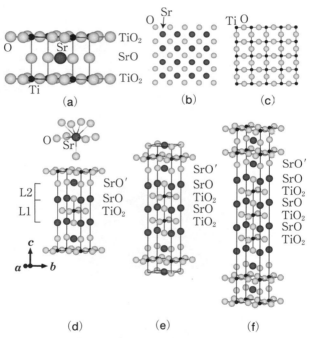

図3-38 (a)$SrTiO_3$の構造(ペロブスカイト型)．(b)SrO層．(c)TiO_2層．(d)Sr_2TiO_4の構造(K₂NiF₄型, 正方晶系)[70]．L1, L2はそれぞれペロブスカイト型ブロックおよびNaCl型ブロックを表す．(e)$Sr_3Ti_2O_7$の構造(正方晶系)[71]．(f)$Sr_4Ti_3O_{10}$の構造(正方晶系)[71]．

---

*29 ペロブスカイト型構造は等方的で層状ではないため，ここでの議論はあくまで便宜的，形式的なものである．

3.7 K_2NiF_4型構造と関連構造

考えてきたが,今回は[001]方向を考えるのである.積み重ねるべき「層」は,図(b)の SrO の組成を有する「層」と,図(c)の TiO_2 の組成を有する「層」である.SrO 層は NaCl 型構造の構成単位であり,これを(001)面内で $(\boldsymbol{a}+\boldsymbol{b})/2$ だけずらしながら c 軸方向に積み重ねていけば,SrO(NaCl 型)ができ上がる.一方 TiO_2 層は四角格子であり,Ti が正方形を形成し O は Ti と Ti の中間に位置する.後に述べるように(5.5節),高温超伝導が発現する舞台となる CuO_2 層はこの TiO_2 層と同型である.$SrTiO_3$ の構造はこれらの2つの「層」を,TiO_2-SrO-TiO_2-SrO … と交互に積み重ねたものと見なすことができる.

図 3-38(d)は,K_2NiF_4 型の Sr_2TiO_4 の構造[70]である.これを上述のような視点で見ると,やはり,正方格子の c 軸方向に TiO_2 層と SrO 層が積み重なったものであることが分かる.ただし,その重なり方は,TiO_2-SrO-SrO′-TiO_2′-SrO′-SrO… であり,SrO 層が2枚連続して積み重なっている.SrO 層が連続するとき,(001)面内で原子の位置に $(\boldsymbol{a}+\boldsymbol{b})/2$ のシフトが起こるため(層に付けられた「′」はこのずれを表す),c 軸方向に2倍周期となる.単位格子に Sr_2TiO_4 分子が2個含まれるのはそのためである.また,図 3-38(d)に示すように,K_2NiF_4 型構造はペロブスカイト型のブロック(図で L1 と表記)と NaCl 型のブロック(L2 と表記)を 1:1 で複合化したものと解釈することもできる.

K_2NiF_4 型構造は高密度構造ではあるが,最密充填構造ではない.このことは Sr_2TiO_4 における Sr の配位を見れば明らかである.Sr は図 3-38(d)の上部に示すように9個の O に配位されており,12個の O に配位される最密充填様式とは異なる.ペロブスカイト構造で説明したように,A_mO_n において,A が接触しない条件で最密充填するためには $m/n \leq 1/3$ でなければならないが,K_2NiF_4 型構造の場合は $m/n = 1/2$ である.

Sr_2TiO_4 以外に,かなりの数の K_2NiF_4 型物質が知られている.酸化物では,$Sr_2M_2O_4$ (M = V, Mn, Ru, Mo, Rh, Sn, Hf),Ba_2MO_4 (M = Zr, Sn, Hf, Pb),Nd_2MO_4 (M = Co, Ni) などがあり,複酸化物[*30]や非酸化物まで含めると百をゆうに超える物質が報告されている.

[*30] 例えば,$SrLaNiO_4$ のような酸化物.

Ruddlesden-Popper 系列

K_2NiF_4 型はペロブスカイト型ブロックと NaCl 型ブロックの 1:1 複合構造であった. これを一般化した, $n:1$ の系列が存在し, 発見者の名前を取って, Ruddlesden-Popper 系列[71]と呼ばれている. その一般式は酸化物の場合は $A_{n+1}B_nO_{3n+1}$ である. 極限としての $n=0$ は AO(NaCl 型)に対応し, 逆の極限 $n=\infty$ はペロブスカイト ABO_3 に対応する. $Sr_{n+1}Ti_nO_{3n+1}$ は代表的な Ruddlesden-Popper 系列であり, $n=1$ はすでに見た K_2NiF_4 型 Sr_2TiO_4 である. 図 3-38(e), (f)に $n=2, 3$ に相当する $Sr_3Ti_2O_7$, $Sr_4Ti_3O_{10}$ の正方晶系の構造[71]を示す. この系列の「層」の積み重なりを形式的に表すと, $(TiO_2\text{-}SrO)_n\text{-}SrO'\text{-}(TiO_2'\text{-}SrO')_n\text{-}SrO \cdots$ となり, n 枚のペロブスカイト型ブロックと, 1 枚の NaCl 型ブロック(SrO 層)が繰り返す構造である. また, Sr_2TiO_4 において見たように, (001)面内方向のシフトによって, 単位格子には $Sr_{n+1}Ti_nO_{3n+1}$ が 2 分子含まれる.

図 3-39 は $Sr_{n+1}Ti_nO_{3n+1}$ の ***a*** 軸長を n に対してプロットしたものである.

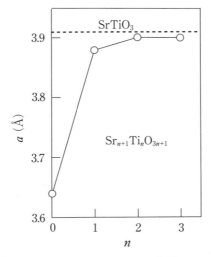

図 3-39 $Sr_{n+1}Ti_nO_{3n+1}$ (Ruddlesden-Popper 系列)における n と ***a*** 軸長の関係. $n=0$ の値は, SrO(立方晶系)の格子定数を $\sqrt{2}$ で除したもの. 点線は, $SrTiO_3$ (ペロブスカイト型, $n=\infty$)の格子定数.

$n=0$ の SrO の値としては，立方格子の格子乗数を $\sqrt{2}$ で除したものを用いている*31．また $n=\infty$ の SrTiO$_3$ の a 軸長を点線で示す．この簡単なプロットから次のことが分かる．①ペロブスカイトブロックの (001) 面内の自然なサイズは，NaCl 型ブロックのそれに比べて大きく，n が増すにつれて a 軸長は SrTiO$_3$ の値に向かって増加する．②Sr$_{n+1}$Ti$_n$O$_{3n+1}$ ($n \geq 1$) の a 軸長は主としてペロブスカイトブロックが決めている ($n=1$ の a 軸長はすでに SrTiO$_3$ のそれにかなり近い)．これらの事実からの自然な帰結として，次が類推できる．③Sr$_{n+1}$Ti$_n$O$_{3n+1}$ ($n \geq 1$) の (001) 面内では NaCl 型ブロックには拡張の方向に，ペロブスカイト型ブロックには圧縮の方向に力が働いている．④ NaCl 型ブロックは大きく拡張され得るが，ペロブスカイトブロックの圧縮の度合いは小さい．K$_2$NiF$_4$ 型構造を NaCl 型ブロックの数が多い方向に拡張した，$1:n$ の系列，A$_{n+1}$BO$_{n+3}$ は知られていないが，それはペロブスカイトブロックを圧縮することが困難であることに関係しているように見える．

Ruddlesden-Popper 系列は Sr$_{n+1}$Ti$_n$O$_{3n+1}$ 以外に，Sr$_{n+1}$M$_n$O$_{3n+1}$ (M=Fe, Ir, Cr, V, Ru)，Ca$_{n+1}$Mn$_n$O$_{3n+1}$，La$_{n+1}$M$_n$O$_{3n+1}$ (M=Ni, Co)，(R, A)$_{n+1}$M$_n$O$_{3n+1}$ (R=希土類元素，A=アルカリ土類元素，M=Cr, Al, Ni, Fe, Mn, Ru, Ga) などが知られている[72]．この系列はソフト化学の観点から第 8 章においてもう一度取り上げる．

3.8 Cu$_2$O，CuO および PdO の構造

非常に重要な酸化物である SiO$_2$ の構造については，4 章で詳細に検討することにし，ここで，今までに出てこなかった Cu$_2$O，CuO および PdO の構造に触れる．Cu$^+$ や Cu^{2+} イオンは，四面体配位や八面体配位とは異なる，特異な配位を好む傾向がある．**図 3-40**(a)に立方晶系に属する Cu$_2$O の構造[73]を示す．この図からすぐに分かるように，Cu は fcc 格子を形成している．また，O は Cu が造る四面体の中心を占めている．したがって，これは Cu が ccp の様式で配列し，その四面体位置の 1/4 を O が占める構造である．Cu の配位は，直線 2 配位という特異なものである．この小さい配位数からも分

---

*31 これにより，$n=1 \sim 3$ の正方格子の a 軸長に相当する値が求まる．

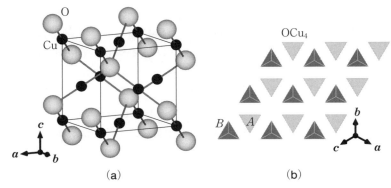

図 3-40 Cu_2O の構造(立方晶系)[73]．(b)(111)面に平行なスライス．OCu_4 四面体に付記した A，B は O の位置を表す．

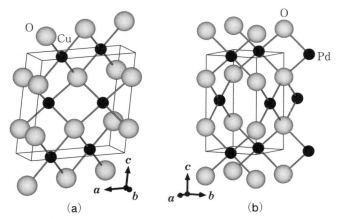

図 3-41 (a) CuO の構造(単斜晶系)[74]．(b) PdO の構造(正方晶系)[75]．

かるように，トポロジーとしては ccp であるが，実際は非常に疎な構造である．立方格子の [111] 方向への層の積み重なりを形式的に表すと，$aB_{1/4}A_{1/4}bC_{1/4}B_{1/4}cA_{1/4}C_{1/4}\cdots$ となる．(111)面に平行に，$aB_{1/4}C_{1/4}b$ に相当する部分をスライスし，OCu_4 四面体により表した構造が図 3-40(b) である．(001)面内では，四面体は互いに独立に存在している．一方，この「層」の上下の「層」の四面体とはすべての頂点を共有して連結している．それは Cu が

2配位であることに符合する．Cu_2O と同型の構造を持つ酸化物として Ag_2O が知られている．

図 3-41(a)は単斜晶系に属する CuO の構造[74]である．ここでは Cu は O の造る四角形の中心に位置し，平面4配位を取っている．ただし正方形からは歪んでいて，Cu-O の結合は2本ずつ2種類の異なった距離を持っている．O は Cu によって四面体的に配位されているが，ここでも正四面体からの歪があり，1つの四面体について O-Cu の結合距離は2種類ある．図 3-41(b)に示した正方晶系に属する PdO の構造[75]は，CuO の構造に似ているが，対称性はより高く，Pd は O の造る正方形の中心に，O は Pd の造る正四面体の中心に位置する．PtO も PdO と同型の構造を持つことが知られている．

参考文献

[1] G. Brauer, Z. Anorg. Allg. Chem. **248**, 1(1941).
[2] M. Antaya, K. Cearns, J. S. Preston, J. N. Reimers, and J. R. Dahn, J. Appl. Phys. **76**, 2799(1994).
[3] D. F. Hewitt, Econ. Geol. **43**, 408(1948).
[4] S. T. Weir, Y. K. Vohra, and A. L. Ruoff, Phys. Rev. **B33**, 4221(1986).
[5] R. E. Newnham and Y. M. De Haan, Z. Kristallogr. **117**, 235(1962).
[6] B. A. Wechsler and C. T. Prewitt, Am. Mineral. **69**, 176(1984).
[7] S. C. Abrahams, W. C. Hamilton, and J. M. Reddy, J. Phys. Chem. Solids, **27**, 1013(1966).
[8] L. Vegard, Philos. Mag. **32**, 65(1916).
[9] 第2章，参考文献[1]，6章を参照．
[10] M. Trömel, Naturwissenschaften **52**, 492(1965).
[11] S. L. Strong, Phys. Chem. Solids **19**, 51(1961).
[12] A. M. Byström, Acta Chem. Scand. **3**, 163(1949).
[13] Y. D. Kondrashev and A. I. Zaslavskii, Izv. Akad. Nauk SSSR, Ser. Fiz. **15**, 179 (1951).
[14] A. Byström and A. M. Byström, Acta Crystallogr. **3**, 146(1950).
[15] L. Vegard, Philos. Mag. **32**, 505(1916).
[16] G. Aminoff, Z. Kristallogr. **56**, 506(1921).

[17] R. Rothbauer, F. Zigan, and H. O'Daniel, Z. Kristallogr. **125**, 317(1967).
[18] H. D. Megaw, Z. Kristallogr. **87**, 185(1934).
[19] A. Helms and W. Klemm, Z. Anorg. Allg. Chem. **242**, 33(1939).
[20] E. Zintl, A. Harder, and B. Dauth, Z. Elektrochem. Angew. Phys. Chem. **40**, 588(1934).
[21] W. L. Bragg, Philos. Mag. **39**, 647(1920).
[22] W. M. Lehmann, Z. Kristallogr. **60**, 379(1924).
[23] A. W. Hull, Phys. Rev. **10**, 661(1917).
[24] F. P. Bundy and J. S. Kasper, J. Chem. Phys. **46**, 3437(1967).
[25] K. Negita, Acta Metall. **37**, 313(1989).
[26] A. E. Van Arkel, Physica(The Hague)**4**, 286(1924).
[27] G. Teufer, Acta Crystallogr. **15**, 1187(1962).
[28] C. J. Howard, R. J. Hill, and B. E. Reichert, Acta Crystallogr. **B44**, 116(1988).
[29] W. B. White, F. Dachille, and R. Roy, J. Am. Ceram. Soc. **44**, 170(1961).
[30] R. G. Dickinson and J. B. Friauf, J. Am. Chem. Soc. **46**, 2457(1924).
[31] J. Leciejewicz, Acta Crystallogr. **14**, 66(1961).
[32] W. H. Zachariasen, Z. Kristallogr. **67**, 455(1928).
[33] M. Zinkevich, Prog. Mater. Sci. **52**, 597(2007).
[34] L. Pauling, Z. Kristallogr. **69**, 415(1928).
[35] D. T. Cromer, J. Phys. Chem. **61**, 753(1957).
[36] F. Jona, G. Shirane, and R. Pepinsky, Phys. Rev. **98**, 903(1955).
[37] R. Saniz and A. J. Freeman, Phys. Rev. **B72**, 024522(2005).
[38] M. Hanawa, Y. Muraoka, T. Tayama, T. Sakakibara, J. Yamaura, and Z. Hiroi, Phys. Rev. Lett. **87**, 187001(2001).
[39] 総説として,
広井善二,固体物理 **40**, 121(2005).
[40] G. D. Price, S. L. Price, and J. K. Burdett, Phys. Chem. Minerals **8**, 69(1982).
[41] この部分は,第2章,参考文献[18]に依っている.
[42] フェライトの英文の解説として,
J. Smit and H. P. J. Wijn, "Ferrites", Chapter Ⅷ, Philips' Technical Library (1959).
[43] スピネルフェライトの邦文の解説として,
近角聰信,「強磁性体の物理(上)」,第4章,裳華房(1978).
[44] N. Morimoto, S. Akimoto, K. Koto, and M. Tokonami, Science **165**, 586(1969).

[45]　J. R. Smyth and R. M. Hazen, Am. Mineral. **58**, 588(1973).
[46]　次の文献にペロブスカイト物質の詳細なリストがある.
　　　J. B. Goodenough and J. M. Longo, "Crystallographic and magnetic properties of perovskite and perovskite-related compounds", Landolt-Börnstein, New series, Volume 4, Part a, Springer-Verlag(1970).
[47]　A. V. Hoffmann, Z. Phys. Chem., Abt. **B28**, 65(1935).
[48]　この項は次の文献に多くを依っている.
　　　R. H. Mitchell, "Perovskites : Modern and Ancient", Chapter 2, Almaz Press (2002).
[49]　V. M. Goldschmidt, Naturwissenschaften. **21**, 477(1926).
[50]　A. M. Glazer, Acta Crystallogr. **B28**, 3384(1972).
[51]　M. Yashima and R. Ali, Solid State Ionics **180**, 120(2009).
[52]　B. J. Kennedy, C. J. Howard, and B. C. Chakoumakos, J. Phys. Condens. Matter **11**, 1479(1999).
[53]　第 2 章,参考文献[13].
[54]　C. N. W. Darlington and K. S. Knight, Acta Crystallogr. **B55**, 24(1999).
[55]　P. S. Halasyamani and K. R. Poeppelmeier, Chem. Mater. **10**, 2753(1998).
[56]　第 2 章,参考文献[1], 13 章を参照.
[57]　H. T. Evans, Jr. Acta Crystallogr. **4**, 377(1951).
[58]　A. M. Glazer and S. A. Mabud, Acta Crystallogr. **B34**, 1065(1978).
[59]　W. J. Merz, Phys. Rev. **76**, 1221(1949).
[60]　J. J. Lander, Acta Crystallogr. **4**, 148(1951).
[61]　J. Akimoto, Y. Gotoh, and Y. Oosawa, Acta Crystallogr. **C50**, 160(1994).
[62]　A. M. Hardy, Ann. Chim. (Paris) **7**, 281(1962).
[63]　P. C. Donohue, L. Katz, and R. Ward, Inorg. Chem. **4**, 306(1965).
[64]　P. M. Woodward, A. W. Sleight, and T. Vogt, J. Solid State Chem. **131**, 9 (1997).
[65]　T. Vogt, P. M. Woodward, and B. A. Hunter, J. Solid State Chem. **144**, 209 (1999).
[66]　L. Bartha, A. B. Kiss, and T. Szalay, Int. J. Refract. Metals Hard Mater. **13**, 77 (1995).
　　　第 2 章,参考文献[1], 13 章にもブロンズ化合物に関するまとまった記述がある.
[67]　A. R. Sweedler, C. J. Raub, and B. T. Matthias, Phys. Lett. **15**, 108(1965).

[68] L. Kihlborg, Ark. Kemi **21**, 357(1963).
[69] M. Greenblatt, Chem. Rev. **88**, 31(1988).
[70] K. Lukaszewicz, Rocz. Chem. **33**, 239(1959).
[71] S. N. Ruddlesden and P. Popper, Acta Crystallogr. **11**, 54(1958).
[72] I. B. Sharma and D. Singh, Bull. Mater. Sci. **5**, 363(1998).
[73] P. Niggli, Z. Kristallogr. **57**, 253(1922).
[74] G. Tunell, E. Posnjak, and C. J. Ksanda, Z. Kristallogr. **90**, 120(1935).
[75] W. J. Moore, Jr. and L. Pauling, J. Am. Chem. Soc. **63**, 1392(1941).

第4章
ケイ酸塩

　地殻中の元素で一番質量パーセントが多いものが酸素であり，二番がケイ素，三番がアルミニウムである．そのため，SiやAlを含む酸化物であるケイ酸塩(silicate)やアルミノケイ酸塩(aluminosilicate)は地殻の主要な構成成分であり，岩石学や鉱物学といった地球科学的観点からの分厚い研究の歴史がある．ここでは，いくつかの代表的な物質を検討することによって，ケイ酸塩およびアルミノケイ酸塩の基本を押さえることにする．

4.1　シリカの構造

　ケイ酸塩の基礎として，最初にシリカ(SiO_2)の構造についてやや詳細に論ずる．SiO_2には温度，圧力に応じていくつかの多形が存在するが，最も高圧側に現れる1つの相を除くすべての相で，Siは四面体位置を占めている．SiO_4四面体はすべての頂点を共有して連結し，3次元のフレームワークを造る．すべてのOは2つの四面体に属し(2つのSiに結合し)，その結果，組成はSiO_2となる[*1]．常圧下のSiO_2には，温度に依存して次のような3つの多形が存在する[1]．

$$\text{クオーツ} \xrightarrow{870℃} \text{トリジマイト} \xrightarrow{1470℃} \text{クリストバライト} \xrightarrow{1728℃} \text{液相}$$
$$\text{(quartz)} \qquad \text{(tridymite)} \qquad \text{(cristobalite)}$$

3つの多形の間では，SiO_4四面体の連結の様式が異なり，多形間の転移にはSi-O結合を切る過程が必要となる．そのため，転移反応の速度は遅く，高温相のトリジマイトやクリストバライトは室温でも安定(準安定)である．一方，より詳細に見ると，3つの多形すべてについて，少し構造の異なった複数の相が存在する．これらの相の間の相違は，SiとOの位置の変位やSiO_4四面体の回転等に起因する軽微なものである．クオーツについては$α, β$の2相が知ら

[*1] Si^{4+}を仮定すれば，このような構造はPaulingの静電気原子価則(2.5節)を満たしている．

れている．$\alpha \to \beta$ 転移は573℃において可逆的に起こり[1]，高温相であるβ相の構造のほうが対称性が高い．クリストバライト，トリジマイトにおいても同種の転移があり，それらの転移は準安定状態において起こる．クリストバライトにはクオーツと同じようにα相，β相が存在し，やはり対称性の高いβ相が高温相である（$\alpha \to \beta$の転移温度は〜270℃[1]）．トリジマイトの場合はもっと複雑で，室温から400℃までの温度範囲について5個の相が報告されている[2]．以下では対称性の高い高温相の構造を検討する．

クオーツ，トリジマイト，クリストバライトの高温相の構造

β-クリストバライト構造は図3-17(a)のダイヤモンド構造に関係している．ダイヤモンドにおけるCをすべてSiで置換し，SiとSiの中間にOを置けば（C-Cを，すべてSi-O-Siで置き換えれば），**図4-1(a)の立方晶系に属するβ-クリストバライト構造**[3]が得られる．このことは必然的に，Siが四面体配位であること，四面体はすべての頂点を共有して連結していることを意味する．Si-O-Siの角度は180°ではなく，〜144°である．しかし，Oの向きがランダムであるため，図4-1(a)のOは統計的な意味でSi-Siの軸上に置かれている．ダイヤモンド構造と同様に，Si層の[111]方向への積み重なりは，$ab\square bc\square ca\square\cdots$である．ここで三角格子点の位置を表す記号として，最密充填の場合と同じa, b, cを用いるが，シリカの構造は最密充填とはかけ離れた疎な構造である．しかし，最密充填のトポロジーを使うことはできる．

[111]方向へのSiO_4四面体の積み重なりを示した図4-1(b)において，abに対応する四面体の「層」*2をⅠ，bcをⅡ，caをⅢとしてある．層Ⅰだけを取り出したものが図(c)である．そこでは四面体が6員環を形成し，四面体の向きは交互に半分は上，残りは下である．β-クリストバライト構造はこの6員環の「層」を，Ⅰ-Ⅱ-Ⅲと3枚周期で，頂点共有によって積み上げたものにほかならない．

上記と同様な操作を六方晶ダイヤモンドについて行うと，六方晶系に属する

---

*2 「層」という言葉はあくまで便宜的な説明上のものである．SiO_2の3つの多形の構造はすべて，SiO_4四面体が頂点共有で連結した3次元のフレームワークからなるものであり，層状構造ではない．次に出てくるケイ酸塩の分類(4.2節)でいえば⑥に相当する．

4.1 シリカの構造　125

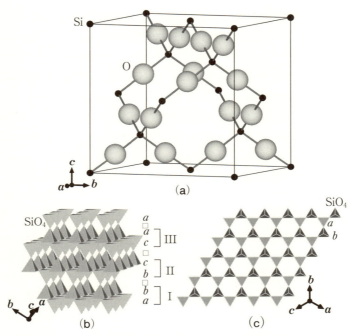

図 4-1 (a) β-クリストバライトの構造(立方晶系)[3]．(b) [111] 方向への SiO_4 四面体の積み重なり．I, II, III は SiO_4 四面体の「層」を表す．(c) I に相当する四面体の 6 員環層．a, b は Si の位置を表す．

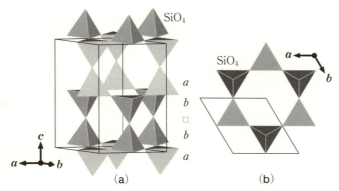

図 4-2 (a) トリジマイトの高温相の構造(六方晶系)[4]．(b) c 軸投影図．

トリジマイトの高温相の構造[4]が得られる．図 4-2（a）に示すこの構造は 380℃ 以上で安定とされている[2]．構造はやはり図 4-1（c）の 6 員環の「層」の積み重ねからできていると考えることができる．六方晶ダイヤモンドで見たように，c 軸方向への Si 層の積み重なりは $ab\square ba\square\cdots$ である．6 員環の「層」ab, ba の 2 枚で単位の周期ができ上がる．図 4-2（b）は図（a）の構造の c 軸方向への投影であるが，ここから 6 員環が造る空隙が c 軸方向につながり，トンネルが形成されていることが分かる．トンネルの中心は，Si が占めない位置，すなわち c である．六方晶トリジマイト構造においても Si-O-Si の角度は，〜144° であるが，統計的な意味で O は Si-Si の軸上に置かれている．

　クオーツの構造はクリストバライトやトリジマイトに比べると複雑である．図 4-3（a）は六方晶系に属する β-クオーツの構造[5]の c 軸投影図である．この投影図から，SiO_4 四面体の 6 員環（および 3 員環）からなる「層」らしきものを想像するかもしれないが，それは正しくない．この構造は，図（b）に示すような，c 軸方向に伸びる四面体の螺旋がベースとなっている．これが図（c）のように 2 重に絡み合った 2 重螺旋が「6 員環」の正体である．螺旋は右巻きの場合と左巻きの場合があるため，β-クオーツには（α-クオーツにも）鏡像異性体があり，光学活性である．α-クオーツは圧電性*3 を示し，エレクトロニク

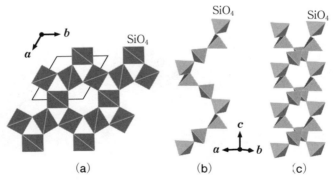

図 4-3　（a）β-クオーツの構造（六方晶系）[5]の c 軸投影図．（b）SiO_4 四面体が造る螺旋．（c）SiO_4 四面体の 2 重螺旋．

---

*3　結晶に圧力をかけると，分極（表面電荷）が現れる現象．

ス用の水晶発振子などとして広範に使われている．

高圧下におけるシリカの多形

SiO_2 を高圧力下に置くと，さらにコーサイト（coesite）とスティショバイト（stishovite）という2つの多形が出現する．例えば温度を1000℃に固定して，圧力を上げていくと次のような相転移が起こる[6]．

$$\text{六方晶トリジマイト}(2.22) \xrightarrow{0.2\,\text{GPa}*4} \beta\text{-クオーツ}(2.52) \xrightarrow{1.7\,\text{GPa}} \alpha\text{-クオーツ}(2.65)$$
$$\xrightarrow{3.0\,\text{GPa}} \text{コーサイト}(2.92) \xrightarrow{9.0\,\text{GPa}} \text{スティショバイト}(4.29)$$

ここで，（ ）内の数字はそれぞれの多形の比重（g/cm^3）である*5．

図4-4（a）に単斜晶系に属するコーサイトの構造[7]を示す．この高圧相の構造も，SiO_4 四面体の頂点共有による3次元のフレームワークという点では，常圧で安定な多形と同じである．図（b）は（010）面に平行に構造をスライスしたものであるが，SiO_4 の4員環からなる鎖が[101]方向に伸びていることが確認できる．この構造の1つの解釈は，この4員環の鎖が **b** 軸方向に連結され

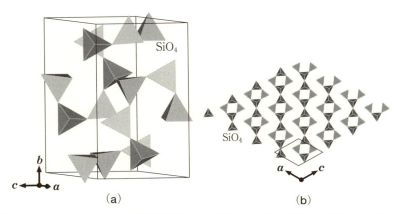

図4-4 （a）コーサイトの構造（単斜晶系）[7]．（b）（010）面に平行なスライス．

---

*4 この転移圧力の確度は低い．
*5 常圧，常温における値．

て構成されている*6, とするものである.

最も高圧側に現れるスティショバイトの構造は, すでに出てきたルチル型である[8]. すなわち, ここに至って, O は hcp を形成し, Si は四面体 4 配位から八面体 6 配位へと配位数を増やすのである. 上で示した比重のデータで, コーサイト→スティショバイトにおいて劇的な増大があるのはこのためである.

4.2　ケイ酸塩およびアルミノケイ酸塩

ケイ酸塩の構造は, スティショバイトを除く他のシリカの多形と同じように, SiO_4 四面体を基本的な構成要素としている. 3.4 節において議論したオリビン型酸化物 Mg_2SiO_4 もケイ酸塩である. ケイ酸塩という呼び名は, この物質を Mg^{2+} と SiO_4^{4-} というイオンからできている塩であるとする見方からきている. 例えば $Mg(NO_3)_2$ を硝酸塩と呼ぶのと同種の命名である. しかし, SiO_4^{4-} というイオンを考えることが妥当かどうかは場合により, 少なくとも硝酸塩の場合ほど自明ではない.

ケイ酸塩系が複雑になる 1 つの理由は, Si^{4+} がしばしば Al^{3+} によって置換されることである. 電荷の中性を保つために, この置換は必然的に他の元素の導入や, 元素置換, 例えば Na^+ の Ca^{2+} 置換や Ca^{2+} の Y^{3+} 置換などを伴う. その結果としてでき上がる, $(Si, Al)O_4$ 四面体をベースとする酸化物がアルミノケイ酸塩である.

ケイ酸塩において SiO_4 四面体は単独で存在することもあり, 頂点を共有して連結している場合もある. しかし, 稜や面の共有はほとんど例がない. また 1 つの O が結合する Si の数は 2 以下である. そこで, ケイ酸塩の構造は SiO_4 四面体の頂点共有のあり方によって以下のように分類できる.

①孤立した SiO_4 四面体から構成される構造
②Si_2O_7 ユニットから構成される構造
③環状の $(SiO_3)_n$ ユニットから構成される構造

---

*6　脚注 *2 と同様に, 構造は 3 次元のフレームワークを持っており, 4.2 節のケイ酸塩の分類でいえば④ではなく⑥に相当する.

④鎖状のSi-Oユニットから構成される構造
⑤層状のSi-Oユニットから構成される構造
⑥SiO_4四面体の3次元フレームワークから構成される構造

孤立したSiO_4四面体から構成される構造

SiO_4四面体が他のSiO_4四面体から孤立して存在するケイ酸塩を，オルトケイ酸塩(orthosilicate)と呼ぶ．図4-5は3つの代表的なオルトケイ酸塩の構造を，四面体や八面体の連結という視点から見たものである．図(a)は，三方晶系に属するフェナカイト(phenakite) Be_2SiO_4の構造[9]である．この構造ではSiもBeも共に四面体位置を占めている．SiO_4四面体同士の連結はないため，

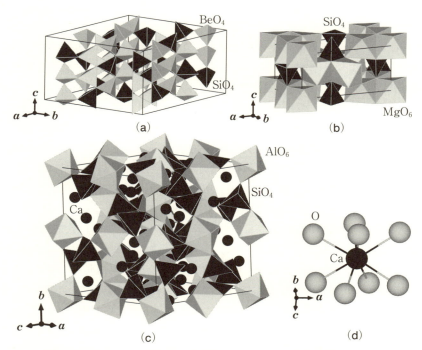

図4-5 代表的なオルトケイ酸塩の構造．(a) Be_2SiO_4(フェナカイト，三方晶系)[9]．(b) Mg_2SiO_4(オリビン型，図3-28)．(c) $Ca_3Al_2(SiO_4)_3$(ガーネット型，立方晶系)[10]．(d) 図(c)の構造におけるCaの配位環境．

定義上はオルトケイ酸塩ではあるが，BeO_4 四面体まで含めて考えると，四面体がすべての頂点を共有して結合し 3 次元のフレームワークが形成されている．O は 3 配位であり 1 つの SiO_4 四面体と 2 つの BeO_4 四面体に属している．したがって，Si^{4+}，Be^{2+} を仮定すると，Pauling の静電気原子価則(2.5 節)が満たされている．図 4-5(b)はすでに議論した(図 3-28)オリビン型の Mg_2SiO_4 の構造である．ここでは SiO_4 四面体はすべての頂点を MgO_6 八面体と共有しており，やはり四面体同士の連結はない．一方，八面体同士は稜共有でつながっている．その結果，O は 3 つの Mg と 1 つの Si に結合している．Mg^{2+} を仮定すると，ここでも Pauling 則が成立している．

図(c)は $Ca_3Al_2(SiO_4)_3$ の構造[10]である．この構造は鉱物のグループ名から，ガーネット型と呼ばれている．ガーネット型ケイ酸塩の一般式は $A_3B_2(SiO_4)_3$ であり，A イオンは $Ca^{2+}, Mg^{2+}, Fe^{2+}, Mn^{2+}$ などの 2 価イオン，B イオンは $Al^{3+}, Cr^{3+}, Fe^{3+}$ などの 3 価イオンである．図(c), (d)から分かるように Al は八面体型の 6 配位であり，Ca は 8 配位である．SiO_4 四面体同士や AlO_6 八面体同士の連結はなく，八面体のすべての頂点には 1 個の四面体が，四面体のすべての頂点には 1 個の八面体が結合している．当然ながら，分子当たりの八面体と四面体において結合の総数は一致する($2\times6=3\times4$)[*7]．O はすべてが Si と Al の間にあって，Si-O-Al という結合に預かる(Si-O-Al は直線ではなく，結合角は〜136°である)．Ca はこのような四面体と八面体が造るフレームワークの空隙を占めている．

ガーネット型構造は，ケイ酸塩系以外でも出現する．非ケイ酸塩系のガーネット酸化物を考えるには，一般式を $A_3B_2B'_3O_{12}$ とする必要がある．$Ca_3Al_2(SiO_4)_3$ で説明したように，ガーネット型構造は，BO_6 八面体と $B'O_4$ 四面体の頂点共有によって形成される．それは，四面体についても八面体についても，同じ多面体間の連結がない構造であり，もちろん面共有や稜共有もない．このことが構造の安定化に寄与しているものと考えられる．実際，A, B, B' の組み合わせは多岐にわたり，多数のガーネット酸化物が報告されている．それらの中からいくつかの典型的な例を表 4.1 に示す．例えば，$Y_3Fe_5O_{12}$ もガーネット型であり，A＝Y，B＝B'＝Fe の場合に当たる．この物質は YIG

[*7] このような構造を，o_2t_3 型と呼ぶことがある．

4.2 ケイ酸塩およびアルミノケイ酸塩　131

表 4-1　ガーネット型酸化物 $A_3B_2B'_3O_{12}$ [†1].

	A	B	B'
配位数	8	6	4
	Na_3	Te_2	Ga_3
	Mg_3	Al_2	Si_3
	Mg_3	$MgSi$	Si_3 [†2]
	Ca_3	Al_2	Si_3
	Ca_3	Al_2	Ge_3
	Ca_3	Cr_2	Si_3
	Ca_3	Fe_2	Si_3
	Ca_3	Fe_2	Ge_3
	Ca_3	$CaZr$	Ge_3
	Mn_3	Al_2	Si_3
	Mn_3	Al_2	Ge_3
	Mn_3	Fe_2	Ge_3
	Y_3	Al_2	Al_3
	Y_3	YAl	Al_3
	Y_3	Fe_2	Fe_3
	Cd_3	Al_2	Si_3
	Cd_3	Al_2	Ge_3
	Cd_3	Fe_2	Ge_3
	Cd_3	$CdGe$	Ge_3
	$NaCa_2$	Mg_2	As_3
	$NaCa_2$	Zn_2	V_3
	$CaNa_2$	Ti_2	Ge_3

[†1]　第 2 章, 参考文献[1], TABLE 13.13 に加筆.
[†2]　高圧安定相.

(Yttrium Iron Garnet)と呼ばれる磁性材料であり, マイクロ波用のデバイス等に使われている. 一方, A=Y, B=B'=Al のガーネット, すなわち $Y_3Al_5O_{12}$ は YAG(Yttrium Aluminum Garnet)と呼ばれている. YAG は良質で大型の単結晶の育成が可能であり, また, Y を一部 Nd や Er 等で置換することができる. Y を数%Nd や Er 等で置換した YAG 単結晶は, レーザー等の発光材料として広く実用に供され,「YAG レーザー」の名称はここからきている. 後で述べるように, $MgSiO_3$ も高温, 高圧の条件下では, ガーネット型構造を取る. この場合は A=Mg, B_2=MgSi, B'=Si と考えればガーネット

組成に適合する．したがって，ここでは，Si の一部は 6 配位席を占めている．

Si_2O_7 ユニットから構成される構造

SiO_4 四面体が頂点共有で 2 つ結合した Si_2O_7 ユニットを含む酸化物をピロケイ酸塩 (pyrosilicate) と呼ぶ．3.4 節で紹介した変形スピネル型の Mg_2SiO_4 や Co_2SiO_4 の構造には Si_2O_7 ユニットが存在し，ピロケイ酸塩の仲間である．これらは超高圧下の多形であるが，常圧下で安定な物質の例としては，希土類ピロケイ酸塩 $R_2Si_2O_7$（R：希土類元素）やオケルマナイト (akermanite) $Ca_2MgSi_2O_7$ などがあげられる．R＝Sc の希土類ピロケイ酸塩 $Sc_2Si_2O_7$ にはソルトベイタイト (thortveitite) という鉱物名が与えられている．単斜晶系に属するその構造[11]を図 4-6 (a) に示す．c 軸投影図から分かるように，Sc は歪んだ八面体配位を取る．ScO_6 八面体は 3 本の稜を共有して連結し，(001) 面に平行な層を形成している．これは，図 2-22 (d) の AO_3 型の層を歪ませたものである．Si_2O_7 ユニットは層間にあって八面体層を連結している．O には

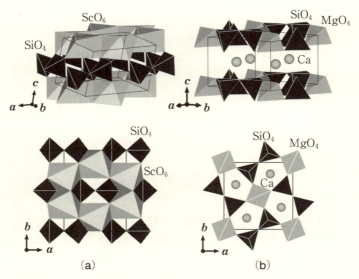

図 4-6 （a）$Sc_2Si_2O_7$ の構造（ソルトベイタイト，単斜晶系）[11]（上部）とその c 軸投影図（下部）．（b）$Ca_2MgSi_2O_7$ の構造（オケルマナイト，正方晶系）[12]（上部）とその c 軸投影図（下部）．

2つのScと1つのSiに結合するものと，2つのSiに結合するものがあり，Sc^{3+}を仮定すると両者共にPauling則を満たしている．希土類ピロケイ酸塩$R_2Si_2O_7$は，Rのイオン半径，温度，圧力に依存していくつかの異なった構造を持つことが知られているが，イオン半径が小さいときに安定な構造がソルトベイタイト型である．

図4-6(b)に正方晶系に属するオケルマナイト$Ca_2MgSi_2O_7$の構造[12]を示す．この物質はSi_2O_7ユニットを含むため，定義上はピロケイ酸塩である．しかし，Mgも四面体位置を占め，MgO_4四面体とSi_2O_7ユニットが頂点を共有して層を形成している．したがって，SiとMgの差を無視して構造面からだけ考えれば，ケイ酸塩の分類⑤の層状のユニットを含む場合に相当する．Oには，2つのSiに結合するもの(O1)，1つのSiのみに結合するもの(O2)，1つのSiと1つのMgに結合するもの(O3)，の3種類があり，その比は1:2:4である．四面体の連結としては(c軸投影図参照)，MgO_4四面体はすべての頂点をSiO_4四面体と共有している．一方，SiO_4四面体は2つの頂点をMgO_4四面体と，1つをSiO_4四面体と共有しているが，残りの1つは共有されていない．Caは層間の空隙(8配位)を占めている．

環状の$(SiO_3)_n$ユニットから構成される構造

図4-7(a)はベリル(beryl)という鉱物名で知られる$Be_3Al_2Si_6O_{18}$の構造(六方晶系)[13]である．SiO_4四面体のつながりを強調するためにBeとAlの配位多面体は示してないが，Beは四面体配位を，Alは八面体配位を取っている．c軸投影図からSi_6O_{18}の6員環の存在が確認できる．つまり，この物質は$(SiO_3)_6$ユニットを含む物質であり，$n=6$の場合に相当する．ここにもフェナカイトやオケルマナイトと同様な事情がある．すなわち，SiO_4四面体だけを見るとリング状に配列し層を形成しているが，BeO_4四面体まで含めて考えれば，ケイ酸塩の分類⑥の四面体が3次元に連結してフレームワークを造る場合に相当する．BeO_4四面体はすべての頂点をSiO_4四面体と共有し，SiO_4四面体は2つの頂点をBeO_4四面体と，残りを他のSiO_4四面体と共有している．この構造で目に付くのは6員環が造るc軸に平行なトンネルであるが，このトンネルに異種イオンが入ったという報告はないようである．

リング状のユニットを含む物質の例をもう1つあげよう．図4-7(b)は六方

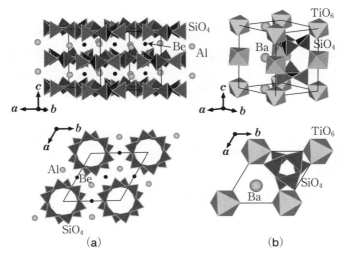

図 4-7 （a）$Be_3Al_2Si_6O_{18}$ の構造(ベリル，六方晶系)[13](上部)とその c 軸投影図(下部)．（b）$BaTiSi_3O_9$ の構造(六方晶系)[14](上部)とその c 軸投影図(下部)．

晶系に属する $BaTiSi_3O_9$ の構造[14]である．c 軸投影図から分かるように，これは $n=3$ の場合であり，Si_3O_9 の3員環が構造内に存在する．Ti も Ba も6配位であり，TiO_6 八面体は頂点を共有して Si_3O_9 の3員環と連結している．O には2種類の席があり，1/3 の O は Si-O-Si，残りは Si-O-Ti という組み合わせで，非直線的な結合を形成している．

鎖状の Si-O ユニットから構成される構造

SiO_4 四面体が2つ以上の頂点を共有してつながることで，1次元の鎖ができ上がる．多種多様な鎖の例があるが，簡単なものを選んで**図 4-8** に示す[15]．図(a)～(c)は単独鎖であり，SiO_4 四面体が2つの頂点を共有して連結している．鎖の組成はすべて SiO_3 である．図(d)，(e)は2本の鎖がつながった2重鎖である．(d)では四面体が3つの頂点を共有するため組成は Si_2O_5 であり，(e)では半分の四面体が2つの頂点を共有し，残りが3つの頂点を共有するため，$Si_4O_{11}(Si_2O_6+Si_2O_5)$ となる．ここには示さないが，3重以上の多重鎖の例もある．鎖を分類するもう1つの視点は，繰り返しの単位に

4.2 ケイ酸塩およびアルミノケイ酸塩　135

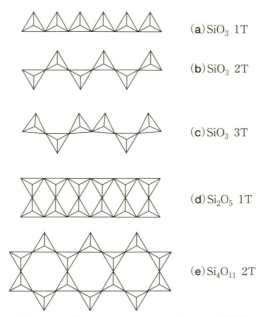

図 4-8 SiO$_4$ 四面体が造る種々の 1 次元鎖．(a)〜(c) 単独鎖，(d)，(e) 2 重鎖．1T, 2T, 3T は繰り返しの単位に含まれる四面体の個数(第 2 章，参考文献[1]，FIG. 23.12 より)．

含まれる四面体の個数であり(2 重鎖以上では，1 つの鎖についてだけ数える)，それが 1, 2, 3, ... であるとき，1T, 2T, 3T, ... と表記する．図 4-8 の簡単な例では，(a)，(d) が 1T，(b)，(e) が 2T，(c) が 3T である．

MgSiO$_3$ は輝石(pyroxene)族[*8]に属するケイ酸塩であり，エンスタタイト(enstatite)という鉱物名が与えられている．エンスタタイトには，常圧下で 4 個の多形があるが，**図 4-9**(a) に斜方晶系に属する最も対称性の高いプロトエンスタタイト(protoenstatite)[*9]の構造[16]を示す．この図から，図 4-8(b)

[*8] 輝石の一般式は AB(Si, Al)$_2$O$_6$ であり，MgSiO$_3$ は A＝B＝Mg の場合に相当する．

[*9] 斜方晶系の相にはもう 1 つ，オルソエンスタタイト(orthoenstatite)があるが，プロトエンスタタイトがより高温の相である．

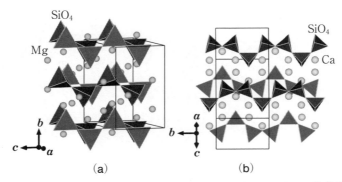

図 4-9 （a）$MgSiO_3$ の構造（プロトエンスタタイト，斜方晶系）[16]．（b）$CaSiO_3$ の構造（ウラストナイト，単斜晶系）[19]．

の 2T の単独鎖が斜方晶系の **c** 軸方向に走っていることが見て取れる．Mg の配位多面体は示してないが，2 種類の Mg 席が存在し，両方共に歪んだ八面体席である．

高圧下の $MgSiO_3$ にはさらに多くの多形がある．例えば温度を 1250 K および 2250 K に固定して，圧力を高めていくと**表 4-2** に示すような，分解，生成，相転移が誘起される[17]．ここには分解生成物の Mg_2SiO_4 と SiO_2 の構造を含めて，7 種類の構造が出現するが，それらはすべてすでに検討したものばかりである．圧力の増大と共に Mg と Si の配位数は次第に増大し，最終的にはペロブスカイト型構造に至る．2.6 節で述べたように，酸化物イオンの圧縮率は陽イオンのそれより大きく，加圧することで，陽イオンの相対的サイズは大きくなる．Mg と Si の配位数の増加はその結果である．地球の深部のマントルは下部マントルと呼ばれているが，その主成分はペロブスカイト型 (Mg, Fe)SiO_3 であると考えられている．地震波の観測から 660 km 付近に不連続面があることが分かっているが，それはペロブスカイト型への相転移を見ているものとされている．

高温・高圧下の $MgSiO_3$ ペロブスカイトを急冷して室温・常圧にもたらした場合，大きなサイズミスマッチが生じることになる．実際に，それは $CaTiO_3$ の低温相（3.5 節）と同型の斜方晶系にまで歪んだ構造を持っている[18]．

表 4-2 高温高圧下における $MgSiO_3$ の分解,生成,相転移 [†1].

1250 K

$MgSiO_3$(エンスタタイト[†2])[6, 4] [†3]
 ↓ 16.2 GPa
$\frac{1}{2}Mg_2SiO_4$(変形スピネル)[6, 4] + $\frac{1}{2}SiO_2$(スティショバイト)[6]
 ↓ 17.6 GPa
$\frac{1}{2}Mg_2SiO_4$(スピネル)[6, 4] + $\frac{1}{2}SiO_2$(スティショバイト)[6]
 ↓ 20.6 GPa
$MgSiO_3$(イルメナイト)[6, 6]
 ↓ 24.8 GPa
$MgSiO_3$(ペロブスカイト)[12, 6]

2250 K

$MgSiO_3$(エンスタタイト)[6, 4]
 ↓ 17.4 GPa
$MgSiO_3$(ガーネット)[(8, 6) [†4], (6, 4)]
 ↓ 19.4 GPa
$\frac{1}{2}Mg_2SiO_4$(変形スピネル)[6, 4] + $\frac{1}{2}SiO_2$(スティショバイト)[6]
 ↓ 21.1 GPa
$MgSiO_3$(ペロブスカイト)[12, 6]

[†1] 参考文献[17]参照.
[†2] エンスタタイトには多形があるが,ここでは区別していない.
[†3] [ ]内は金属の配位数.2つある場合は最初が Mg の配位数,次が Si の配位数を表す.
[†4] (m, n) は m 配位と n 配位の2種類のサイトがあることを示す.

 鎖状の Si-O ユニットを含む構造の例をもう1つあげよう.$CaSiO_3$ はウラストナイト(wollastonite)という鉱物名で知られ,準輝石族(pyroxenoid)に属する.ウラストナイトは地球上に広く分布して存在する鉱物である.図 4-9(b)に,その単斜晶系[*10] の構造[19]を示す.この図から,図 4-8(c)に示した 3T 鎖が **b** 軸方向に伸びていることが確認できる.ここでは触れないが,(d),(e)のような2重鎖を持つ構造も水酸基を含むケイ酸塩などに実例が見られる.

[*10] 三斜晶系の多形も知られている.単斜晶系の多形はパラウラストナイト(para-wollastonite)と呼ばれている.

層状の Si-O ユニットから構成される構造

タルクやマイカなどは，典型的な層状ケイ酸塩であり，実用上も重要な材料である．これらの構造は比較的単純な規則から成り立っている．構造の基本となるユニットは2つであり，1つは図 4-10(a)に示す，SiO_4 四面体の6員環が造る層である．類似の層は β-クリストバライト，六方晶トリジマイトの構造で出てきたが，そこでは四面体は交互に逆向きになっていた．今回の層では四面体はすべて同じ方向を向いている(四面体間で共有されない O がすべて同一方向を向いている)[*11]．その結果として，非共有の O は2次元の六角格子を形成する．

もう1つのユニットは，図 4-10(b)の MgO_6(あるいは $Mg(OH)_6$)八面体が連結した層である．これは $Mg(OH)_2$ の層状構造(図 3-12)において出てきた，$MgO_2(Mg(OH)_2)$ 層である．この層の O についても，図(b)に示すように2次元六角格子を見出すことができる．ただし，面心の位置にも O が存在するため，面心六角格子である．2つのユニットの六角格子はサイズ的に整合し，六角格子点の O を共有する形で，四面体層と八面体層は互いに連結して複合層を形成することができる．四面体と八面体とで共有される O は最早 H と結合できないが，共有されない面心位置の O には H が結合する．同じことは，

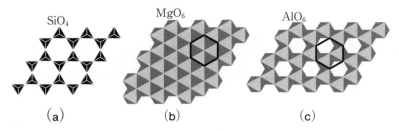

図 4-10 (a) SiO_4 の6員環層．(b) MgO_6 八面体の層(組成は MgO_2)．(c) AlO_6 八面体の層(組成は $Al_{2/3}O_2$)．

---

*11 形式的にいうと，六方晶トリジマイトや β-クリストバライトでは，Si は ab と積み重なって6員環の層を形成しているが，今回の場合の Si は同一面内で a, b の両方の位置を占めている．

図 4-10(c)の AlO_6(あるいは $Al(OH)_6$)八面体が造る層についても成立する。これは $Al(OH)_3$ の層状構造(図 3-13)において出てきた,$AlO_3(Al(OH)_3)$ 組成の層にほかならない.

リザーダイト(lizardite)と呼ばれる鉱物は,上述の複合層から構成される物質の最も簡単な例である.その組成は $Mg_3(OH)_4Si_2O_5$ であり,**図 4-11**(a)に三方晶系に属するその構造を理想化して示す[20]. 図から分かるように,MgO_6 八面体層の片側にだけ SiO_4 四面体層が結合し,1:1 の複合層を形成している.八面体層の逆側は H がそのまま残っていて,複合層同士を水素結合により結び付けている.**図 4-12** には,Paulingによる,この系列の構造の簡便な表記法[21]を示す.複合層を種々の組成を持つ原子面の積み重ねと考えると, 図(a)のリザーダイトの構造は $(OH)_3$-Mg_3-$O_2(OH)$-Si_2-O_3 という積み重ねとして表現できる.

$Mg_3(OH)_4Si_2O_5$ 組成の鉱物としてはリザーダイト以外に,アスベストの原料として有名なクリソタイル(chrysotile)が知られている.その構造はリザー

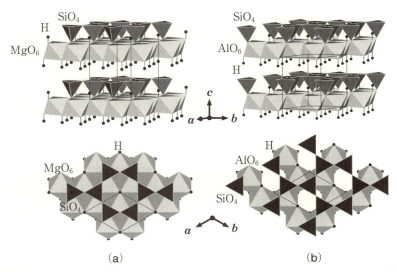

図 4-11 (a)理想化した $Mg_3(OH)_4Si_2O_5$ の構造(リザーダイト,三方晶系)[20](上部)とその c 軸投影図(下部). (b)理想化した $Al_2(OH)_4Si_2O_5$ の構造(カオリナイト,三斜晶系)[20]とその c 軸投影図.

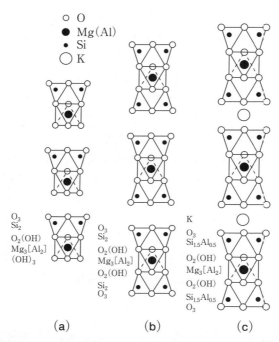

図 4-12 Pauling による層状ケイ酸塩，層状アルミノケイ酸塩の構造の表記法[15,21]．$Mg_3[Al_2]$ は Mg_3 が Al_2 によって置換されることを意味する（本文参照）．（a）$Mg_3(OH)_4Si_2O_5$（リザーダイト）と $Al_2(OH)_4Si_2O_5$（カオリナイト）．（b）$Mg_3(OH)_2Si_4O_{10}$（タルク）と $Al_2(OH)_2Si_4O_{10}$（パイロフィライト）．（c）$KMg_3(OH)_2Si_3AlO_{10}$（フロゴパイト）と $KAl_2(OH)_2Si_3AlO_{10}$（モスコバイト）．

ダイト型を歪ませたものと考えられている．複合層を形成する四面体層と八面体層の面内サイズは完全には整合せず，後者のほうがやや大きい．そのためクリソタイルの結晶は，八面体層を外側に四面体層を内側にしてカールを巻き，中空，繊維状の形状を獲得する．この特異な形状によって，クリソタイルはアスベストの主原料として使われてきた．しかし，近年発がん性の問題からその使用が厳しく制限されている．

リザーダイトの Mg 席の 2/3 を Al で置き換え，1/3 を空席とした物質が，カオリナイト（kaolinite）の鉱物名で知られる $Al_2(OH)_4Si_2O_5$ である．三斜晶系に属するその構造を理想化して図 4-11（b）に示すが[20]，リザーダイト型と

4.2 ケイ酸塩およびアルミノケイ酸塩

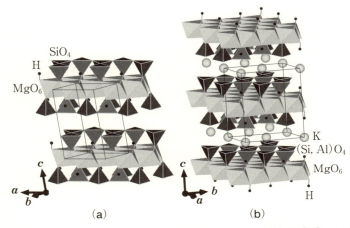

図 4-13 （a）$Mg_3(OH)_2Si_4O_{10}$ の構造(タルク，三斜晶系)[22]．（b）$KMg_3(OH)_2Si_3AlO_{10}$ の構造(フロゴパイト，単斜晶系)[23]．

の類似性は明らかである．一方が完全に充填した MgO_6 八面体層(MgO_2 層)をベースとし，他方が八面体席に 1/3 欠損がある AlO_6 八面体層($Al_{2/3}O_2$ 層)をベースとするという点だけが本質的な相違である．カオリナイトはリザーダイトと同じ Pauling 構造図で表される．違いは Mg_3 層が Al_2 層で置き換わることだけである(図 4-12)．

図 4-13(a)はタルク(talk)の鉱物名で知られる，$Mg_3(OH)_2Si_4O_{10}$ の構造[22]である．三斜晶系に属するこの構造では，MgO_6 八面体層の両側に Si 四面体層が結合して 3 層の複合層が形成され，それが c 軸方向に積み重なっている．図 4-12(b)の Pauling の構造図に示すように，複合層における原子面の積み重なりは，O_3-Si_2-$O_2(OH)$-Mg_3-$O_2(OH)$-Si_2-O_3 である．複合層と複合層の間には H は存在せず，それらをつなぎとめているのは弱いファン・デア・ワールス力のみである．このため，タルクは最も柔らかい鉱物の 1 つに数えられ，モース硬度 1 の標準物質である．

これまで見た 2 つの複合層は電荷中性の条件を満たしている．そこで，タルクの複合層の Si の 1/4 を 3 価の Al で置き換えることを考える．すなわち，O_3-$Si_{1.5}Al_{0.5}$-$O_2(OH)$-Mg_3-$O_2(OH)$-$Si_{1.5}Al_{0.5}$-O_3 という層を考えると，それは -1 の形式電荷を持つ．したがって層間にアルカリ金属イオン K^+ を挿入す

ることで，$K^{+1}[Mg_3(OH)_2Si_3AlO_{10}]^{-1}$ となって，電荷の中性が保たれる．$KMg_3(OH)_2Si_3AlO_{10}$ の鉱物名はフロゴパイト (phlogopite) であり，マイカ族に属する．図 4-13 (b) に単斜晶系に属するフロゴパイトの構造[23]を，図 4-12 (c) には Pauling の構造図を示す．多数のマイカ族物質が知られているが，それらの多くはこの組成をベースにして，それに元素置換を施すことで導き出せる．$OH \rightarrow F$，$Mg \rightarrow Fe(Zn)$，$K \rightarrow Na$ 等，バラエティーに富んだ置換が可能である．

リザーダイトとカオリナイトの説明において既出であるが，層状ケイ酸塩や層状アルミノケイ酸塩に適用できる重要な元素置換として，$Mg_3 \rightarrow Al_2\square$ がある（□は空孔を意味する）．化学式でいえば，単に Mg_3 を Al_2 で置き換えるだけの操作である．実際に次のように対応関係にある物質が存在している（図 4-12 参照）．

$Mg_3(OH)_4Si_2O_5$ ⇔ $Al_2(OH)_4Si_2O_5$
リザーダイト　　　　　カオリナイト (kaolinite)
$Mg_3(OH)_2Si_4O_{10}$ ⇔ $Al_2(OH)_2Si_4O_{10}$
タルク　　　　　　　　パイロフィライト (pyrophyllite)
$KMg_3(OH)_2Si_3AlO_{10}$ ⇔ $KAl_2(OH)_2Si_3AlO_{10}$
フロゴパイト　　　　　モスコバイト (muscovite)

これらの Al 置換体はいずれも有用な材料である．カオリナイトは磁器の原料であり，パイロフィライトは粘土系の材料で超高圧発生装置の圧力媒体等として使われている (7.3 節)．また，モスコバイトは耐熱絶縁体やマイカコンデンサなどの原材料である．

モスコバイトと同じように，負の電荷を持った層の間に，水和したアルカリイオンや Mg イオンを挿入することで形成される物質群があり，スメクタイト (smectite) と総称されている．スメクタイトは地殻を形成する粘土鉱物の主成分である．代表的物質として，$Na_x(Mg_xAl_{2-x})(OH)_2Si_4O_{10} \cdot nH_2O$ ($x \approx 0.33$) があり，モンモリロナイト (montmorillonite) という鉱物名で知られている．すぐ分かるように，モンモリロナイトは，上に出てきたパイロフィライトの Al の一部を Mg で置換し，電荷を補償するために層間に水和した Na^+ イオンを挿入したものである．モスコバイトの K^+ イオンは水和エネルギーが小さく水和しないが，Na^+ イオンは大きな水和エネルギーを持つことから容

易に水和する．モンモリロナイトを水溶液に浸漬しておくと，さらに多くの水分子が層間に侵入し，最終的には層が1枚1枚剥離して，コロイド化することが知られている[24]（8.4節参照）．

SiO_4 四面体の3次元フレームワークから構成される構造
（1） 長石族

この分類に属する代表的な物質群の1つは長石(felspar)族である．シリカで見たように，すべてのOを2つのSiが共有して3次元の四面体フレームワークを造るとき，その組成は SiO_2 である．このようなフレームワークは電気的に中性であり，他の金属イオンを受け入れる余地はない．この事情は，Siを一部 Al で置換し，$(Si, Al)O_2$ というフレームを考えると一変する．例えば，Siの1/4を置換すると，$AlSi_3O_8$ という組成が得られ，形式電荷は -1 となる．したがって，アルカリ金属を1つ付加することで電荷中性の条件が満たされる．実際に $KAlSi_3O_8$，$NaAlSi_3O_8$ および両者の固溶体が存在する．Siの半分を Al で置換すると，$(Al_2Si_2O_8)^{-2}$ が得られ，アルカリ土類金属の付加によって，$BaAl_2Si_2O_8$ や $CaAl_2Si_2O_8$ およびそれらの固溶体が形成される．これを一般化すると $(Na, K, Ca, Ba)(Al, Si)_4O_8$ という組成が得られるが，この組成を有するアルミノケイ酸塩の鉱物が長石である．長石は最も重要な造岩鉱物であり，ほとんどの岩石に含まれている．

長石族の構造は含有金属の種類や比率，温度，圧力等に依存するが，ほとんどは三斜晶系，単斜晶系，または斜方晶系に属する．$KAlSi_3O_8$ には単斜晶系に属する正長石(orthoclase，オーソクレース)と三斜晶系に属する微斜長石(microcline，マイクロクリン)が存在する．$NaAlSi_3O_8$，$BaAl_2Si_2O_8$，$CaAl_2Si_2O_8$ を成分とする長石には*12，それぞれ，曹長石(albite，アルバイト)，重土長石(celsian，セルシアン)，灰長石(anorthite，アノーサイト)という鉱物名が与えられている．

図 4-14（a）は単斜晶系に属する正長石 $KAlSi_3O_8$ の構造[25]である．長石に共通する構造の特徴は $(Al, Si)O_4$ の4員環が造る鎖である．正長石の場合，鎖

---

*12 $BaAl_2Si_2O_8$，$CaAl_2Si_2O_8$ には長石型に加えて層状ケイ酸塩型の多形が存在する．

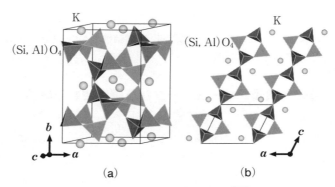

図 4-14 （a）$KAlSi_3O_8$ の構造（正長石，単斜晶系）[25]．（b）(010)面に平行なスライス．

は c 軸方向に走っている．図 4-14(b) は，鎖1つ分の厚みに(010)面に平行に構造をスライスした図である．鎖を造る四面体の半分は $+b$ 方向を，残りの半分は $-b$ 方向を向いている．これによって $\pm b$ 方向に鎖が連結し，3次元のフレームワークが形成される．K の周囲の配位多面体の対称性は低い．

（2） ゼオライト族

長石族と同様にゼオライト(zeolite)族[26]も，$(Al, Si)O_2$ の3次元フレームワークをベースとしたアルミノケイ酸塩である．天然のゼオライトに加えて，人工的に合成されたゼオライトが多数存在する．長石族等と比較した場合のゼオライトの特徴は，何よりフレームワークに空隙が多く，その密度が小さいことである．フレームワーク密度(FD)を，「フレームワークを造る四面体配位の原子[*13]の数/1000 Å^3」で定義すると，ゼオライト族の FD は $\sim 12.1 \leq FD \leq \sim 20.6$ であるのに対して，長石族等他のフレームワーク物質では，$20 \sim 22 \leq FD$ である．

ゼオライトの疎なフレームワークに存在する空隙，すなわちチャンネル（管状細孔）や空洞には，電荷の中性を維持するために，アルカリイオン，アルカリ土類イオン，有機イオンなどの陽イオンが収容される．この事情は長石族と同じである．長石族に見られない，ゼオライトの2つ目の特徴は，空隙に結晶

[*13] Si, Al に加えて，P, Ga, Ge, B, Be などがフレームワーク原子となる場合がある．

4.2 ケイ酸塩およびアルミノケイ酸塩

水が取り込まれることである.外的条件に応じて,結晶水は脱着可能であり,脱水したゼオライトは強い吸着能を示すことが多い.

ゼオライトの骨格構造は国際ゼオライト学会によって,データベース化されている[26].骨格となるフレームワークをトポロジーの観点から分類し(構成元素等については問わずに),基本的なタイプを抽出してアルファベット大文字3個からなる構造コードを与えている.現在までに200を超える基本タイプが登録されているが,それぞれのフレームワークのステレオ図に加えて,様々な情報が提供されている.ここでは一例として,LTAと命名されたフレームワークを取り上げる.

図4-15に立方晶系に属するゼオライトのLTAフレームワークタイプ[26]を示す.図(a)では1つの線分がSi(Al)-O-Si(Al)を表し,線分の両端がSi(Al)原子に相当する(Si(Al)-O-Si(Al)の結合角は一般には180°ではないが,それは考慮せず直線で表す).図(b)では同じフレームワークを,切頂八面体*14(図2-18[12])と立方体が連結としたものとして表現している.Si(Al)原子は多面体の頂点に相当し,稜は-O-に相当する.フレームワークにはAで示さ

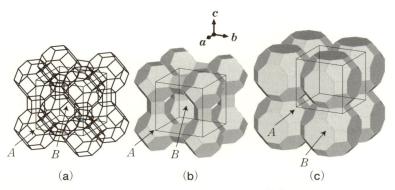

図4-15 ゼオライトのLTAフレームワークタイプ[26].(a)線分による表現(線分がSi(Al)-O-Si(Al)に対応).(b)切頂八面体と立方体による表現(Si(Al)原子が頂点に,稜が-O-に対応.(c)も同様).(c)切頂立方八面体による表現.

---

*14 八面体の各頂点を切り落とした多面体.

れる空洞と B で示される空洞が存在する．空洞 A は切頂八面体の内部の空間である．一方，より大きな空洞 B は切頂八面体と立方体に囲まれる空間であり，八角形の窓を持っている．このフレームワークは，図(c)のように，切頂立方八面体[*15](truncated cuboctahedron)の結合として表すこともできる．切頂立方八面体は八角形の面を共有して連結しており，それが空洞 B (切頂立方八面体の内部空間)に空いた八角形の窓にほかならない．一方，空洞 A は 4 個の切頂立方八面体が造る空隙に相当する．

　データベースには，各フレームワークを持つ典型的な物質の情報も載せられている．LTA の場合にはゼオライト A(Linde Type A)と呼ばれる材料[27, 28]が典型物質となっている．ゼオライト A は，実用に供された最初の人造ゼオライトとして名高い材料である．表 4-3 に示すように，データベースにおけるその表記は $|Na_{12}(H_2O)_{27}|_8[Al_{12}Si_{12}O_{48}]_8$-LTA となっている[26]．ここで [ ] 内の $Al_{12}Si_{12}O_{48}$ は基本フレームワーク格子の組成である．一方，| | の間の $Na_{12}(H_2O)_{27}$ はゲストとして空隙に収容されている原子や分子の組成を示している．最後の-LTA はフレームワークタイプである．フレームワークタイプ格子との関係が，$a' = 2a$ とあることから，ゼオライト A の結晶格子は，図 4-15 の格子 ($a = 11.9$ Å) の 8 倍の大きさであることが分かる（ゲスト分子の配置によって，各軸方向に 2 倍の周期となっている）．これに関係して，[ ] や | | の添え字 8 は，フレームワークタイプ格子相当を 1 分子としたとき，ゼオライト A の結晶格子は 8 分子を含んでいることを意味する．フレーム

表 4-3 ゼオライト A(Linde Type A)のデータシート[†1].

結晶化学データ：	
	$\|Na_{12}(H_2O)_{27}\|_8[Al_{12}Si_{12}O_{48}]_8$-LTA
	立方晶系，$Fm\bar{3}c, a = 24.61$ Å
	（フレームワークタイプ格子との関係：$a' = 2a$）
FD：	12.9 T/1000 Å^3
チャンネル：	$\langle 100 \rangle$**8** 4.1×4.1 ***

[†1] 参考文献[26]，195 ページより．

[*15] 立方八面体(図 2-18[10])の各頂点を切り落とした多面体．

ワーク密度(FD)は，すでに説明したように「フレームワークを造る四面体配位の原子*16の数/1000 Å^3」である．また，〈100〉**8**　4.1×4.1*** という形で，フレームワークが造るチャンネルの情報が与えられている．〈100〉はチャンネルの走る方向*17，ボールドの8はチャンネルが四面体の8員環からできていること，4.1×4.1はチャンネルの孔径が4.1Å×4.1Å であることを表す．図4-15で見た八角形の窓が正にこのチャンネルに相当する．また，最後の「***」の数はチャンネルの次元であり，この場合は3次元的に伸びていることを表している．

　ゼオライトは細孔に富む特異な構造によって，吸着能，イオン交換能，触媒能などの化学活性を示し，実用上重要な材料である．また，チャンネルの孔径より小さな分子に対する透過能があるため，分子ふるい(molecular sieve)としても使われている．

参考文献

[1]　V. G. Hill and R. Roy, J. Am. Ceram. Soc. **41**, 532(1958).
[2]　A. Nukui, H. Nakazawa, and M. Akao, Am. Mineral. **63**, 1252(1978).
[3]　R. W. G. Wyckoff, Z. Kristallogr. **62**, 189(1925).
[4]　M. Sato, Mineral. J. **4**, 115(1964).
[5]　R. W. G. Wyckoff, Z. Kristallogr. **63**, 507(1926).
[6]　C. W. F. T. Pistorius, Prog. Solid State Chem. **11**, 1(1976).
[7]　K. L. Geisinger, M. A. Spackman, and G. V. Gibbs, J. Phys. Chem. **91**, 3237 (1987).
[8]　S. M. Stishov and N. V. Belov, Dokl. Akad. Nauk SSSR **143**, 951(1962).
[9]　J. W. Downs and G. V. Gibbs, Am. Mineral. **72**, 769(1987).
[10]　G. Menzer, Z. Kristallogr. **63**, 157(1926).
[11]　W. H. Zachariasen, Z. Kristallogr. **73**, 1(1930).
[12]　D. E. Warren, Z. Kristallogr. **74**, 131(1930).
[13]　W. L. Bragg and J. West, Proc. R. Soc. London, Ser. **A111**, 691(1926).

---

*16　ゼオライトAの場合は，AlおよびSiである．
*17　〈100〉は[100]と結晶学的に等価なすべての方向を表す(2.1節参照)．

[14]　K. F. Fischer, Z. Kristallogr. **129**, 222(1969).
[15]　第2章, 参考文献[1], 23章を参照.
[16]　J. V. Smith, Acta Crystallogr. **12**, 515(1959).
[17]　A. Navrotsky, "Physics and Chemistry of Earth Materials", Chapter 6, Cambridge University Press(1994).
[18]　H. Horiuchi, E. Ito and D. J. Weidner, Am. Mineral. **72**, 357(1987).
[19]　K. F. Hesse, Z. Kristallogr. **168**, 93(1984).
[20]　P. H. J. Mercier and Y. Le Page, Acta Crystallogr. **B64**, 131(2008).
[21]　第2章, 参考文献[10], 13章を参照.
[22]　V. Perdikatsis and H. Burzlaff, Z. Kristallogr. **156**, 177(1981).
[23]　D. R. Collins and C. R. A. Catlow, Am. Mineral. **77**, 1172(1992).
[24]　P. H. Nadeau, M. J. Wilson, W. J. Mchardy, and J. M. Tait, Science **225**, 923(1984).
[25]　J. B. Jones and W. H. Taylor, Acta Crystallogr. **14**, 443(1961).
[26]　この部分は多くを次の文献に依っている.
Ch. Baerlocher, L. B. McCusker, and D. H. Olson, "Atlas of Zeolite Framework Types", Sixth Revised Edition, Structure Commission of the International Zeolite Association, Elsevier(2007).
[27]　D. W. Breck, W. G. Eversole, R. M. Milton, T. B. Reed, and T. L. Thomas, J. Am. Chem. Soc. **78**, 5963(1956).
[28]　T. B. Reed and D. W. Breck, J. Am. Chem. Soc. **78**, 5972(1956).

第5章 ホモロガス物質群

3.7節において, Ruddlesden-Popper系列 $A_{n+1}B_nO_{3n+1}$ を検討した. この系列の層状構造では, ペロブスカイト型ブロック n 枚と, NaCl型ブロック1枚が交互に繰り返される. この規則さえ知っていれば, 原理的にはどのように大きな n を持つ物質であっても, その基本構造を推定することは容易である. こうした系列を, ホモロガス(homologous)物質群と呼んでいる. ホモロガス物質群においては, 既知のメンバーに共通する規則さえ見つければ, 未知のメンバーを推測することは難しくない. したがって, その規則を見つけ出すことが, 物質や材料の探索のための有力な処方箋となる.

本章ではいくつかのホモロガス物質群を紹介し, それらの構造の背後にある規則を検討する. また, 最後に, 高温超伝導体を取り上げ, それが全体として広い意味でのホモロガス物質群を形成していることを示す.

5.1 マグネリ相

1950年代にスウェーデンの化学者マグネリ(Magneli)は, (Mo, W)-O 系の詳細な研究を行い, $(Mo, W)_nO_{3n-1}$ で示されるホモロガス物質群が存在することを明らかにした[3]. Wを含まないMo-O系では, $n=8, 9$ に相当する Mo_8O_{23} と Mo_9O_{26} が存在するだけであるが, W-Mo-O系では, $n=8〜12$ および 14 に相当する物質群が見出された. その後, 他の研究者によって, 類似の系列として W_nO_{3n-2} ($n=20, 24, 25, 40$) や Ti_nO_{2n-1} ($n=4〜9$) 等が発見された. これらの物質群はマグネリ相と呼ばれている. 本節ではマグネリ相に共通する構造的特徴を明らかにする[1,2].

ReO_3 型をベースとするシアー構造

$(Mo, W)_nO_{3n-1}$ や W_nO_{3n-2} 系列の構造は, ReO_3 型構造をベースとして, それに結晶学的シアー(shear)*1 を施すことででき上がる[1]. 図5-1は ReO_3 型酸化物 AO_3 の b 軸投影図であるが, これを用いてシアー操作を具体的に説

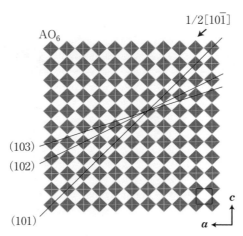

図 5-1 ReO$_3$ 型酸化物 AO$_3$ の b 軸投影図．実線はシアー面を，矢印は変位ベクトルを表す．シアー面とベクトルの指数は ReO$_3$ 型格子に基づく．

明する．シアーはシアー面(shear plane)と変位ベクトル(displacement vector)によって規定される．図 5-1 には(101)，(102)，(103)の 3 つのシアー面が図示されている(本項で用いるシアー面，変位ベクトル，方向を表す指数は，立方晶系の ReO$_3$ 型格子に基づくものとする)．最初に(102)面を検討することとし，この面で結晶を 2 つに切断する．その後，一方のパーツ(ここではシアー面の右側とする)を固定して，他方(左側)を変位ベクトルに相当するだけ移動する[*2]．変位ベクトルは，最近接の O 同士を結ぶベクトルから選ばなければならない．変位ベクトルをそのように選ぶのであれば，変位の前後で O の配置は変化せず，O の配置に関する限り ReO$_3$ 型が保持される．しかし，陽イオンの配置は変化する．また，シアー面近傍では，変位後に左側パーツの O が右側パーツの O に重なるということが起こる．それは O の数が減ることを意味する．陽イオンは重ならないため，シアー面近傍の組成は O/A＜3 となる．

[*1] shear の訳語は「せん断」であるが，本節では「シアー」をそのまま用いる．
[*2] シアー面上に存在する原子は，あらかじめ右か左どちらのパーツに属するかを決めておく．

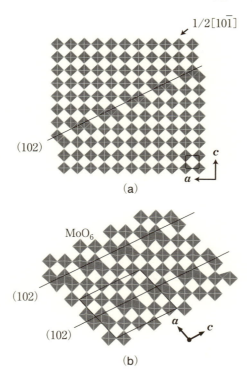

図 5-2 （a）$\frac{1}{2}[10\bar{1}](102)$ シアー．（b）Mo_8O_{23} の構造の $\boldsymbol{b}$ 軸投影図（単斜晶系）[4]．シアー面の指数は ReO_3 型格子に基づく．

変位ベクトルとしては $\frac{1}{2}[10\bar{1}]$，すなわち，$\frac{1}{2}(\boldsymbol{a}-\boldsymbol{c})$ を選ぶ．シアー面 (102) と合わせて，このシアーを $\frac{1}{2}[10\bar{1}](102)$ と表現する．図 5-2(a) に $\frac{1}{2}[10\bar{1}](102)$ によってでき上がる原子配置を示す．シアー面近傍には，AO_6 八面体が稜共有により 4 個連結したグループが形成される．この八面体グループを構成する O のうち 2 つは，それぞれが 3 個の A に配位していることに注意すべきである．ReO_3 型構造では，AO_6 八面体は頂点共有のみで連結するため，O はすべて 2 つの A によって配位される．シアーの結果として配位数の

大きな O が生成することは，酸素量が減って O/A<3 になることに符合する．

シアー面を一定の間隔で導入し，それについて変位操作を行っていくことにより，新たな構造（シアー構造）ができ上がる．シアー面の間隔を系統的に変えると，よく似た一連の物質群，すなわちホモロガス物質群が形成される．図 5-2(b)に $\frac{1}{2}[10\bar{1}](102)$ をある間隔で施すことで得られる Mo_8O_{23} の構造[4]を示す．これは $(Mo, W)_nO_{3n-1}$ 系列の $n=8$ の相に相当する．シアー面の間隔は，ReO_3 型格子の[100]方向（図 5-2(b)で左右方向）に見たとき，「直線状に連結している AO_6 八面体の数」で測るものとする．Mo_8O_{23} の場合その数は 8 個であり n に等しい．この 8 個の MoO_6 八面体グループに属する O の総数は 41 であるが，その中で丸々 1 つ属するものが 5 個，1/2 だけ属するものが 32 個，2/3 だけ属するものが 2 個，1/3 だけ属するものが 2 個である．これは，Mo_8O_{23} の組成と整合する．

シアー面の間隔を変えると n の異なる他のメンバーが得られる．一般に，$(Mo, W)_nO_{3n-1}$ の構造は，$\frac{1}{2}[10\bar{1}](102)$ のシアーをある間隔で施すことで得られ，その間隔とは[100]方向に見たとき，直線状に連結している AO_6 八面体の数が n 個であるようなものである．

図 5-3 に変位ベクトルは同じであるがシアー面が異なる操作，$\frac{1}{2}[10\bar{1}]$

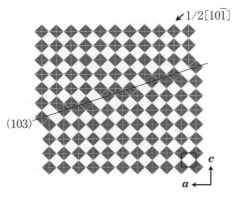

図 5-3　$\frac{1}{2}[10\bar{1}](103)$ シアー．

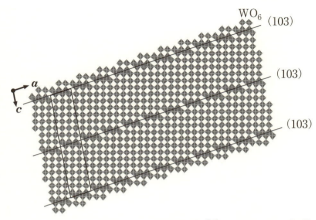

図 5-4 $W_{25}O_{73}$ の構造の $\boldsymbol{b}$ 軸投影図(単斜晶系)[5]．シアー面の指数は ReO_3 型格子に基づく．

(103)によって得られる原子配置を示す．この操作により，6個の AO_6 八面体が稜共有で連結したグループが形成される．$\frac{1}{2}[10\bar{1}](103)$ の操作を，[100]方向に直線状に連結している AO_6 八面体の数が n 個であるような間隔で施すと，A_nO_{3n-2} の構造が形成される．W_nO_{3n-2} はこの系列にほかならない．**図 5-4** に一例として単斜晶系に属する $W_{25}O_{73}$ の構造[5]を示す．読者は[100]方向に連結している WO_6 八面体の数が 25 であることを確認されたい．

図 5-5 は $\frac{1}{2}[10\bar{1}](101)$ 操作により形成される原子配置である．この場合，シアー面と変位ベクトルが平行なため，変位によって O が重なることはなく，操作後も AO_3 の組成は保持される．組成を変化させるためには，シアー面と交差するような変位ベクトルが必要なのである．$\frac{1}{2}[10\bar{1}](101)$ はシアーの特別な場合であるが，今問題としているホモロガス相の生成には役立たない．シアー面に平行な変位操作によってでき上がる図 5-5 のような構造欠陥は，反位相境界(anti-phase boundary)と呼ばれている．

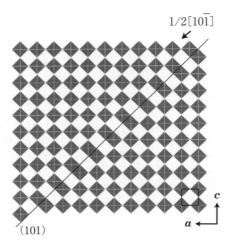

図 5-5 $\frac{1}{2}[10\bar{1}](101)$ 操作により形成される反位相境界.

ルチル型をベースとするシアー構造

　ルチル型構造に由来するシアー構造の典型例として，Ti_nO_{2n-1} ($n=4\sim9$) ホモロガス相を取り上げる[1,2]．V_nO_{2n-1} ($n=4\sim8$) や $Ti_{n-2}Cr_2O_{2n-1}$ ($n=6\sim9$) なども同型の構造を持った系列である．**図 5-6**(a) はルチル型 TiO_2 を (100) 面に平行にスライスしたものである．シアー面を (121) とし，変位ベクトルを $\frac{1}{2}[0\bar{1}1]$ とする(本項で用いるシアー面，変位ベクトル，方向を表す指数は正方晶系のルチル型格子に基づくものとする)．$\frac{1}{2}[0\bar{1}1](121)$ シアーを施すと図 5-6(b) に示すような原子配置が得られる．これが Ti_nO_{2n-1} 系列に対応するシアーである．ルチル型構造では，TiO_6 八面体は稜および頂点を共有して連結するが，図 5-6(b) のシアー面近傍の八面体は稜および面を共有して互いに連結している．

　図 5-7(a) は $n=5$ に相当する Ti_5O_9 の結晶構造[6]である．構造は三斜晶系であるが，格子の中心部付近に面と稜を共有して連結する TiO_6 八面体が確認できる．シアー構造を確認するために，Ti_5O_9 の構造を，三斜格子の (110)

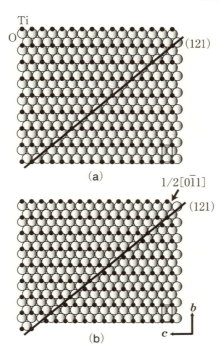

図 5-6 （a）ルチル型 TiO_2 の(100)面に平行なスライスと(121)シアー面．（b）$\frac{1}{2}[0\bar{1}1](121)$ シアー．シアー面，変位ベクトルの指数はルチル型格子に基づく．

面に平行にスライスして得られた原子配置が図 5-7(b)である．図 5-6(b)のシアーがある間隔で施されていることが分かる．シアー面の間隔を，ルチル型格子の[001]方向(図 5-7(b)で左右方向)に直線状に連結する八面体の数(ルチル鎖の長さ)で測ることにすると，Ti_5O_9 の場合5個である．一般に Ti_nO_{2n-1} は $\frac{1}{2}[0\bar{1}1](121)$ 操作を，[001]方向に直線状に結合する八面体の数が n であるような間隔で施すことにより得られる．

Ti-O 系については，電子顕微鏡観察などに基づいて，(121)とは別のシアー面の存在が確認されている．例えば，$\frac{1}{2}[0\bar{1}1](132)$ に対応する Ti_nO_{2n-1}

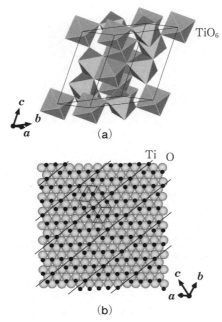

図 5-7 （a）Ti_5O_9の結晶構造（三斜晶系）[6]．（b）三斜格子の(110)面に平行なスライス．実線はシアー面を表す．

系列[*3]や，$\frac{1}{2}[0\bar{1}1](253)$に対応する$Ti_nO_{2n-2}$系列，$\frac{1}{2}[0\bar{1}1](374)$に対応する$Ti_nO_{2n-3}$系列などがその例である[1,2]．

5.2 チタン酸アルカリ金属

Ti_nO_{2n-1}系列との関連で，$M_2O \cdot nTiO_2$（M＝Na, K, Rb, Cs, Tl）で表されるチタン酸アルカリ金属を取り上げる[7]．8.1節において，この系列はソフト化学という興味深い合成手法の格好の素材であることが紹介される．チタン酸ア

[*3] $\frac{1}{2}[0\bar{1}1](121)$による$Ti_nO_{2n-1}$とは異なった系列である．

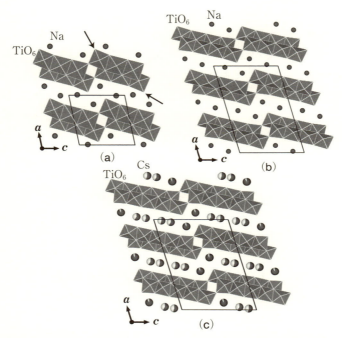

図 5-8 $M_2Ti_nO_{2n+1}$ の構造 $(2<n<6$, 単斜晶系) の b 軸投影図. (a) $Na_2Ti_3O_7$[8]. 矢印は化学的に活性な O を示す. (b) $Na_2Ti_4O_9$[9]. (c) $Cs_2Ti_5O_{11}$[10]. Cs 原子については, 黒の部分の割合が当該サイトの占有率を表す.

ルカリ金属の結晶構造は n に依存するが, $n>2$ についてはかなり明瞭な規則性が見られる. $n<1$ では, Ti は四面体位置を占め, $1 \leq n \leq 2$ では三方両錐体型(図 2-18[5]), またはピラミッド型(図 2-18[6])の 5 配位を取る. 一方, $n>2$ ではもっぱら八面体配位となる. また, 構造の枠組みは, n が大きくなるにつれて, 孤立した TiO_4 や Ti_2O_7 ユニットをベースとしたものから, 鎖状構造, 層状構造, 3 次元フレームワーク構造へと移り変わっていく.

以後, もっぱら Ti が八面体配位を取る $n>2$ の場合を取り上げることにする. 組成の一般式は $M_2Ti_nO_{2n+1}$ であり, 少数の例外を除いて, $n<6$ のメンバーは層状構造を, $n \geq 6$ のメンバーは 3 次元フレームワークに基づくトンネル構造を有する*4. 図 5-8(a)に $n=3$ の $Na_2Ti_3O_7$ の構造[8]を示す. 単斜晶

系に属するこの構造を特徴づける構造ユニットは，2重3連の ReO_3 型鎖である．ReO_3 型2重鎖についてはすでに議論したが(図2-21(e)を参照)，ここではそれが3つ辺共有でつながり2×3の鎖が形成されている．b 軸方向に伸びる2×3鎖は頂点を共有して連結し，ひだのついた層が形成される．このひだ状の層が，層間に存在する Na イオンを接着剤として，a 軸方向に積み重なっている．図5-8(b)，(c)には，それぞれ $n=4,5$ に対応する，$Na_2Ti_4O_9$[9] と $Cs_2Ti_5O_{11}$[10] の構造を示す(いずれも単斜晶系に属する)．$n=3$ の場合と同様に，これらの構造は，ReO_3 型鎖の造るひだ状の層からできている．しかし，鎖の構成は異なり，それぞれ，2×4 および 2×5 である．すなわち，$M_2Ti_nO_{2n+1}$ ($n=3,4,5$) の構造は，$2×m$ の ReO_3 型鎖によって特徴づけられ，m は n に一致している．この系列の構造においては，1つの Ti のみに結合している O 原子(例えば，図5-8(a)において矢印で示したもの)が存在し，そのような O 原子は化学的に活性(塩基的)と考えられる(8.1節参照)．

$n=6,7,8$ の相はいずれもトンネル型構造を有する．図5-9(a)，(b)，(c) にそれぞれ $Na_2Ti_6O_{13}$[11]，$Na_2Ti_7O_{15}$[12]，$K_2Ti_8O_{17}$[13] の構造を示す．図(a)と(c)の $Na_2Ti_6O_{13}$ と $K_2Ti_8O_{17}$ の構造は，それぞれ，2×3 および 2×4 の ReO_3 型鎖が造るトンネルを特徴とし，アルカリ金属はトンネル内の席を占めている．これらの場合は，したがって，$m=n/2$ という関係が成立している．$Na_2Ti_6O_{13}$ の骨格構造は，$Na_2Ti_3O_7$ の骨格構造から，図5-10 の矢印の両端の O が重なるように，下側のパーツを移動させることで得られる．このような操作は，図に示した変位ベクトルとシアー面による結晶学的シアーにほかならない．シアーの結果として O/Ti の比は 7/3 から 13/6 に減少し，それに伴って Na/Ti の比も 2/3 から 1/3 へと減少する．類似の関係は $Na_2Ti_4O_9$ と $K_2Ti_8O_{17}$ の骨格構造の間にも成立している．なお，$K_2Ti_8O_{17}$ は高温で不安定なため，その合成にはソフト化学法と呼ばれる特殊な手法が必要である(8.1節)．

n が奇数の 7 に相当する $Na_2Ti_7O_{15}$ の構造は，$n=6,8$ の構造を折衷したも

[*4] $Cs_2Ti_6O_{13}$ は $n=6$ の相であるが，他の $n=6$ の相とは異なる層状構造を有している．また，$Na_2Ti_9O_{19}$ は $n=9$ に対応するが，$n=6〜8$ のトンネル構造とは異なる構造を有している．これらは例外に当たる．

5.2 チタン酸アルカリ金属

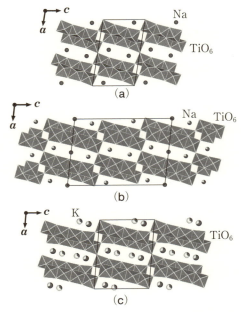

図 5-9 $M_2Ti_nO_{2n+1}$ の構造 ($6 \leq n$, 単斜晶系) の b 軸投影図. (a) $Na_2Ti_6O_{13}$[11]. (b) $Na_2Ti_7O_{15}$[12]. Na 原子については, 黒の部分の割合が当該サイトの占有率を表す. (c) $K_2Ti_8O_{17}$[13]. K 原子については, 黒の部分の割合が当該サイトの占有率を表す.

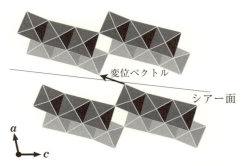

図 5-10 シアーによる $Na_2Ti_3O_7$ からの $Na_2Ti_6O_{13}$ の生成.

のである．すなわち，図 5-9(b)に見るように，2×3 と 2×4 の鎖が c 軸方向に交互に並んで大小のトンネルが形成される．この場合は $m=(n\pm1)/2$ が成立していると考えることができる．あるいはこの状態を $m=3.5$ と定義するなら，先の $m=n/2$ の関係はそのまま成立している．

材料としての利用という観点からは，チタン酸カリウムが特に重要である．それは，ウイスカー(繊維状の単結晶)化が可能であり，例えば，$n=6$ の $K_2Ti_6O_{13}$(6 チタン酸カリウム，$Na_2Ti_6O_{13}$ と同型)のウイスカーは化学的，物理的に優れた特性を備えていることから，断熱材，摩擦材，熱可塑性樹脂補強材などとして実用に供されている．

5.3 $(RMO_3)_n(M'O)_m$ 型ホモロガス相

R を In，Sc，Y およびランタニド金属，M を Fe，Ga および Al 等の 3 価金属，M′ を 2 価金属としたとき，$(RMO_3)_n(M'O)_m$ で示される大きなホモロガス物質群が存在する[14]．以下，これを (n,m) 型と略記することにする．この物質群の全貌が明らかになってきたのは，高温超伝導研究の最盛期と同時期であり，それほど古い話ではない．$n=m=1$，R＝In，M＝Ga，M′＝Zn とすると，(1,1)型の $InGaZnO_4[(InGaO_3)(ZnO)]$ が導かれるが，この物質は実在し，IGZO(イグゾー)という商標名が与えられている．IGZO は，透明薄膜トランジスター用の材料として液晶パネル等で使われており，シリコン系材料を凌駕する高い性能を示すことから注目を集めている．

図 5-11(a)，(d)にそれぞれ (1,0) 型の $YAlO_3$ (R＝Y，M＝Al)[15]と (1,1) 型の $InGaZnO_4$[16]の構造を示す．前者は六方晶系に属する．後者は R 格子の三方晶系に属するが，六方格子を用いて表してある．この 2 つの構造には，シリーズ全体に共通する特徴がすべて含まれている．最初の重要な特徴は，O が最密充填の様式で配列し，その最密面が六方格子の c 軸方向に積み重なっていることである．実際に，(1,0)型の配列は，$ABCACB\cdots$ であり，(1,1)型の配列は $ABCACABCBCAB\cdots$ (図 5-11(d)では B から始めている)である．これらは，立方最密充填($ABC\cdots$)とも，六方最密充填($AB\cdots$)とも異なる一般的な配列であるが，後に見るようにある規則に従っている．次の特徴は，R が八面体位置を占め，M と M′ は両方とも三方両錐(trigonal bipyramid)型の

5.3 $(RMO_3)_n(M'O)_m$ 型ホモロガス相　161

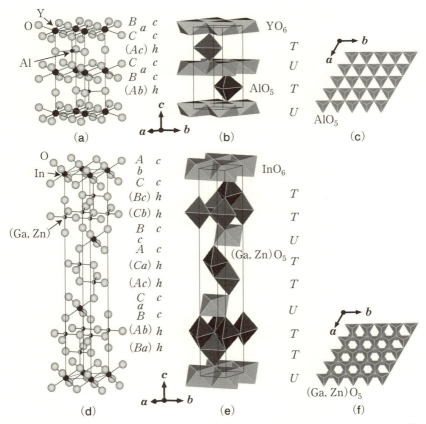

図 5-11 （a）$YAlO_3$ の構造（六方晶系）[15]．（b）図（a）の構造における八面体と三方両錐体の連結．（c）三方両錐体層の c 軸投影図．（d）$InGaZnO_4$ の構造（三方晶系）[16]．（e）図（d）における八面体と三方両錐体の連結．（f）2 重三方両錐体層の c 軸投影図．

位置を占めているということである．三方両錐型 5 配位は図 2-18[5] に示したが，$B(Ab)B$ のように表現できる．すなわち，M(M') は O の最密面と（完全にあるいは近似的に）同一面内の位置（この場合は b 位置）を占め，面内の 3 つの O（この場合は A 位置）と，上下の O（この場合は B 位置）により配位される．

各構造における RO_6 八面体と $M(M')O_5$ 三方両錐体の連結を見たものが, 図5-11(b), (e) である. RO_6 八面体は稜を共有して連結し(001)面に平行な「層」を形成する. この「層」は図2-22(b)で見たものであり, RO_2 の組成を有する. 一方, 図(c)に示すように, 三方両錐体は3つの頂点を共有して(001)面に平行な「層」を形成する. ここで, RO_2 組成の八面体層をそのまま U 層と呼ぶことにする. 一方 (Ab) 等で示される, 同一面内(あるいは近似的に同一面内)に位置する $M(M')$ と O が造る層を T 層と呼ぶ. T 層は三方両錐体層から上下の頂点の O を除いたものであり, その組成は $(M, M')O$ *5 である. 図5-11(b)に示すように, (1,0)型は c 軸方向に, U と T が交互に積み重なった構造, $UTUT\cdots$ であり c 軸長当たり単位の並び UT が2回繰り返している(単位格子当たりの分子数を z で表すと, $z=2$). 一方, 図5-11(e)に示すように(1,1)型の並びは, T 層が2枚連続する $UTTUTTUTT\cdots$ であり, c 軸長当たり UTT が3回繰り返す($z=3$). これに対応して, 三方両錐体層が2枚連続して積み重なるが, 図5-11(f)に示すように, 三方両錐体は層間で3本の稜を共有する形で連結している.

もう少し複雑な場合として, (2,1)型の $In_2Ga_2ZnO_7[(InGaO_3)_2(ZnO)]$ [17] と (1,4)型の $InGaZn_4O_7[(InGaO_3)(ZnO)_4]$ [18] の構造を 図5-12 に示す. 双方とも六方晶系に属する. 図(a)の(2,1)型の並びは $UTUTT\cdots$ であり, 単独の T 層と2重の TT 層が交互に繰り返している点で, (1,0)型と(1,1)型の折衷と見なすことができる. 一方, 図(b)の(1,4)型は $UTTTTT$ が単位の並びである. いずれの場合も c 軸長当たり, 単位の並びが2回繰り返す($z=2$). (1,0)型や(1,1)型では, 5配位の席は1種類しかなかった. したがって, (1,1)型の $InGaZnO_4$ では, Ga と Zn は同一の席を半分ずつランダムに占めていることになる. (2,1)型や(1,4)型では事情が異なり, 前者には2種類, 後者には3種類の5配位席が存在する. 前者についていえば, 単独の T 層内の席と, 2重の TT 層内の席がこれに相当する. こうした場合には, 複数の席の間で, M と M' の分配が起こることが予想される. しかし, その詳細が明らかになっている物質は多くない. $Yb_2Fe_3O_7[(YbFe^{3+}O_3)_2(Fe^{2+}O), R=Yb, M=M'=Fe]$ は(2,1)型に属する物質であるが, 原子間距離からの類推として, 単独の T 層

---

*5 $M_{1-x}M'_xO$ を意味する.

5.3 $(RMO_3)_n(M'O)_m$ 型ホモロガス相

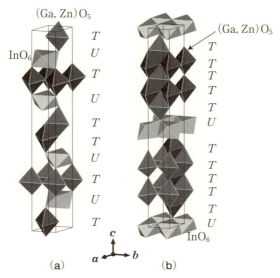

図 5-12 （a）$In_2Ga_2ZnO_7$ の構造（六方晶系）[17]．（b）$InGaZn_4O_7$ の構造（六方晶系）[18]．

内の席は Fe^{3+} が占め，2重の TT 層内の席は Fe^{2+} と Fe^{3+} が半分ずつランダムに占めていると考えられている[14]．つまりこの物質の場合は M が 2 種類の席の双方を占め，M′ は一方のみを占めているのである．

さて，(n, m) 型一般に対して成立する規則を明らかにしよう．まず，(n, m) 型構造が，n 枚の U 層と $n+m$ 枚の T 層から，その単位の並びが構成されることは自明である．経験則により，U 層は 2 枚以上連続で積み重なることはない．さらに，現在までに見つかっている物質は，n, m のどちらか（あるいは両方）が 1 である．これらから，n と m が与えられれば U, T による単位の並び，すなわち U-T 表記は一意的に決まる．例えば $(3, 1)$ 型の U-T 表記は，U 層 3 枚と T 層 4 枚から構成され，$UTUTUTT$ が唯一の解である（これ以外の並びでは必ず U 層が 2 回以上連続する）．さらに，後で詳しく検討するが，構造の対称性についても規則が存在する．すなわち，$n+m$ が奇数のとき，構造は六方晶系に属し，c 軸長当たりの U-T 表記の繰り返しの数は 2 である（$z=2$）．逆に $n+m$ が偶数のときは R 格子の三方晶系に属し，六方格子

を取ったときの繰り返しの数は3である($z=3$).

構造の表現にU, Tを用いることによって，ずいぶんと見通しがよくなった．しかし，まだ十分ではない．2.2節で紹介した，最密充填の取り扱いを活用すればもっと先まで進むことができる．(n, m)型構造においては，Oが最密に充填しRとM(M′)がその空隙を占めることから，すべての原子は三角格子点$A(a), B(b), C(c)$のどれかを占めている．以下では，(n, m)さえ与えられれば（ただしn, mの一方，あるいは両方が1の場合に限り），すべての原子の位置を$A(a), B(b), C(c)$を用いて一意的に特定できることを示す．すなわち，金属原子の位置まで含めて，2.2節で述べたA-B-C表記を求めることができるのである．

$(1, 0)$型のA-B-C表記は，図5-11（a）および**図 5-13**に示すように，$(Ab)BaC(Ac)CaB$である．より複雑な$(1, 1)$型の表記も図5-11（d）と図5-13に示してある．図5-13から分かるように，OのA, B, C位置とM(M′)やRのa, b, c位置の間には単純な関係がある．すなわち，M(M′)の位置と両隣のOの位置は同じであり（これは三方両錐型5配位の必然である），Rの位置は第二近接層のOの位置と等しい[14]．このような配置がエネルギー的に有利

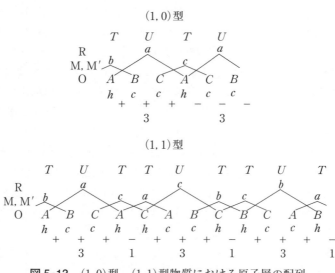

図 5-13 $(1, 0)$型，$(1, 1)$型物質における原子層の配列．

5.3 $(RMO_3)_n(M'O)_m$ 型ホモロガス相

なのであろう．このことを手掛かりとして試行錯誤すれば，U–T 表記から A–B–C 表記を導出することができる．しかし，以下ではより組織的な方法を検討する．

2.2 節で検討した h–c 表記を適用することを考えよう．すなわち，両隣の O 層が等価なとき h 層とし，非等価なとき c 層とするのである．すると，T を構成する O 層が h 層であることは自明である[*6]．一方，U を構成する 2 枚の O 層は c 層でなければならない．そうでなければ，R の位置が O の第二近接層の位置と等しいという条件を満たすことができないからである[*7]．つまり，R は 2 枚の c 層の間の八面体位置を占め，M(M') は h 層内の三方両錐体型位置を占めるのである．以上から明らかなように，U–T 表記と h–c 表記は，$U = cc$，$T = h$ とすることで相互に変換できる．

(n, m) 型構造の単位の並びは，$2n$ 枚の c 層（n 枚の cc 層）と $n+m$ 枚の h 層から構成され，U 層が連続することはないため，cc 層は必ず h 層で挟まれる（ccc のような並びは現れない）．この規則を $(1,1)$ 型に適用すると，cc 層を 1 枚，h 層を 2 枚含むことから，$hcch$ が即座に決まる（n, m の一方が 1 のときはいつも一意的に決まる）．ここから，A–B–C 表記を得るには，2.2 節で見たように，AB から始めて，h, c の指示に従って，並びが繰り返すまで続ければよい．$hcch$ の場合は，$ABCACABCBCAB$ が単位の並びであり，$hcch$ を 3 回繰り返すことで得られる（$z=3$）．この A–B–C 表記は確かに図 5-13 に示すものと一致している．もう 1 つ例をあげると，$(2,1)$ 型構造は，cc 層を 2 枚，h 層を 3 枚含むことから $hcchcch$ が求まる．これに対応する A–B–C 表記は，$ABCACBABACBCAB$ であり，$hcchcch$ を 2 回繰り返すことで単位の並びができ上がる（$z=2$）．

次に，Zhdanov の表記法（2.2 節）を適用しよう．この表記法では，$A \rightarrow B \rightarrow C \rightarrow A$ の並びを「$+$」とし，$A \rightarrow C \rightarrow B \rightarrow A$ の並びを「$-$」として，$+$ の連続あるいは $-$ の連続をまとめて数字として表すのであった．例

[*6] もし，両隣が非等価であれば，三方両錐体型の配位は不可能である．
[*7] ABa という配置を考えると，a 層の第二近接層の O が両方とも A であるため，$ABaXA$ となるが，X は C 以外にない．したがって，U を構成する 2 枚の O 層は共に c 層である．このことは一般的に成り立つ．

えば，図 5-13 に示すように，$(1,0)$ 型の hcc から $ABCACB$ が導出され，そこから ＋＋＋−−− が得られ，Zhdanov の表記は 33 となる．一方，$(1,1)$ 型では，＋＋＋− が 3 回繰り返し 313131 であるが，単位の並び 31 が表記となる．表記に現れるプラスの数字の総計を p とし，マイナスの数字の総計を q（正の数）とすると，表記に含まれる最密充填層の枚数は $p+q$ で与えられる．$(1,0)$ 型では，$p+q=6$，$(1,1)$ 型では $p+q=4$ である．

2.2 節において議論したように，Zhdanov 表記は最密充填構造の対称性に関係している．すなわち，$p-q$ が 3 の倍数である場合には，最密充填構造は六方晶系に属し，六方格子の c 軸長当たりの最密充填層の枚数 N は，$N=p+q$ となる．逆に，$p-q$ が 3 の倍数でないときには，最密充填構造は菱面体 (R) 格子を持つ三方晶系に属し，R 格子を複合六方格子に変換するとその c 軸長当たりの最密充填層の枚数 N は，$N=3(p+q)$ となる．(n,m) 型の構造の対称性には，O のみならず金属原子の配置が関係する．しかし，最密充填構造の対称性に関する上述の規則は金属原子の配置を含めた (n,m) 型の構造全体に対しても成立する[*8]．

$(1,0)$ 型は $p-q=0$ であるため，六方晶系に属し，$N=p+q=6$ となるはずであるが，実際にそうなっている．一方 $(1,1)$ 型では，$p-q=2$ より R 格子を持ち，複合六方格子について $N=3(p+q)=12$ となる．これも実際の構造と適合している．

h-c 表記から，A–B–C 表記を経ずに直接 Zhdanov 表記を求めることを考えよう．その方法は簡単で，hcc から始まる h-c 表記において，hcc を 3 で，hcc に含まれない h（以下 h^* とする）を 1 で置き換えればよい．例えば，$hcch^*h^*$ は 311 となる．しかし，この表記法では，数字の個数は偶数でなくてはならないことを思い起こすと，311 は不適であり，これを 2 回繰り返した 311311 が正しい表記となる．hcc の数は (n,m) 型の n に，h^* の数は m に等しいため，$n+m$ が奇数のときは，h-c 表記を 2 回繰り返すことで Zhdanov 表記が得られる．この 2 回の繰り返しのために，必ず $p-q=0$ が成立することになる．したがって，構造は六方晶系に属し，$N=p+q$ および $z=2$ とな

[*8] この系の場合，金属原子を配置しても，O のみの最密充填構造に比べて対称性が下がることはなく，期待される最高の対称性が保持されている．

る．一方，$n+m$ が偶数のときは，h-c 表記から得られる数字列がそのまま Zhdanov 表記となる．例えば，$n=m=1$ の $hcch^*$ の場合は，31 である．この場合，n または m の一方は 1 という条件下では，1 は必ず奇数回現れることになり，$p-q$ は 3 の倍数とならない．したがって R 格子であり，複合六方格子について $N=3(p+q)$ と $z=3$ が導かれる．これで，先に述べた $n+m$ が偶数，奇数に応じた構造の規則が導出できた．

最後に，以上の規則を図 5-12 (b) の (1,4) 型に適用してみよう．h-c 表記は $hcchhhh\,(hcch^*h^*h^*h^*)$ である．ここから 31111 が求まるが，「数字の個数は偶数」により，これを 2 度繰り返した 3111131111 が Zhdanov 表記である．$p-q=0$ より六方晶系と $N=14$，$z=2$ が導かれる．冗長にはなるが，$hcchhhh$ より金属位置まで含めた A-B-C 表記を求めることも容易であり，$(Ab)BaC(Ac)(Ca)(Ac)(Ca)(Ac)CaB(Ab)(Ba)(Ab)(Ba)$ が得られる．

表 5-1 に $n\leq 4$，$m\leq 5$ の範囲について，(n,m) 型における O 層の積み重なりを示してある[14]．現在までに，(1,9) 型や (1,10) 型などさらに大きな m の物質も合成されている．$m=\infty$（$n=0$）は T 層のみからできている物質 AO に相当するが，そのような物質は見つかっていない．しかし，ウルツァイト型 ZnO（図 3-16 (a)）はそれに近い存在と考えられる．T 層のみが造る酸化物に

表 5-1 (n,m) 型ホモロガス相における O 層の積み重なり[†1].

n	m	U-T	h-c	Zhdanov	N[†2]	結晶系[†3]
1	0	UT	hcc	33	6	H
1	1	UTT	$hcch$	31	12	R
2	1	$UTUTT$	$hcchcch$	331331	14	H
3	1	$UTUTUTT$	$hcchcchcch$	3331	30	R
4	1	$UTUTUTUTT$	$hcchcchcchcch$	3333133331	26	H
1	2	$UTTT$	$hcchh$	311311	10	H
1	3	$UTTTT$	$hcchhh$	3111	18	R
1	4	$UTTTTT$	$hcchhhh$	3111131111	14	H
1	5	$UTTTTTT$	$hcchhhhh$	311111	24	R

[†1] 参考文献[14], TABLE 25 より．
[†2] 六方格子の c 軸長当たりの O 層の枚数．
[†3] H：六方晶系，R：三方晶系（R 格子）．

おいて，金属原子を c 軸に沿って三方両錐体型の位置から四面体位置に移動したものがウルツァイト型にほかならないからである．

5.4 六方晶フェライト

この節で扱おうとする物質群は，図 5-14 の Fe_2O_3-BaO-MO 系（M＝2 価金属）*9 の中に現れる M, W, X, U, Z, Y と呼ばれる相である[19]．これらの相は六方晶系あるいは三方晶系の構造を有しており，同じ系の中に存在するスピネル型の立方晶フェライト MFe_2O_4（3.4節）と区別して，六方晶フェライト（hexagonal ferrite）[19] と呼ばれている．六方晶フェライトは大半が強磁性相であり，とりわけ M 相はフェライト磁石の材料として広く実用に供されている．また，これらの相は互いにホモロガスな関係にある．Fe を Al や Ga を含む3価金属とし，Ba を Pb やアルカリ土類金属を含む2価金属として，より一般化することもできるが，ここでは Fe と Ba の場合に絞って話を進める．それでも十分に一般性を確保できる．

M 相

図 5-15 は六方晶系に属する $BaFe_{12}O_{19}$ の構造[20]である．この相は図 5-14

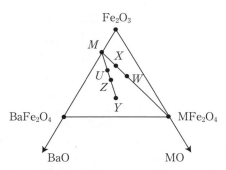

図 5-14 Fe_2O_3-BaO-MO 系（M＝2 価金属）の中に現れる六方晶フェライト相[19]．

---

*9 三角相図は 6 章で詳しく解説する．この節を理解する上で相図の知識は必要としない．

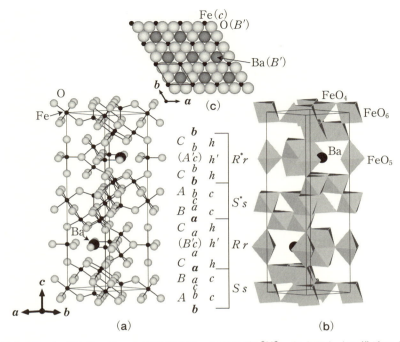

図 5-15 （a）$BaFe_{12}O_{19}$ の構造（M 相，六方晶系）[20]．（b）図（a）の構造における多面体の連結．（c）（$B'c$）に相当する（001）面に平行なスライス．

の M 相にほかならない．マグネトプランバイト（magnetoplumbite）型[*10] として知られるこの構造の c 軸長は 23 Å に達し，かなり複雑である．しかし，ここまで結晶構造の成り立ちを読み進めてきた読者にとっては恐れるには当たらない．まず，この構造は O（および Ba）の最密充填からできている．その c 軸方向への積み重なりは，$ABCB'CBACA'C$ であり，10 枚周期である．ここで「$'$」の付いた層は O と Ba が造る層であり，組成は $Ba_{1/4}O_{3/4}$（BaO_3）である．この型の層は，ペロブスカイト構造を構成するものとしてすでに議論した（図 3-29（d））．O と Ba が一緒に最密充填をしていることを露わに示すのであれば，$Fe_{12}(O, Ba)_{20}$ という化学式が妥当である．「$'$」の有無を考慮せずに h-c

---

[*10] マグネトプランバイトは $BaFe_{12}O_{19}$ と同型の $PbFe_{12}O_{19}$ の鉱物名である．

表記を求めると*11,$cchhh$ となる．本節では h-c 表記においても「′」を付して $cchh'h$ とする．これに対応する Zhdanov 表記は 311 であるが*12,数字の個数は偶数でなければならないことを思い出すと，311311 が正しい表記である（$cchh'h$ を 2 度繰り返したものが単位の周期となる）．また，$p-q$ はゼロであることから，六方晶系の格子と $z=2$ が期待されるが，実際にそうなっている．興味深いことに「′」付きの層の存在にもかかわらず，(n, m) 型物質と同じ規則が成立しているのである．

ここで，陽イオンの位置までを含めた原子配置について，マグネトプランバイト型を，スピネル型と比較してみる．スピネル型の配置は，$Ab_{1/4}c_{1/4}a_{1/4}Ba_{3/4}Ca_{1/4}b_{1/4}c_{1/4}Ac_{3/4}Bc_{1/4}a_{1/4}b_{1/4}Cb_{3/4}$ であった．しかし，この形式でマグネトプランバイト型を表すと冗長になるため，この節では次のように約束する．ボールドの小文字は当該席の 3/4 が金属原子で占められていることを意味し，ボールドでない小文字は 1/4 が占められているものとする．すると，2 つの型の配置は以下のように表すことができる．

マグネトプランバイト型

$AbcaB\boldsymbol{a}Ca(B'c)aC\boldsymbol{a}Bacb A\boldsymbol{b}Cb(A'c)bC\boldsymbol{b}$

スピネル型

$AbcaB\boldsymbol{a}CabcA\boldsymbol{c}BcabC\boldsymbol{b}$

マグネトプランバイト型の最初の ABC という O の並びと，層間の Fe の配置は，スピネル型構造そのものである．一方，それに続く $Ca(B'c)aC$ という並びは，Fe の配位として 6 配位(a)-5 配位(c)-6 配位(a) であり，スピネル型とは異なる．ここで 6 配位の Fe を除いた $C(B'c)C$ という配置は，(n, m) 型物質において出てきた三方両錐体型 5 配位に対応するものである．つまり，h' 層の 5 配位位置の 1/4 が占められていることになる．図 5-15(c) に $(B'c)$ 層のみを取り出して示すが，ペロブスカイト型（図 3-29(d)）と同様な，Fe と Ba が接触しない配列が見て取れる．図 5-15(b) から分かるように，$hh'h$ に

---

*11 例えば $C'AC$ の A 層は厳密には h 層ではないが，原子の位置にだけ着目して，この場合も h 層であると考える．

*12 Zhdanov 表記を導出する際は，hc から始めて $hcch^*h^*$ とすると 5.3 節の方法が使える．

相当する部分では，八面体2つが面を共有してc軸方向に連結し，対を造っている．

図5-15(a)に示すように，3/4が占められた6配位席のFeを，半分に分ける位置に境界を入れ，SおよびRブロックを定義する．すなわちSブロックは$(1/2\boldsymbol{b})AbcaB(1/2\boldsymbol{a})$，$R$ブロックは$(1/2\boldsymbol{a})Ca(B'c)aC(1/2\boldsymbol{a})$である．ここで$(1/2\boldsymbol{b})$は$b$層の半分を意味し占有率としては$b_{3/8}$である（$(1/2)\boldsymbol{a}$も同様に$a_{3/8}$である）．ここから，それぞれの組成は$Fe_6O_8$および$BaFe_6O_{11}$であることが分かる[*13]．図5-15の$S^*, R^*$は，それぞれ$S, R$と結晶学的に等価なブロックであり，$S, R$に対して$A(a) \to B(b)$，$B(b) \to A(a)$の変換[*14]を施すことで得られるものである．$S, S^*, R, R^*$を用いると，マグネトプランバイト型構造は$SRS^*R^*$と表すことができる．$h$-$c$表記と$S$-$R$表記の間には，$cc = S(S^*)$，$hh'h = R(R^*)$の関係があり双方向に変換することができる．

S, S^*, R, R^*を用いた表記は一般的に使われているが，本節の取り扱いでは，$S(R)$と$S^*(R^*)$を必ずしも区別する必要はない．そのため，「*」を使用せず，Sとトポロジカルな意味で等価なブロックはすべてs，Rと等価なブロックはすべてrで表すことにする．(n, m)型物質におけるU-T表記と同様な考え方である．これに従うと$s = Fe_6O_8 = cc$，$r = BaFe_6O_{11} = hh'h$となる．また，マグネトプランバイト型はsrと表すことができ，分子式$BaFe_{12}O_{19}$とh-c表記$cchh'h$に対応する．

W相

次はW相を検討する．W相の分子式は$BaM_2Fe_{16}O_{27}$である．Mとしては Fe，Mn，Ni，Co，Zn，Mgなどの2価金属が入る．**図5-16(a)** は，M = FeのW相，$BaFe_{18}O_{27}$[*15]の構造[21]である．O(Ba)層の積み重なりは，$ABCABA'BACBACA'C$であり，ここからh-c表記として$ccchh'h$，Zhda-

---

[*13] 最密充填層は(001)面内について格子当たり4個のO(Ba)を含んでいる（図5-15(c)を参照）．そのため，$Fe_{3/2}O_2$，$Ba_{1/4}Fe_{3/2}O_{11/4}$を4倍したものが組成となる．
[*14] この変換は，Cを中心にしてc軸周りに180°回転することに相当する．
[*15] 18個のFeのうち，16個が3価で残りの2個は2価である．

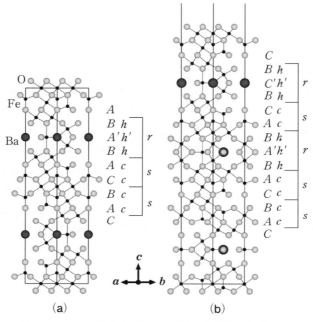

図 5-16 （a）$BaFe_{18}O_{27}$ の構造（W 相，六方晶系）[21]．（b）$BaFe_{15}O_{23}$ の構造（X 相，三方晶系，c 軸長の半分のみを示す）[22]．

nov 表記として 511511 が求まる．$p-q=0$ であることから，六方晶系が期待されるが，実際にそうなっている．また，h-c 表記を 2 回繰り返したものが単位周期であることから，$z=2$ が期待されるが，これも予想通りである．一方，$cc \rightarrow s$，$hh'h \rightarrow r$ の置き換えにより，この構造の s-r 表記は，ssr である．

X 相

X 相は，M 相と W 相のハイブリッドであり，$ssrsr$ の配列を持っている．ここでは，この配列から逆に骨格構造を導出してみる．$s \rightarrow cc$，$r \rightarrow hh'h$ の置き換えにより，h-c 表記は $ccccнh'hccнh'h$ となる．ここから Zhdanov 表記 511311 が求まり，$p-q=2$ より，三方晶系の対称性と，$ccccнh'hccнh'h$ を 3 回繰り返したものが単位の周期であることが分かる．s, r の組成をそれぞれ，$(M, Fe)_6O_8$，$Ba(M, Fe)_6O_{11}$ として，$[(M, Fe)_6O_8]_3[Ba(M, Fe)_6O_{11}]_2$ に

電荷中性の条件（$Ba^{2+}, M^{2+}, Fe^{3+}, O^{2-}$）を課すことで，ssrsr の組成は，$Ba_2M_2Fe_{28}O_{46}$ となる*16．これを簡約することでより簡単な $BaMFe_{14}O_{23}$ が得られる．簡約した分子式を使うと，6分子が単位格子に含まれる（$z=6$）．図 5-16(b) は M＝Fe の X 相，$BaFe_{15}O_{23}$ の構造[22]を c 軸長の半分だけ示したものである．A-B-C, h-c, s-r の各表記を合わせて記載する．

Y 相

Y 相は $BaMFe_6O_{11}$ で表され，M としては Mg, Ni, Zn, Mn などの報告があるが，ここでは M＝Zn の相について検討する．図 5-17 は $BaZnFe_6O_{11}$ の構造[22]である．O の配列を書き下すと，$ABCB'C'BCABA'B'ABCAC'A'C$ と

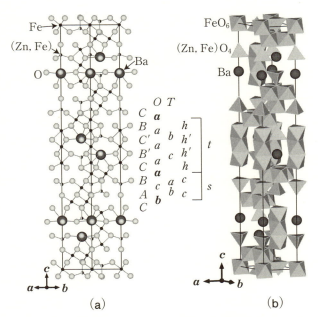

図 5-17 （a）$BaZnFe_6O_{11}$ の構造（Y 相，三方晶系）[22]．O, T はそれぞれ八面体位置，四面体位置を表す．（b）図（a）の構造における多面体の連結．

---

*16 分子の組成の計算では，Fe と M がランダムに s, r ブロックを占めると仮定して構わない（実際には，s, r ブロックで分配が異なると考えられる）．

なり，h–c 表記は cchh'h'h，Zhdanov 表記は 3111 である．$p-q=2$ より，三方晶系の対称性と h–c 表記を3回繰り返すことで六方格子の単位周期ができ上がることが期待されるが，実際にそうなっている．hh'h'h という並びは r ブロックの hh'h とは異なっており，hh'h'h に対応する新たなブロック t を定義する必要がある*17．t ブロックを金属の位置まで含めて書き下すと，$(1/2\boldsymbol{a})CacB'aC'baB(1/2\boldsymbol{a})$ となる（ボールドの文字が占有率 3/4，それ以外が 1/4 である）．このブロックには Ba を含む最密充填層（「'」付きの層）が2枚連続して現れる（B' と C'）．r ブロックでは，h' 層の 5 配位位置が金属原子によって占められていた．これに対して，t ブロックでは，三方両錐体の1つの頂点が Ba によって占められているため（図 5-17（b）参照），当該金属原子は $\boldsymbol{c}$ 軸に沿って四面体位置に移動している．したがって，$(B'c)$ のような配置は現れない．図 5-17 では金属元素の位置を八面体位置（O）と四面体位置（T）に分けて記載してある．図 5-17（b）示されるように，t ブロックでは，八面体が3つ面共有によって $\boldsymbol{c}$ 軸方向に連結している．

 s と t ブロックを用いると，Y 相の構造は st で表され，先に述べたように $\boldsymbol{c}$ 軸長当たり st が3つ含まれる．Zn が四面体位置のみをランダムに占めていると考えると，四面体位置の原子は $(Zn_{0.5}Fe_{0.5})$，すなわち Zn と Fe の 1:1 混合原子となる．ここから，t ブロックの組成は，$Ba_2ZnFe_7O_{14}$*18 であり，s ブロックの組成は $ZnFe_5O_8$*19 となる．したがって，st は $Ba_2Zn_2Fe_{12}O_{22}$ に対応し，これを簡約して分子式 $BaZnFe_6O_{11}$ が導出される．単位格子には簡約した分子が6個含まれる（$z=6$）．

Z 相

 Z 相には s, r, t のすべてが含まれ，s–r–t 表記は srst となる．この型は，M 型と Y 型のハイブリッドと考えてもよい．srst から cchh'hcchh'h'h と 31131113113111 が容易に求まり，$p-q=0$ より，六方晶系の対称性と $z=2$ が推定できる．s, r, t の組成，$(M, Fe)_6O_8$，$Ba(M, Fe)_6O_{11}$，$Ba_2(M, Fe)_8O_{14}$

---

*17 文献では大文字の T が使われているが，ここでは小文字に統一する．
*18 一般には $Ba_2(M, Fe)_8O_{14}$ とする必要がある．
*19 一般には $(M, Fe)_6O_8$ とする必要がある．

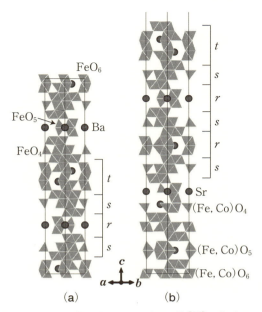

図 5-18 （a）$Ba_3Fe_{26}O_{41}$ の構造（Z 相，六方晶系）[23]．（b）$Sr_2CoFe_{18}O_{30}$ の構造（U 相，三方晶系，c 軸長の半分のみを示す）[24]．

から，s_2rt の組成を導出すると $Ba_3(M,Fe)_{26}O_{41}$ となり，電荷中性の条件から $Ba_3M_2Fe_{24}O_{41}$ が求まる．M としては Fe，Mn，Zn，Co，Cu，Ni，Mg などが知られている．**図 5-18**(a) は M=Fe の $Ba_3Fe_{26}O_{41}$ の構造[23]である．

U 相

最後は U 相である．U 相に対応する s-r-t 表記は $srsrst$ であり，ここから $cchh'hcchh'hcchh'h'h$，3113113111，三方晶系（$p-q=2$），$z=3$ が導出される．その組成は $[(M,Fe)_6O_8]_3[Ba(M,Fe)_6O_{11}]_2[Ba_2(M,Fe)_8O_{14}](s_3r_2t)$ と電荷中性の条件より，$Ba_4M_2Fe_{36}O_{60}$ であるが，簡約すると $Ba_2MFe_{18}O_{30}$ が得られ，簡約した分子で数えると $z=6$ である．U 相の報告は多くないが，M=Zn の相が知られている．また，Ba の代わりに Sr が入った $Sr_2CoFe_{18}O_{30}$ も U 相である．図 5-18(b) にその構造[24]を c 軸長の半分だけ示す．c 軸長は 112.6 Å に達するが，構造の成り立ちを理解すれば，見かけほど複雑ではない．

表 5-2 六方晶フェライトの結晶構造.

相	化学式	結晶系 [†1]	構造の表記			z
			s-r-t	h-c	Zhdanov	
M	$BaFe_{12}O_{19}$	H	sr	$cchh'h$	311311	2
W	$BaM_2Fe_{16}O_{27}$	H	ssr	$ccchh'h$	511511	2
X	$BaMFe_{14}O_{23}$	R	ssrsr	$ccchh'hcchh'h$	511311	6
Y	$BaMFe_6O_{11}$	R	st	$cchh'h'h$	3111	6
Z	$Ba_3M_2Fe_{24}O_{41}$	H	srst	$cchh'hcchh'h'h$	31131113113111	2
U	$Ba_2MFe_{18}O_{30}$	R	srsrst	$cchh'hcchh'hcchh'h'h$	3113113111	6

†1 H:六方晶系, R:三方晶系(R格子).

表 5-2 は,以上の検討をまとめて,各相の構造の基本的な成り立ちを整理したものである.

5.5 高温超伝導体系列

図 5-19 は主な超伝導体の発見年とその超伝導転移温度(T_c)をプロットしたものである.1905 年に水銀で初めて発見された超伝導は,長い間,非常に低い温度でのみ観測される現象であった.T_c を上げることは多くの研究者の夢であり,地道に新規超伝導相の探索が繰り返された.その結果,T_c はゆっくりとではあるが更新されてきた.しかし,1960 年代に至って,それも頭打ちとなってしまった.「T_c の上限は 30 K 程度」という意味の「BCS の壁」という言葉が当時の悲観的な状況を表している.これを一変させたのが,1986 年の Bednorz と Müller による銅酸化物系における新しい超伝導体,すなわち高温超伝導体[25,26]の発見であった[27].この発見を契機として,その後の数年間で,銅酸化物系超伝導体の探索は爆発的に進み,T_c は液体窒素温度(77 K)を越え 135 K にまで達することになる.

本節では種々の高温超伝導体の構造を議論するが,前節までの構造を中心とした取り扱いとは少し異なり,「高温超伝導という機能を発現する舞台」という観点から構造を眺めていくことにする.

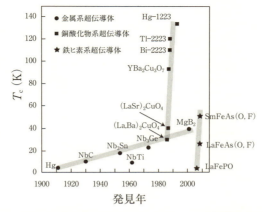

図 5-19　主要な超伝導体の発見年とその超伝導転移温度(T_c).

CuO_2 層

高温超伝導の発現にとって決定的に重要な構造単位は，図 5-20(a)に示す CuO_2 層である．この層はペロブスカイト構造において出てきた TiO_2 層（図 3-38(c)）とトポロジカルには等価である．銅酸化物高温超伝導体はすべてこの 2 次元のユニットを構造中に持っている．CuO_2 層をベースとする銅酸化物において，Cu は平面 4 配位，ピラミッド型 5 配位，z 方向に伸びた八面体型 6 配位のいずれかの配位を取る[20]．図 5-20(b)にこれら 3 種類の配位を示す．Cu^{2+} の電子配置は $3d^9$ であるが，3 種類の配位環境のいずれにおいても d 電子の相対的なエネルギー順位は図 2-26(b)に示すようなものとなる．CuO_2 層では，Cu $3d_{x^2-y^2}$ と O $2p$ 電子が強く混成することで 2 次元性の強いバンドができ上がる．$d_{x^2-y^2}$ 由来のバンドは半分しか占められていないため，普通に考えると金属的な伝導が期待されるが，実際には半導体的振る舞いが観測される．その原因は，Cu における強い電子間クーロン相互作用である．$d_{x^2-y^2}$ 由来のバンドを電子が移動するときに，2 個の電子が同時に 1 つの Cu 席を占める過程が必要となるが，電子相関によってそのような状態が不利にな

---

[20] Cu^{2+} イオンに対しては強いヤーン-テラー効果が働く（2.6 節）．

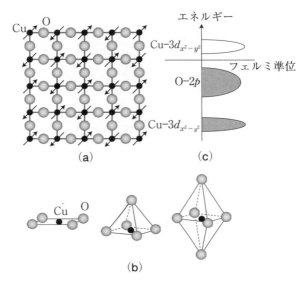

図 5-20 （a）CuO_2 層．矢印は模式的に表したスピンの向き．（b）2価の銅酸化物における Cu の配位環境．（c）2価の銅酸化物のフェルミ準位近傍のバンド描像．

るのである．結局，Cu 当たり1個ずつ不対電子が局在し，そのスピンが図5-20（a）の矢印のように，最近接の席の間で逆向きになるように秩序化される．すなわち反強磁性磁気秩序が CuO_2 層の基底状態となる．CuO_2 層を含む銅酸化物のフェルミ準位近傍のバンド描像は，図5-20（c）に示すようなものであると考えられている[25,28]．強い電子相関によって，$d_{x^2-y^2}$ バンドは2つに分裂してしまうが，Cu のような原子番号の大きな遷移金属酸化物で特徴的なことは，O 2p バンドが分裂した $d_{x^2-y^2}$ バンドの間に位置する[*21]ことである[25,28]．

　反強磁性状態の CuO_2 層をどのようにして超伝導状態に変えるかが，次の問題である．世界中で行われた研究が導き出した処方箋は，「CuO_2 層にキャリア（ホールまたは電子）をドープする」というものである．この処方箋に従えば，ほぼ例外なく超伝導状態が実現する．キャリアがホールの場合は，O 2p

---

[*21] このような物質は電荷移動型モット絶縁体と呼ばれている．

由来のバンドに，電子の場合は高エネルギー側の $d_{x^2-y^2}$ 由来のバンドに導入されることになるが，いずれの場合も，キャリアドープによって反強磁性秩序は消失して金属的伝導がもたらされ，低温では超伝導が発現する．

高温超伝導体の構造の概要と Tl-12($n-1$)n 系列

Cu の価数を +2 とすると，CuO_2 層は -2 の形式価数を持っている．したがって，この面を含む最も簡単な構造は，2価の陽イオン層を挿入することででき上がる．$Sr_xCa_{1-x}CuO_2$ が正にこのような物質である．この相は常圧下では $x=0.15$ 付近に狭い固溶範囲しか持たないが，高圧下では $x=0\sim1$ の全域で固溶体を形成する[29]．図 5-21(a)はエンドメンバーの $CaCuO_2$ の構造[29]である．以下で明らかになるように $CaCuO_2$ はすべての銅酸化物超伝導体の母物質と見なすことができる存在である．

$Sr_xCa_{1-x}CuO_2$ にキャリアを注入するための最も簡単な方法は，Ca(Sr)の一部を2価以外の金属で置換することである．実際に3価の La や Nd による部分置換によって電子がドープされ[*22] 超伝導が発現する．反対に1価の金属，Na や K で部分置換すれば，ホールが導入されると考えるかもしれないが，それは正しくない．CuO_2 層への電子やホールのドープは Cu の配位環境に依存し，電子ドープは Cu が平面4配位の場合にのみ可能であり，ホールドープはピラミッド型5配位，八面体型6配位のいずれかの場合に可能であ

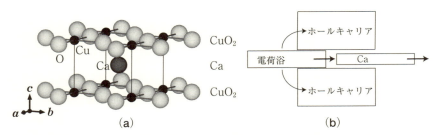

図 5-21 （a）$CaCuO_2$ の構造（高圧安定相，正方晶系）[29]．（b）銅酸化物へのホールキャリアの導入方法[26]．

---

*22 Ca^{2+} を $La^{3+}+e^-$ で置き換えることになるため，電子キャリア e^- がドープされる．

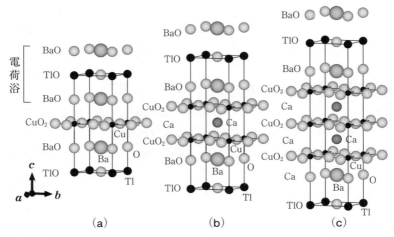

図 5-22 $TlBa_2Ca_{n-1}Cu_nO_{2n+3}$ の構造. (a) $TlBa_2CuO_5$ ($n=1$). (b) $TlBa_2CaCu_2O_7$ ($n=2$, 正方晶系)[31]. (c) $TlBa_2Ca_2Cu_3O_9$ ($n=3$, 正方晶系)[31].

る. $CaCuO_2$ の Cu は平面 4 配位であるため,CuO_2 層へのホールドープにはより複雑な操作が必要となるのである. 今までに発見されている高温超伝導体のほとんどはホールドープの p 型超伝導体であり,電子ドープの n 型は例外的な存在である. そのため,ホールドープは超伝導体の開発において中心的な課題である.

$CaCuO_2$ を母物質として,そこにホールをドープするには,図 5-21(b) に示すように,Ca 面をそっくり別の層状ユニットで置き換えることが必要になる[26]. このことを具体的に示すために,BaO-TlO-BaO という 3 重の層を例にとる. BaO も TlO も,すでに出てきた NaCl 型の層(図 3-38(b))である. 仮にすべての Ca 層を BaO-TlO-BaO で置き換えると,**図 5-22**(a)に示す物質 $TlBa_2CuO_5$*23 が得られる. Ca 面を 1 枚おきに置き換えると,図(b) の $TlBa_2CaCu_2O_7$ が,2 枚おきに置き換えると,図(c)の $TlBa_2Ca_2Cu_3O_9$ が得られる[30,31]. 一般に,$n-1$ 枚おきに置き換えた場合は,

---

*23 定比組成を持った物質を合成するのは困難であるが,Ba の一部を希土類元素で置換すると安定化できる.

$TlBa_2Ca_{n-1}Cu_nO_{2n+3}$ という組成となる．

Ca 面は +2 の形式電荷を持つのに対して，BaO-TlO-BaO という3重層の形式電荷は Tl を3価とすると，+1 である．したがってこの置き換えによって，ホールが1つ生成される．一般に $n-1$ 枚おきに置換した場合は，Cu 原子当たり平均 $1/n$ 個のホールが導入されることになる．つまり置換の頻度によって注入されるホールの平均密度が決まる[*24]．このことから，BaO-TlO-BaO のような構造ユニットは電荷浴 (charge reservoir) と呼ばれている．ホール導入の仕組みを模式的に示したものが，先に見た図 5-21(b) であり，Ca 面を置換する電荷浴は p 型超伝導体に不可欠なホールを供給する役割を果たすのである．一方，Cu の配位に注目すると，$TlBa_2CuO_5$ では八面体型6配位，$TlBa_2CaCu_2O_7$ ではピラミッド型5配位であり，$TlBa_2Ca_2Cu_3O_9$ の場合はピラミッド型5配位と平面4配位の両方が存在する．つまりこの置換によって，ホールドープのための構造的条件も満たされるのである．$TlBa_2CaCu_2O_7$ と $TlBa_2Ca_2Cu_3O_9$ は実在する高温超伝導体であり[30]，T_c はそれぞれ，~85 K および 110 K である．さらに $n=5$ までの超伝導相が常圧下で合成可能である．

上の議論を一般化して，AO-MO-AO という電荷浴による置換は，$MA_2Ca_{n-1}Cu_nO_{2n+3}$ という系列をもたらす．ここで M は電荷浴を規定する金属元素であり（上の例では Tl），A はアルカリ土類元素，あるいは稀土類元素である．このような系列やそのメンバーは，M-12$(n-1)n$ と略記される．数字はそれぞれ化学式中の M, A, Ca, Cu の数[*25]であり，例えば，$TlBa_2CaCu_2O_7$ は Tl-1212 で表される．

AO-MO-AO 以外にも様々な電荷浴が報告されており，非常に複雑なケースもある．本書では次の3種類の電荷浴およびその関連系のみを扱うことにする．重要な高温超伝導体はほぼこれでカバーできる．

① AO-MO-AO： $MA_2Ca_{n-1}Cu_nO_{2n+3}$ M-12$(n-1)n$

[*24] Cu 席が複数種類ある場合には，席によってホールの密度が異なることが考えられる．

[*25] 最後の数字は CuO_2 層を形成する Cu の数であり，M として含まれるものは最初の数に含める．

② AO-MO-MO-AO： $M_2A_2Ca_{n-1}Cu_nO_{2n+4}$　M-22$(n-1)n$
③ AO-AO：　　　　$A_2Ca_{n-1}Cu_nO_{2n+2}$　　02$(n-1)n$

ここで，③の AO-AO 型電荷浴の場合は M がないため，略記号の最初の数字をゼロとしている．

Hg-12$(n-1)n$ 系列

Tl-12$(n-1)n$ は AO-MO-AO 型電荷浴を持つ系列の典型例であるが，それと本質的に同じ系列として，$HgBa_2Ca_{n-1}Cu_nO_{2n+2+\delta}$ [Hg-12$(n-1)n$] がある[32,33]．常圧下では $n=1\sim4$ の相が合成でき *26，いずれも高い T_c を有する超伝導体である．特に $n=3$ の $HgBa_2Ca_2Cu_3O_{8+\delta}$ は，現在までに発見されている超伝導体の中で最も高い温度，135 K で超伝導状態へと転移する．Hg 系の構造的特徴は，Hg 層の O がほとんど欠損していることである．すなわち，電荷浴 BaO-HgO$_\delta$-BaO における δ は〜0.1 程度であり，Hg への O の配位はダンベル型の 2 配位(O-Hg-O)に近いものである．しかし，このわずかな O はホールの注入という点では本質的に重要である．Hg を 2 価とすると，2δ 個のホールが生成され，それが超伝導を担うからである．Hg 系のように，電荷浴では非常にしばしば，酸素の欠損，過剰酸素の導入，種々の構造欠陥の導入などが起こる．むしろ，定比の組成を持つ電荷浴は例外的であるとさえいえる．先に電荷浴により注入されるホールの数はその挿入頻度$(1/n)$によって決まるとしたが，実際には電荷浴の詳細な組成を知らないと正確なホール濃度は求まらない．さらに組成は温度，圧力，酸素分圧等の外的条件によって変動する場合が多い．高温超伝導体の研究を難しくする要因の 1 つがこの不定比かつ変動する電荷浴の組成である．

$YBa_2Cu_3O_7$(Cu-1212)超伝導体

$YBa_2Cu_3O_7$ は特別な超伝導体である．この物質の発見によって T_c が液体窒素温度(77 K)を初めて超えたからである[34]．図 5-23(a),(b)に斜方晶系に属するその構造[35]を示す．この物質は単位周期に CuO_2 層が 2 枚含まれていて，$n=2$ の Cu-1212 に相当する相である．すなわち，電荷浴は BaO-

---

*26　高圧合成により $n=8$ までの相が得られている．

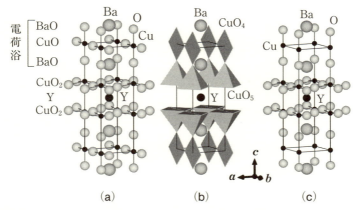

図 5-23 (a) $YBa_2Cu_3O_7$ の構造(斜方晶系)[35]．(b) 図(a)の構造における多面体の連結．(c) $YBa_2Cu_3O_6$ の構造(正方晶系)[35]．

CuO-BaO であり，CuO_2 層だけでなく電荷浴にも Cu が含まれている例である．一方，Ca は Y で置き換わっている．これは $CaCuO_2$ に対して，① Ca 層を1枚おきに，BaO-CuO-BaO 電荷浴で置換，②残された Ca 層をさらに Y 層で置換，の2段階の操作を行ったものと考えればよい．BaO-CuO-BaO の Cu を2価と仮定すると，この電荷浴は2個のホールを生成するが，Ca→Y の置換により，逆に電子が1個生成する(ホールが1個失われる)ため，結局，単位化学式当たり1個のホールがドープされる勘定になる．

電荷浴を構成する CuO 層は，TlO 層のような NaCl 型ではない．Cu イオンが相対的に小さいことと，平面4配位を好む傾向があることにより，電荷浴の O は b 軸上の Cu と Cu の中間に位置し，b 軸方向に Cu-O の1次元の鎖が形成されている．図5-23(b)に示すように，BaO 面の O を含めると CuO_4 四角形が頂点を共有して b 軸方向に鎖を造る．$b>a$ の斜方晶系の構造はこの1次元鎖の存在によるものである．$YBa_2Cu_3O_7$ が特異なのは，Cu-O 鎖の O が温度や気相の酸素分圧に依存して，容易に着脱することである．$YBa_2Cu_3O_x$ とすると，x は温度を上げ酸素分圧を下げると6に近い値にまで減少させることができる．**図 5-24** に示すように酸素の減少に伴って，a 軸長と b 軸長の差は縮まり，x が 6.3〜6.4 で正方晶系へと転移する[35]．1次元鎖の O すべてを取り去った正方晶系の $YBa_2Cu_3O_6$ の構造[35]を図5-23(c)に示す．

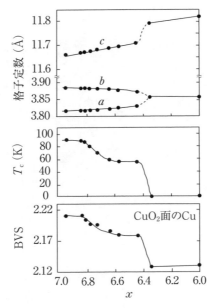

図 5-24 $YBa_2Cu_3O_x$ における格子定数,超伝導転移温度(T_c),CuO_2 層の Cu の BVS の x 依存性(参考文献[35],Fig. 5 および Fig. 16 より).

電荷浴中の Cu の価数を +2 と仮定すると $x=6.5$ において,CuO_2 層のホール濃度はゼロになるはずである.図 5-24 に超伝導転移温度 T_c の x 依存性[35]を示すが,確かに x の減少に伴い T_c は単調に低下し,ホール濃度が減少していることと矛盾しない.しかし,超伝導が消失するのは $x=6.5$ ではなく,6.35 付近である.このことは,酸素欠損が多い状況では,電荷浴中の Cu は部分的に 1 価になり,それによって CuO_2 層へのホールドープが維持されていることを示唆している.図 5-24 には BVS 法(2.5 節)によって求めた,CuO_2 層の Cu の価数を合わせて示してある[35].x の減少と共に Cu の BVS も減少するが,直線的ではなく $x=6.5$ においても CuO_2 層に一定量のホールがドープされている.また,T_c と BVS の間には強い相関が認められる.

$YBa_2Cu_3O_7$ の Y は La~Lu の全ランタノイド元素によって,完全に置換できることが分かっている.またそのような置換体は Pr の場合を除いてすべて超伝導を示す.一方,Ba の Sr による全置換は,高圧下でのみ可能である.

M-12$(n-1)n$ (M=B, Al, Ga)系列

Tlは13族の金属元素であるが,高圧下では,同じ13族のB, Al, Gaについても M-12$(n-1)n$ 系列の超伝導相が合成できる[26]. ただし,AO-MO-AO における A は Ba ではなく Sr にする必要がある. すなわち系列の化学式は,MSr$_2$Ca$_{n-1}$Cu$_n$O$_{2n+3}$ (M=B, Al, Ga)である. B については $n=3\sim6$, Al については $n=3\sim5$, Ga については $n=2\sim4$ の相が報告されている. いずれの系列においても $n=4$ の相が最高の T_c を示し,110 K 付近の値が観測されている[26].

図 5-25 は M=Tl (A=Ba)を含む M-12$(n-1)n$ 系列の ***a*** 軸長を n に対してプロットしたものである[26]. 図には CaCuO$_2$ の値を合わせて示してあるが,***a*** 軸長は n が大きくなるにつれて,この値に漸近するはずである. 実際に,M=B, Al, Ga の場合,***a*** 軸長は n の増大と共に急激に増大し,CaCuO$_2$ の値に近づく*27. 一方 M=Tl (A=Ba)の場合は,***a*** 軸長はほとんど n に依存

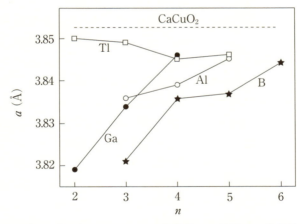

図 5-25 M-12$(n-1)n$ (M=B, Al, Ga, Tl)系列の ***a*** 軸長の n 依存性. M=Tl については A=Ba, 他は A=Sr. 斜方晶系の Ga 系列については擬正方格子の定数をプロット(参考文献[26],Figure 9 より).

---

*27 これに近い現象を Ruddlesden-Popper 系列の Sr$_{n+1}$Ti$_n$O$_{3n+1}$ で見た(図 3-39).

せず, n が小さいときも $CaCuO_2$ に近い値を取る.

これらの事実から次のような推論が得られる. 常圧で安定な Tl 系列においては, Tl (および Ba) の大きなイオン半径が起因して, 電荷浴の(001)面内のサイズは $CaCuO_2$ ユニットのそれに近い. 一方, 高圧下でのみ安定な系列の場合は, 電荷浴の面内サイズは $CaCuO_2$ よりかなり小さい. したがって, 後者ではサイズミスマッチによって電荷浴には拡張のストレスが, $CaCuO_2$ ユニットには圧縮のストレスがかかる. このサイズミスマッチが常圧下での合成を妨げていると考えられる. 圧力の印加によって構造は圧縮されるが, 圧縮率は構造ユニットによって異なる. 上記の事実は $CaCuO_2$ ユニットの圧縮率は電荷浴より大きく, 圧力にはサイズミスマッチを小さくする効果があることを示唆している. 高圧下では常圧では得られない多種多様な高温超伝導体が合成できることから[26], サイズミスマッチの低減という圧力の効果は, 高温超伝導体全般にあてはまるように見える.

(Cu, M)-12$(n-1)n$ (M=C, S, P, Ge, Cr) 系列[*28]

AO-CuO-AO 型の電荷浴は Cu を 2 価と仮定すると, 単位式当たり 2 個のホールを生み出す. これは大きすぎる数で, 安定相を実現するためには, $YBa_2Cu_3O_7$ における Ca→Y 置換のような, ホール濃度が過剰にならないための操作が必要となる. その有力な方法が, 電荷浴中の Cu をより価数の高い元素で一部置き換えることである. このことは逆の方向から考えることもできる. M が 4 価の元素であるとき AO-MO-AO 電荷浴の形式電荷は +2 であり, ホールを生成しない. そこで M の一部をより価数の小さい元素で一部置き換えることでホールドープが実現する[26].

M=C の場合を例に取ろう. **図 5-26**(a)は正方晶系に属する C-1201 型物質 CSr_2CuO_5 ($Sr_2CuO_2CO_3$) の高温相の構造[36]である. 炭酸基(CO_3)を構成する O の位置にはいくつかの可能性があり, それらの位置を統計的に占めていると考えられる[*29]. CSr_2CuO_5 は超伝導体ではないが, C の一部を Cu で置き換えた (同時に Sr を一部 Ba で置き換えた) 物質 (Cu_xC_{1-x})

[*28] M は金属元素を示す記号として使ってきたが, ここでは非金属元素である C, S, P に対しても使用する.

5.5 高温超伝導体系列

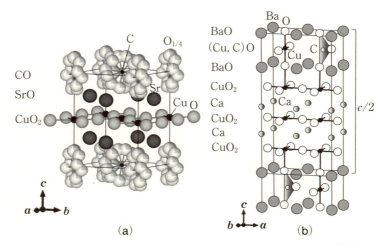

図 5-26 （a）CSr_2CuO_5（$Sr_2CuO_2CO_3$）の高温相の構造（正方晶系）[36]．C の周りの 12 個の酸素席の占有率はいずれも 1/4．（b）$(Cu,C)Ba_2Ca_2Cu_3O_9$［(Cu, C)-1223］の構造（斜方晶系）[38]（c 軸長のほぼ半分を示す）．

$(Ba_ySr_{1-y})_2CuO_5$（$x \sim 0.1, 0.4 \leq y \leq 0.65$）は $T_c \sim 40\,\mathrm{K}$ の超伝導体である[37]．この物質は(Cu, C)-1201 と表すことができ，構造中に炭酸基を含む初めての超伝導体であった．この物質の発見を契機として，高温超伝導体中の様々な元素が C によって置換され得ることが分かり，炭酸基を含む超伝導体は 1 つのグループを形成することになる．

高圧下では，100 K 以上の高い T_c を有する炭酸基超伝導体が合成できる．代表的な物質として，BaO-(Cu, C)O-BaO を電荷浴とする系列，$(Cu,C)Ba_2Ca_{n-1}Cu_nO_{2n+3}$［(Cu, C)-12($n-1$)$n$］があげられる．$n=3,4$ が合成でき，T_c はそれぞれ 67 K，117 K である[38]．図 5-26(b) に (Cu, C)-1223 の構造[38]を模式的に示す．炭酸基は三角形で示してあるが，炭酸基中の O は

---

*29 図 5-26(a)では，C の周りに 12 個の酸素席があり，それらの占有率はいずれも 1/4 である．この C の周りの O の位置に起因して，単位格子は，単純な正方格子 a_t，b_t，c_t の 2 倍の体積を持つ $a = a_t - b_t$，$b = a_t + b_t$，$c = c_t$ である（$z = 2$）．

CSr_2CuO_5 の場合と同じように、種々の位置を統計的に占めていると考えられる。この系列の特徴は電荷浴の $(Cu, C)O$ 面の Cu と C が、a 軸方向に Cu-C-Cu-C…のように交互に並んでいることである。これにより a 軸方向への2倍周期がもたらされる。一方、c 軸方向を見ると、ある電荷浴とその直上(直下)の電荷浴において、Cu, C の並びのフェーズが異なっている(Cu-C-Cu-C…に対して C-Cu-C-Cu…のように)。このため、c 軸方向へも2倍の周期となる。したがって、単純な正方晶系の格子ベクトル $\boldsymbol{a}_t, \boldsymbol{b}_t, \boldsymbol{c}_t$ に対して、$\boldsymbol{a} \approx 2\boldsymbol{a}_t, \boldsymbol{b} \approx \boldsymbol{b}_t, \boldsymbol{c} \approx 2\boldsymbol{c}_t$ の関係にある斜方格子を持つことになる。このような Cu と C の規則配列は、電荷浴の組成が BaO-$(Cu_{0.5}C_{0.5})$O-BaO であることを意味する。ここで、混合原子 $(Cu_{0.5}C_{0.5})$ は、M=B, Al, Ga, Tl と同じ形式価数 +3 を持っていることに注意すべきである。Cu-C の規則的な配列によって、活性な Ba イオンがすべて CO_3 基に結合することになるが、そのことが規則配列の駆動力として働いているものと考えられる。

(Cu, C)-12$(n-1)n$ とよく似た系列が、M=S, P, Ge, Cr に対して合成されている。いずれも高圧下での安定相である。これらのうち、$(Cu, S)Sr_2Ca_{n-1}Cu_nO_{2n+3}$ ($n=3\sim7$) および $(Cu, P)Sr_2(Ca, Y)_{n-1}Cu_nO_{2n+3}$ ($n=3\sim6$) は、共に $T_c>100$ K の超伝導体を含む系列であるが、Cu-C と同様な規則配列が、Cu-S や Cu-P にも起こっている。一方、$(Cu, Ge)Sr_2(Ca, Y)_{n-1}Cu_nO_{2n+3}$ ($n=3, 4, 6$)や$(Cu, Cr)Sr_2Ca_{n-1}Cu_nO_{2n+3}$ ($n=1\sim9$) では、Cu-Ge や Cu-Cr はランダムに配列している。M=S, P, Ge, Cr のいずれの場合も、ホールがドープされる詳しいメカニズムは分かっていないが、Cu/M の 1 からの偏倚、過剰酸素、陽イオン欠損など、欠陥や不定比性がホールの生成に関与しているものと考えられている[*30]。

(Cu, Cr)-12$(n-1)n$ 系列は $n=1\sim9$ の広い範囲にわたって存在するが、その T_c を n に対してプロットしたものが**図 5-27** である[39]。$n=1$ の非超伝導相から始まり、$n=3$ で T_c の頂点(103 K)を持ち、$n\geq8$ では再び超伝導は消失する。この変化は CuO_2 層のホール濃度の変化を反映しているものと考えら

---

*30 例えば、SrO-$(Cu_{0.5}Cr_{0.5})$O-SrO ユニットは、Cr を 6 価とするとホールを生成しないが、Cr の周囲に過剰の酸素が導入されそれがホール生成を担っていると考えられている。その場合は電荷浴の組成が SrO-$(Cu_{0.5}Cr_{0.5})O_{1+\delta}$-SrO となる。

5.5 高温超伝導体系列

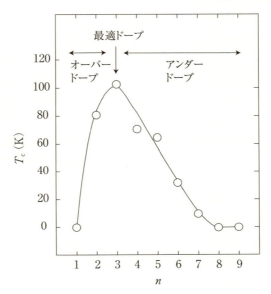

図 5-27 $(Cu, Cr)Sr_2Ca_{n-1}Cu_nO_{2n+3}[(Cu, Cr)-12(n-1)n]$ における超伝導転移温度 (T_c) の n 依存性 (参考文献[39], Fig. 11 より).

れる. すなわち, $n \leq 2$ はホール濃度の高すぎるオーバードープ領域に, $n = 3$ が最適ドープ領域に, $n \geq 4$ はホール濃度が少ないアンダードープ領域に対応する. (Cu, Cr)系に限らず, 高温超伝導体のホモロガス系列においては n が 3 または 4 のとき, T_c の最高値が得られる場合が多い.

T-, T′-, T*-R_2CuO_4 (0201)

K_2NiF_4 型の構造 (3.7 節) を有する La_2CuO_4 は象徴的な物質である. 1986 年に Bednorz と Müller はこの物質の La を一部 Ba で置換することによりホールをドープした. その結果得られた $(La, Ba)_2CuO_4$ は $T_c = 38$ K で超伝導状態に転移し, 最初の高温超伝導体という特別な地位を獲得したのである[27]. La_2CuO_4 も $CaCuO_2$ を母物質とするホモロガス群のメンバーの 1 つと考えることができる. すなわち LaO-LaO という 2 重層で, $CaCuO_2$ のすべての Ca 面を置き換えた相が La_2CuO_4 である. 先に述べたように, 2 重層では M に相当する元素がないため, この系列を $02(n-1)n$ と表記する. La_2CuO_4

は $n=1$ の 0201 相に対応する．La_2CuO_4 のような簡単な物質をわざわざこのように表記をする理由は，後で見るように，$n \geq 2$ の高次相が存在するからである．

K_2NiF_4 型構造で述べたように，LaO-LaO の積み重なりにおいて，(001)面内の原子位置に $1/2(\boldsymbol{a}+\boldsymbol{b})$ のシフトが起こるため，構造は CuO_2-LaO-LaO′-CuO_2′-LaO′-LaO… と表すことができ，$\boldsymbol{c}$ 軸方向に 2 分子で単位周期となる．例外を除けば，高温超伝導体全般に成り立つ規則として，電荷浴が奇数枚の層からできている場合(例えば，AO-MO-AO)には，$\boldsymbol{c}$ 軸方向に 1 分子が単位周期であり，LaO-LaO のように偶数枚の場合は 2 分子が単位周期となる．ただし La_2CuO_4 の実際の構造は対称性が落ちていて，正方晶系の格子 $\boldsymbol{a}_t, \boldsymbol{b}_t, \boldsymbol{c}_t$ に対して $\boldsymbol{a} \approx (\boldsymbol{a}_t - \boldsymbol{b}_t)$，$\boldsymbol{b} \approx (\boldsymbol{a}_t + \boldsymbol{b}_t)$，$\boldsymbol{c} = \boldsymbol{c}_t$ の関係にある斜方晶系の格子を持っている．そのため，単位格子には 4 分子が含まれている($z=4$)．しかし，La をアルカリ土類金属で置き換えていくと，a と b の差は次第に縮まり最終的に正方晶系へと転移する[*31]．図 5-28(a)には正方晶系に属する $La_{1.84}Sr_{0.16}CuO_4$ の構造[40]を示す[*32]．

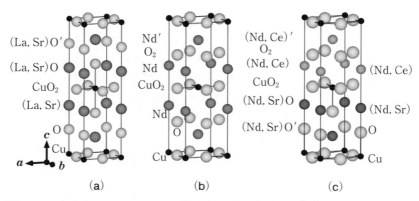

図 5-28 (a) $La_{1.84}Sr_{0.16}CuO_4$ の構造(T 型，正方晶系)[40]．(b) Nd_2CuO_4 の構造(T′型，正方晶系)[42]．(c) $(Nd_{0.66}Ce_{0.135}Sr_{0.205})_2CuO_4$ の構造(T^* 型，正方晶系)[43]．

---

*31 Sr による置換の場合，室温では $x \approx 0.05$ で，正方晶系への転移が起こる．
*32 この図では微量の過剰酸素の存在を無視している．

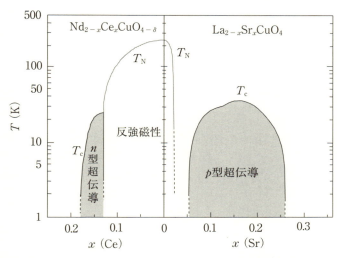

図 5-29 $La_{2-x}Sr_xCuO_4$ および $Nd_{2-x}Ce_xCuO_{4-\delta}$ 系の電子相図(参考文献[41],図3より).

LaO-LaO の 2 重層は単位式当たり +2 の形式電荷を持つことから,ホールを生成しない.そのため,La_2CuO_4 は超伝導体ではなく,反強磁性的磁気秩序を持った半導体である.La を Ba, Sr あるいは Ca で一部置換することでホールがドープされ超伝導が発現する.**図 5-29** の右側に $La_{2-x}Sr_xCuO_4$ の電子相図[41]を示す.横軸の Sr 濃度 x は Cu 当たりのホール濃度に等しいため,これはホール濃度と温度を変数とする相図である.反強磁性の磁気秩序はホールの導入と共に急激に消失し(反強磁性転移温度 T_N は x の増大と共に急激に低下し),代わりに超伝導が発現する.T_c は最初 x と共に上昇し(アンダードープ領域),$x=0.15$ 付近で最高値を取って(最適ドープ領域),さらに x を増やすと低下し(オーバードープ領域),最終的に超伝導は消失する.(Cu, Cr)-12$(n-1)n$ 系列でも見られたこのようなホール濃度と超伝導の関係は,高温超伝導体一般に成立するものである.

R=Pr, Nd, Sm, Eu, Gd の希土類元素についても化学式 R_2CuO_4 を持つ物質が存在する.しかし,その構造は K_2NiF_4 型ではない.今後,K_2NiF_4 型を T 型,R_2CuO_4 (R=Pr~Gd)の構造を T' 型と呼ぶことにする.図 5-28(b)に示す T'-Nd_2CuO_4 の構造[42]を T-$La_{2-x}Sr_xCuO_4$ のそれと比較すると,金属原

子の位置は基本的には同じで，電荷浴中の O の位置のみが異なっていることが分かる．(La, Sr)O-(La, Sr)O′ 電荷浴の O は近似的には La と同一面上にあるが，Nd_2O_2 電荷浴の O は 2 枚の Nd 面の間に位置する．そのため，この電荷浴は Nd-O_2-Nd と表記でき，Nd は立方体型 8 配位を取る．またそれを積み重ねた仮想的な構造は，3.3 節で見た蛍石型である．そのため蛍石型電荷浴と呼ばれることがある．この命名法に従えば，(La, Sr)O-(La, Sr)O′ 電荷浴は NaCl 型である．Nd-O_2-Nd 電荷浴は 3 枚構造ではあるが，LaO-LaO の場合と同様に，$1/2(\bm{a}+\bm{b})$ シフトが起こる．したがって Nd_2CuO_4 の構造は，CuO_2-Nd-O_2-Nd′-CuO_2'-Nd′-O_2-Nd と表すことができ，T 型と同様に $z=2$ である．

T′ 型構造の Cu は平面 4 配位であり，ドープできるのはホールではなく電子である．実際に Nd_2CuO_4 の Nd を一部 4 価の Ce で置換し，さらに酸素欠損を導入することで超伝導の発現に十分な量の電子がドープされる．図 5-29 の左側は，$Nd_{2-x}Ce_xCuO_{4-\delta}$ の x と温度をパラメーターとした電子相図である[*33]．x の増大と共に，反強磁性秩序が消失し，超伝導が発現する様子は，右側の $La_{2-x}Sr_xCuO_4$ におけるホールドープの場合と明瞭な対応関係がある．

T 型も T′ 型も古くから知られていた銅酸化物であるが，もう 1 つの構造，T^* 型が高温超伝導体の探索の過程で見つかった．図 5-28(c) に示すように，この構造[43]は T 型と T′ 型を折衷したものである．すなわち図 (c) の下半分は，NaCl 型電荷浴による T 型であり，上半分は蛍石型電荷浴による T′ 型である．結果として Cu はピラミッド型 5 配位となり，ホールドープが可能である．最初に見つかった T^* 型物質は，$(Nd_{0.66}Ce_{0.135}Sr_{0.205})_2CuO_4$ という中途半端な組成を持つ $T_c = 28$ K の超伝導体である．この物質は，ほぼこのピンポイントの組成でのみ存在し組成幅は狭い．一般に，T^* 型物質を安定化させるためには微妙な組成のチューニングが必要となる．

$(Nd_{0.66}Ce_{0.135}Sr_{0.205})_2CuO_4$ の NaCl 型電荷浴は $Nd_{0.59}Sr_{0.41}$ という混合原子で，蛍石型電荷浴は $Nd_{0.73}Ce_{0.27}$ という混合原子で占められていると考えられている．すなわち，かさ高い Sr^{2+} イオンはもっぱら NaCl 型電荷浴を占め，

[*33] この系は酸素欠損 δ を含んでいるため，ドープされる電子の数は x から計算されるよりも大きい．

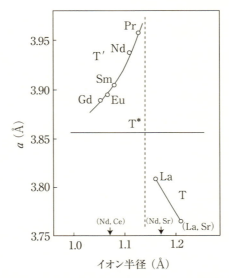

図 5-30 T-, T′-R$_2$CuO$_4$ の a 軸長の R イオンのイオン半径依存性と T*-(Nd$_{0.66}$Ce$_{0.135}$Sr$_{0.205}$)$_2$CuO$_4$ の a 軸長．La$_2$CuO$_4$ については擬正方格子の定数を使用．(Nd, Ce) は Nd$_{0.73}$Ce$_{0.27}$, (Nd, Sr) は Nd$_{0.59}$Sr$_{0.41}$ 混合原子を表す（参考文献[44], Fig. 5 より）．

相対的に小さい Ce^{4+} イオンは蛍石型電荷浴を占めるのである．図 5-30 は T-, T′-, T*-R$_2$CuO$_4$ の正方格子の a 軸長を R イオンのイオン半径に対してプロットしたものである[44]．T′ 安定領域と T 安定領域の境界は，Pr と La の間にあり，これを境に a 軸長は急激に変わるが，T*-(Nd$_{0.66}$Ce$_{0.135}$Sr$_{0.205}$)$_2$CuO$_4$ の a 軸長は両者の中間的な値を取る．また，当然予想されるように，Nd$_{0.59}$Sr$_{0.41}$ と Nd$_{0.73}$Ce$_{0.27}$ という混合原子のイオン半径はそれぞれ，T 安定領域と，T′ 安定領域に位置している．さらにこの図から，Nd$_{0.73}$Ce$_{0.27}$ 混合原子は比較的小さいイオン半径を持つ Gd や Eu などで，Nd$_{0.59}$Sr$_{0.41}$ 混合原子は La や La$_{1-x}$Sr$_x$ で置き換えることができそうなことが分かる．実際に，(La, R, Sr)$_2$CuO$_4$ (R=Y, Tb, Dy, Gd, Eu, Sm) で示される T* 型物質が合成されている．

02$(n-1)n$ ($n \geq 2$) 系列

$n=2$ の 0212 相の実例として，$La_2ACu_2O_6$ ($A=Ca, Sr, Ba$) をあげることができる．この物質群は半導体的な電気伝導を示すが，La を一部 Sr で置き換えた相，$(La, Sr)_2CaCu_2O_6$ 相は $T_c \approx 60\,K$ の超伝導体である．この事情は La_2CuO_4 で見たものと同じである．

$n \geq 3$ の高次相を含む 02$(n-1)n$ 系列は SrO-SrO 電荷浴について合成されている[26]．常圧下の安定相 Sr_2CuO_3 はこのユニットを構造中に持っているが，CuO_2 層の O が半分抜けて CuO 層となっているため，超伝導体ではない．一方，高圧下では $Sr_2Ca_{n-1}Cu_nO_{2n+2}$ ($n=1 \sim 4$) が安定に存在し，$n=2, 3, 4$ の相は超伝導を示すことが分かっている．ただし，この組成は理想的なものであり，実際には，電荷浴の O はかなり欠損している*34 と共に，Sr と Ca は，相互に混合していると考えられている．すなわち，この系列の組成は，$(Sr, Ca)_2(Sr, Ca)_{n-1}Cu_nO_{2n+2-\delta}$ と表記されるべきものである．

SrO-SrO 電荷浴の O をハロゲン ($X=F, Cl, Br$) で置換することを考える．SrX-SrX 電荷浴は形式電荷が $2+$ であり，その点では LaO-LaO 電荷浴と同じである．実際に SrCl-SrCl ユニットをベースとする $Sr_2CuO_2Cl_2$ が合成されており，その構造は基本的には La_2CuO_4 と同じ 0201 型である．このようなハロゲンを含む系にホールをドープして超伝導体化を図るという試みの，最初の成功例が $Sr_2CuO_2F_{2+\delta}$ である．$SrCuO_2$ と F_2 ガスの反応から得られたこの物質は，SrF-SrF を電荷浴とする 0201 型超伝導体 ($T_c = 46\,K$) である[45]．SrF-SrF 電荷浴はホールを生成しないため，δ 個の過剰フッ素はホール生成という意味で本質的に重要である．高圧下では，02$(n-1)n$ 系列のより高次の相，$Sr_2Ca_{n-1}Cu_nO_{2n}F_{2+\delta}$ ($n=2 \sim 5$) の合成が可能になる．$n=2, 3$ の超伝導相の T_c は高く，それぞれ 99 K と 111 K が報告されている[46]．この系列の理想的な構造[46]を，$n=1 \sim 3$ について図 5-31 に示す．過剰フッ素は SrF 面に入っていると推測されているが，この図には描かれていない．

ハロゲンを含む同種の超伝導体として，$(Ca, Na)_2Ca_{n-1}Cu_nO_{2n}Cl_2$

---

*34 $n=1$ の相の場合，CuO_2 層の O にも高濃度の欠損が存在する．$n=1$ の相が超伝導を示さないのはそのためと考えられている．

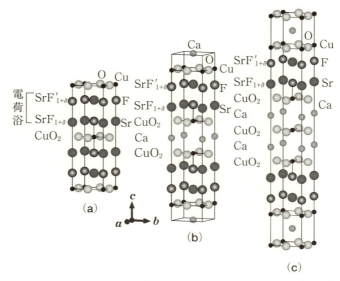

図 5-31 $Sr_2Ca_{n-1}Cu_nO_{2n}F_{2+\delta}$ [$02(n-1)n$ 系列] の構造(正方晶系)[46].
(a) 0201 相($n=1$). (b) 0212 相($n=2$). (c) 0223 相($n=3$).

($n=1,2$), $(Ca,K)_2CuO_2Cl_2$, $Sr_2Ca_{n-1}Cu_nO_{2n+y}Cl_{2-y}$ ($n=2,3$) などが報告されているが,それらの多くは高圧安定相である.

$Bi_2Sr_2Ca_{n-1}Cu_nO_{2n+4}$ [Bi-22($n-1$)n]系列

SrO-BiO-BiO-SrO 電荷浴をベースとする系列,$Bi_2Sr_2Ca_{n-1}Cu_nO_{2n+4}$ [Bi-22($n-1$)n, $n=1\sim3$] も有名な超伝導体系列である.$YBa_2Cu_3O_7$ の液体窒素温度越えに引き続き,100 K を越える T_c が $n=3$ の相で初めて達成されたためである[47] ($n=1,2,3$ の相の T_c はそれぞれ $\sim 10, 80, 110$ K である).図 5-32 に $n=1\sim3$ の相について,理想化された正方晶系の構造[48]を示す.SrO-BiO-BiO-SrO 電荷浴の BiO と BiO の間には先に述べた $1/2(\boldsymbol{a}+\boldsymbol{b})$ シフトがあり,c 軸方向に 2 倍の周期となっている.

この系列の組成や構造は実は非常に複雑であり,$Bi_2Sr_2Ca_{n-1}Cu_nO_{2n+4}$ という組成や図 5-32 に示す構造は著しく理想化したものである.そもそも,Bi を 3 価と仮定すると,SrO-BiO-BiO-SrO という電荷浴はホールを生成しな

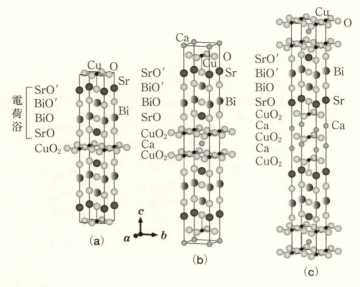

図 5-32 $Bi_2Sr_2Ca_{n-1}Cu_nO_{2n+4}$ [Bi-22$(n-1)n$ 系列] の理想化した構造(正方晶系)[48]．(a) Bi-2201 相 ($n=1$)．(b) Bi-2212 相 ($n=2$)．(c) Bi-2223 相 ($n=3$)．

い．Bi-22$(n-1)n$ 系列では，電荷浴中の BiO-BiO′ の部分に過剰の酸素が導入され，それがホールの生成に関与していると考えられている．実際に，Bi-22$(n-1)n$ 系列には，過剰酸素の導入に起因する特異な構造(変調構造)が観測されている．以下，Bi-2212 相に出現する変調構造を検討する．

Bi-2212 相の基本構造は斜方晶系に属し，格子ベクトルは図 5-32 の理想的な正方格子 $\boldsymbol{a}_t, \boldsymbol{b}_t, \boldsymbol{c}_t$ に対して $\boldsymbol{a} \approx (\boldsymbol{a}_t - \boldsymbol{b}_t)$, $\boldsymbol{b} \approx (\boldsymbol{a}_t + \boldsymbol{b}_t)$, $\boldsymbol{c} = \boldsymbol{c}_t$ の関係にある．**図 5-33** は Bi-2212 相の高分解能電子顕微鏡像 ($\boldsymbol{a}$ 軸方向に電子線を入射)[49]であるが，Bi が密集した部分と，疎な部分が $\boldsymbol{b}$ 軸方向に交互に繰り返している様子が見て取れる．この疎密の繰り返しは過剰酸素の濃度と同期しているものと考えられる．また疎密の周期 (〜26 Å) は基本斜方格子の $\boldsymbol{b}$ 軸長 (〜5.4 Å) の整数倍ではなく (約 4.8 倍)，不整合 (incommensurate) な関係にある．このような相は不整合相 (incommensurate phase) と呼ばれる．Bi-2212 相の組成については，過剰酸素の存在に加えて，Bi, Sr, Ca の間の相互混合や

図 5-33 Bi-2212 相の高分解能電子顕微鏡像(a 軸方向に電子線を入射). 図中の「B」は Bi が濃縮された領域を表す(参考文献[49], Fig.3 より).

それらの欠損も考慮しなくてはならない. 実際に, 理想的な 2212 組成ではなく, $Bi_{2.1}(Sr_{1-x}Ca_x)_{2.9}Cu_2O_z$ のように Bi 過剰の出発組成のほうがより単一相に近い試料を得られるという事実がある. これは相互混合や欠損の存在を示唆している.

Bi-22$(n-1)n$ 系列と同様な系列が Tl についても知られている. すなわち $Tl_2Ba_2Ca_{n-1}Cu_nO_{2n+4}$ ($n=1\sim5$) 系列であり, Tl は Tl-12$(n-1)n$ と Tl-22$(n-1)n$ の 2 つの系列を形成する.

参考文献

[1] シアー構造に関する総説として,

    L. Eyring and L.-T. Tai, "The Structural Chemistry of Some Complex Oxides :

Ordered and Disordered Extended Defects", Treatise on Solid State Chemistry, Vol. 3, Chapter 3, Edited by N. B. Hannay, Plenum Press (1976).
[2] 酸化チタンのシアー構造に関する総説として,
L. A. Bursill and B. G. Hyde, Prog. Solid State Chem. **7**, 177 (1972).
[3] A. Magnéli, Acta Crystallogr. **6**, 495 (1953).
[4] A. Magnéli, Acta Chem. Scand. **2**, 501 (1948).
[5] M. R. Sundberg, Acta Crystallogr. **B32**, 2144 (1976).
[6] M. Marezio, D. Tranqui, S. Lakkis, and C. Schlenker, Phys. Rev. **B16**, 2811 (1977).
[7] 総説として,
M. Tournoux, R. Marchand, and L. Brohan, Prog. Solid State Chem. **17**, 33 (1986).
[8] S. Andersson and A. D. Wadsley, Acta Crystallogr. **14**, 1245 (1961).
[9] M. Dion, Y. Piffard, and M. Tournoux, J. Inorg. Nucl. Chem. **40**, 917 (1978).
[10] J. Kwiatkowska, I. E. Grey, I. C. Madsen, and L. A. Bursill, Acta Crystallogr. **B43**, 258 (1987).
[11] S. Andersson and A. D. Wadsley, Acta Crystallogr. **15**, 194 (1962).
[12] A. D. Wadsley and W. G. Mumme, Acta Crystallogr. **B24**, 392 (1968).
[13] T. Sasaki and Y. I. Fujiki, J. Solid State Chem. **83**, 45 (1989).
[14] 総説として,
N. Kimizuka, E. Takayama-Muromachi, and K. Shiratori, "The Systems R_2O_3-M_2O_3-M'O [R is In, Sc, Y or one of lanthanides, M is Fe, Ga, or Al, and M' is one of the divalent cation elements]", Handbook on the Physics and Chemistry of Rare Earths, Vol. 13, Chapter 90, edited by K. A. Gschneidner Jr. and L. Eyring, North-Holland (1990).
[15] F. Bertaut and J. Mareschal, C. R. Hebd. Seances Acad. Sci. **257**, 867 (1963).
[16] M. Nespolo, A. Sato, T. Osawa, and H. Ohashi, Cryst. Res. Technol. **35**, 151 (2000).
[17] N. Kimizuka and T. Mohri, J. Solid State Chem. **60**, 382 (1985).
[18] N. Kimizuka, T. Mohri, Y. Matsui, and K. Siratori, J. Solid State Chem. **74**, 98 (1988).
[19] 総説として,
R. C. Pullar, Prog. Mater. Sci. **57**, 1191 (2012).
また, 第 3 章, 参考文献 [42, 43] にも六方晶フェライトのまとまった解説があ

る．

[20]　W. D. Townes, J. H. Fang, and A. J. Perrotta, Z. Kristallogr. **125**, 437(1967).
[21]　P. B. Braun, Nature **170**, 708(1952).
[22]　P. B. Braun, Philips Res. Rep. **12**, 491(1957).
[23]　P. B. Braun, Acta Crystallogr. **10**, 791(1957).
[24]　T. Honda, Y. Hiraoka, Y. Wakabayashi, and T. Kimura, J. Phys. Soc. Jpn. **82**, 025003(2013).
[25]　高温超伝導体の物理と化学を総合的に扱った学術書として，
　　　立木昌，藤田敏三編，「高温超伝導の科学」，裳華房(1999).
[26]　高温超伝導体の構造の成り立ちと高圧合成に関する総説として，
　　　E. Takayama-Muromachi, Chem. Mater. **10**, 2686(1998).
[27]　J. G. Bednorz and K. A. Müller, Z. Phys. **B64**, 189(1986).
[28]　強相関系の物理に関する参考書として，
　　　藤森淳，「強相関物質の基礎−原子，分子から固体へ」，内田老鶴圃(2005).
[29]　N. Kobayashi, Z. Hiroi, and M. Takano, J. Solid State Chem. **132**, 274(1997).
[30]　Z. Z. Sheng and A. M. Hermann, Nature **332**, 55(1988).
[31]　J. K. Liang, Y. L. Zhang, J. Q. Huang, S. S. Xie, G. C. Che, X. R. Chen, Y. M. Ni, D. N. Zhen, and S. L. Jia, Physica **C156**, 616(1988).
[32]　S. N. Putilin, E. V. Antipov, O. Chmaissem, and M. Marezio, Nature **362**, 226 (1993).
[33]　A. Schilling, M. Cantoni, J. D. Guo, and H. R. Ott, Nature **363**, 56(1993).
[34]　M. K. Wu, J. R. Ashburn, C. J. Torng, P. H. Hor, R. L. Meng, L. Gao, Z. J. Huang, Y. Q. Wang, and C. W. Chu, Phys. Rev. Lett. **58**, 908(1987).
[35]　R. J. Cava, A. W. Hewat, E. A. Hewat, B. Batlogg, M. Marezio, K. M. Rabe, J. J. Krajewski, W. F. Peck Jr., and L. W. Rupp Jr. Physica **C165**, 419(1990).
[36]　H. Nakata, H. Okajima, T. Yokoo, A. Yamashita, J. Akimitsu, and S. Katano, Physica **C263**, 344(1996).
[37]　K. Kinoshita and T. Yamada, Nature **357**, 313(1992).
[38]　T. Kawashima, Y. Matsui, and E. Takayama-Muromachi, Physica **C224**, 69 (1994).
[39]　S. M. Loureiro, Y. Matsui, and E. Takayama-Muromachi, Physica **C302**, 244 (1998).
[40]　B. Morosin, G. H. Kwei, J. E. Schirber, J. A. Voigt, E. L. Venturini, and J. A. Goldstone, Phys. Rev. **B44**, 7673(1991).

[41] 十倉好紀,日本物理学会誌 **45**, 901(1990).

[42] H. K. Müller-Buschbaum and W. Wollschläger, Z. Anorg. Allg. Chem. **414**, 76 (1975).

[43] H. Sawa, S. Suzuki, M. Watanabe, J. Akimitsu, H. Matsubara, H. Watabe, S. Uchida, K. Kokusho, H. Asano, F. Izumi, and E. Takayama-Muromachi, Nature **337**, 347(1989).

[44] E. Takayama-Muromachi, Y. Uchida, M. Kobayashi, and K. Kato, Physica **C158**, 449(1989).

[45] M. Al-Mamouri, P. P. Edwards, C. Greaves, and M. Slaski, Nature **369**, 382 (1994).

[46] T. Kawashima, Y. Matsui, and E. Takayama-Muromachi, Physica **C257**, 313 (1996).

[47] H. Maeda, Y. Tanaka, M. Fukutomi, and T. Asano, Jpn. J. Appl. Phys. **27**, L209 (1988).

[48] E. Takayama-Muromachi, Y. Uchida, Y. Matsui, M. Onoda, and K. Kato, Jpn. J. Appl. Phys. **27**, L556(1988).

[49] Y. Matsui, H. Maeda, Y. Tanaka, and S. Horiuchi, Jpn. J. Appl. Phys. **27**, L372 (1988).

第6章
酸化物系の相平衡

　酸化物の化学を理解する上で，相平衡は欠かせない概念である．相平衡は熱力学の一分野であるが，熱力学を体系的に論ずることは本書の範囲を超える．ここでは，相平衡に焦点を絞りそのベースとして熱力学に言及する[1]．本章の目的の1つは，相図が読めるようになることである．前章までの結晶構造と本章の相平衡(相図)を，共に深いレベルで自分のものとすることは，酸化物を総合的に理解するための王道である．

6.1　Gibbsの相律

　熱力学系は示強変数とそれに共役な示量変数によって規定される．**表6-1**に最も基本的な熱力学変数を示す．示強変数-示量変数の組み合わせとしては，電場-電荷，磁場-磁荷など様々なものが考えられるが，本書で扱う変数は表6-1に示すものに限られる．示強変数 T, P, μ とそれに共役な示量変数 S, V, n の間には，内部エネルギーを U とすると次の関係が成立する．

$$T = \left(\frac{\partial U}{\partial S}\right)_{V,n}, \tag{6.1}$$

$$P = -\left(\frac{\partial U}{\partial V}\right)_{S,n}, \tag{6.2}*1$$

表6-1　示強変数と示量変数．

示強変数	示量変数
温度 T	エントロピー S
圧力 P	体積 V
化学ポテンシャル μ	モル数 n

---

*1　P と V に関する式(6.2)にはマイナスが付いている．これを考慮し，示強変数を $-P$，または示量変数を $-V$ と定義すると，示強変数 ϕ_i，示量変数 Q_i に対して，一般式，$\phi_i = (\partial U/\partial Q_i)_{Q_j (j \neq i)}$ が成立する．

$$\mu = \left(\frac{\partial U}{\partial n}\right)_{V,S}. \tag{6.3}$$

　最初に，1つの成分のみを含み，2つの相 α, β が共存する，1成分2相共存系を考える(例えば，水と氷が共存する系)．2つの相についてそれぞれ示強変数を考えると，問題とすべき示強変数は6個となる．相を上付き文字で表すことにすると，$T^\alpha, T^\beta, P^\alpha, P^\beta, \mu^\alpha, \mu^\beta$ である．2つの相が熱平衡であるための条件は以下で示される．

$$T^\alpha = T^\beta = T, \tag{6.4}$$
$$P^\alpha = P^\beta = P, \tag{6.5}*2$$
$$\mu^\alpha = \mu^\beta = \mu. \tag{6.6}$$

　これらの式は孤立系(U, V, n が一定の系)の熱平衡条件であるエントロピー一定 ($\Delta S = 0$) から導かれるものであるが，直感的にも理解することは容易である．仮に2つの相で温度が異なれば熱の移動が起こるはずであり，圧力が異なれば体積の増減が，化学ポテンシャルが異なれば物質の移動が起こるはずである．これらは熱平衡とは相容れない現象であり，したがって，相の間で，それぞれの示強変数は一致しなくてはならない．

　次に α および β 相内の示強変数の関係について考えよう．$T^\alpha, P^\alpha, \mu^\alpha$ および $T^\beta, P^\beta, \mu^\beta$ の間には次の Gibbs-Duhem の式が成立する[1]．

$$S^\alpha dT^\alpha - V^\alpha dP^\alpha + n^\alpha d\mu^\alpha = 0, \tag{6.7}$$
$$S^\beta dT^\beta - V^\beta dP^\beta + n^\beta d\mu^\beta = 0. \tag{6.8}$$

式(6.7)+(6.8)に式(6.4), (6.5), (6.6)を適用すると以下が得られる．

$$SdT - VdP + nd\mu = 0 \tag{6.9}$$

ここで

$$S = S^\alpha + S^\beta,$$
$$V = V^\alpha + V^\beta,$$
$$n = n^\alpha + n^\beta.$$

式(6.9)は系全体に関する Gibbs-Duhem の式である．Gibbs-Duhem の式の意味するところは，$T^\alpha, P^\alpha, \mu^\alpha$ (または，$T^\beta, P^\beta, \mu^\beta$) のうち，1つの変数は他の2

---

*2　表面張力が作用しているような場合には，圧力が等しくないことが起こり得る．ここではそのような特殊な場合を除く．

つの変数の関数として表すことができるということである．

以上により，6 個の示強変数に対して，式(6.4)〜(6.8)の 5 つの式が成立することから，この系の自由度 f は，$f = 6 - 5 = 1$ であることが分かる．自由度と相図の関係は後程詳しく検討するが，一例として，横軸に温度を取り，縦軸に圧力を取った 1 成分系の相図において，2 相が共存する領域(例えば，水と氷が共存する領域)は 1 次元の線によって表されることを指摘しておく．なぜなら，温度を決めると ($T = T_{\mathrm{const}}$ という 9 番目の式を加えることに相当する)，自由度はなくなり，圧力は一点に決まってしまうからである．

以上の結果を一般化し，c 個の成分 A, B, C, ... を含み，p 個の相 $\alpha, \beta, \gamma, ...$ が共存する熱平衡系に拡張することは，煩雑ではあるが難しいことではない．

以下，成分は下付き文字で表すことにすると，問題とすべき示強変数は，次の $(2+c)p$ 個である．

$$T^\alpha, T^\beta, T^\gamma, ... \quad p \text{ 個},$$
$$P^\alpha, P^\beta, P^\gamma, ... \quad p \text{ 個},$$
$$\left.\begin{array}{l} \mu_A{}^\alpha, \mu_A{}^\beta, \mu_A{}^\gamma, ... \\ \mu_B{}^\alpha, \mu_B{}^\beta, \mu_B{}^\gamma, ... \\ \mu_C{}^\alpha, \mu_C{}^\beta, \mu_C{}^\gamma, ... \\ \quad\quad ... \end{array}\right\} cp \text{ 個}.$$

一方，相の間の熱平衡条件から導かれる式の数は，以下の $(2+c)(p-1)$ 個である．

$$T^\alpha = T^\beta = T^\gamma = \cdots = T \quad p-1 \text{ 個},$$
$$P^\alpha = P^\beta = P^\gamma = \cdots = P \quad p-1 \text{ 個},$$
$$\left.\begin{array}{l} \mu_A{}^\alpha = \mu_A{}^\beta = \mu_A{}^\gamma = \cdots = \mu_A \\ \mu_B{}^\alpha = \mu_B{}^\beta = \mu_B{}^\gamma = \cdots = \mu_B \\ \mu_C{}^\alpha = \mu_C{}^\beta = \mu_C{}^\gamma = \cdots = \mu_C \\ \quad\quad ... \end{array}\right\} c(p-1) \text{ 個}.$$

さらに，各相に対して以下の p 個の Gibbs-Duhem の式が成立する．

$$\left.\begin{aligned}
S^\alpha dT^\alpha - V^\alpha dP^\alpha + n_A^\alpha d\mu_A^\alpha + n_B^\alpha d\mu_B^\alpha + n_C^\alpha d\mu_C^\alpha + \cdots &= 0 \\
S^\beta dT^\beta - V^\beta dP^\beta + n_A^\beta d\mu_A^\beta + n_B^\beta d\mu_B^\beta + n_C^\beta d\mu_C^\beta + \cdots &= 0 \\
S^\gamma dT^\gamma - V^\gamma dP^\gamma + n_A^\gamma d\mu_A^\gamma + n_B^\gamma d\mu_B^\gamma + n_C^\gamma d\mu_C^\gamma + \cdots &= 0 \\
\cdots &
\end{aligned}\right\} p\text{ 個}.$$

これらの p 個の式をすべて足し合わせることで，次のように系全体に関するGibbs-Duhem の式が得られる．

$$SdT - VdP + n_A d\mu_A + n_B d\mu_B + n_C d\mu_C + \cdots = 0 \tag{6.10}$$

ここで，

$$\begin{aligned}
S &= S^\alpha + S^\beta + S^\gamma + \cdots, \\
V &= V^\alpha + V^\beta + V^\gamma + \cdots, \\
n_A &= n_A^\alpha + n_A^\beta + n_A^\gamma + \cdots, \\
n_B &= n_B^\alpha + n_B^\beta + n_B^\gamma + \cdots, \\
n_C &= n_C^\alpha + n_C^\beta + n_C^\gamma + \cdots, \\
&\cdots
\end{aligned}$$

以上の考察により，系の自由度として $(2+c)p - [(2+c)(p-1)+p]$ が導出できる．すなわち，Gibbs の相律として知られている次の一般式が得られる．

$$f = c - p + 2 \tag{6.11}$$

Gibbs の相律は相平衡関係を定性的に理解する上で，最も重要な概念といっても過言ではない．本章においても今後頻繁に使うことになる．

成分の選び方

　成分の持つべき属性は，問題とする系内に現れるすべての相を成分の適当な足し合わせで表現できることである．これを満たすのであれば，実在しない仮想の分子を成分として選択しても構わない．成分の選び方には任意性がある．最もシンプルなものは，元素を成分とする方法である．どのような相も元素の集合体であるから，この方法は確実かつ容易である．しかし，いつもそれが合理的であるとは限らない．例えば，後で出てくる，カルシウムとマグネシウムの酸化物系を考えよう．元素を成分に取ると，この系は，Ca-Mg-O の 3 成分系となる．しかし，無機化学の常識に従えば，大気中では Ca も Mg も常に 2 価のイオンとして振る舞うことから，CaO，MgO という分子を成分としても不都合は生じない．その場合，系は CaO-MgO の 2 成分系（正確には擬 2 成分

系)であり，次元が1つ減ることから取り扱いは格段に容易になる．CaO-MgOの2成分系を採用するということは，別の観点からすると，Ca-Mg-Oという最も広い範囲から，$n_O/(n_{Ca}+n_{Mg})=1$に相当する断面を部分系として切り出してくることに相当する．

次の例として，6.6節で取り上げる鉄，酸素および希土類元素のイッテルビウムを含む系を考えよう．元素を成分とすると，Fe-O-Ybの3成分系となるが，YbもFeも3価を取ることから，Fe_2O_3-Yb_2O_3の2成分系が採用できそうに思える．確かに，Yb_2O_3は安定な酸化物であり，特殊な条件を考えなければ酸化したり還元したりすることはない．しかし，Fe_2O_3については事情が異なる．後で見るように，Fe_2O_3はたとえ大気中であっても，1400℃程度まで温度を上げると，鉄は一部2価に還元され，Fe_3O_4が出現する．さらには，水素や一酸化炭素を含むような気相中においては，鉄は0価，すなわち金属鉄にまで還元され得る．このような鉄の性質が製鉄業を可能にしているわけである．したがって，Fe-O-Ybの代わりにFe_2O_3-Yb_2O_3の2成分系を採用することは，限られた条件でのみ妥当である．一方，Fe-O-Yb_2O_3の3成分系を選択すれば，ほとんどの場合に対応できる．3成分系であってもYbが3価に固定されているということにより，Fe-O-Ybに比べればずっと狭い部分系となる．さらに，鉄は極端に大きな酸素圧をかけない限り，4価にまで酸化されることはないことから，(気相を露わに考えないことにすれば)さらに狭い部分系Fe-Fe_2O_3-Yb_2O_3を採用することができる．また，Fe，Fe_2O_3，Yb_2O_3の代わりに，Fe，$FeO_{1.5}$，$YbO_{1.5}$等を成分として採用することも可能である．後者は各成分に含まれる金属元素が等しく1であることから，このほうが使いやすい場合もある．例えば，$YbFe_2O_4$[*3]は，Fe-Fe_2O_3-Yb_2O_3系内に存在する3成分系化合物の1つであるが，この相は，前者の成分を使えば$1/3Fe + 5/6Fe_2O_3 + 1/2Yb_2O_3$と表現でき，後者を使えば，$1/3Fe + 5/3FeO_{1.5} + YbO_{1.5}$と表現できる．系統的に同じ成分を使い続けさえすれば，どちらを使っても同じ結論が得られるはずである．

[*3] (n, m)型の物質，$(YbFeO_3)(FeO)$ $(n=m=1)$であり，その構造は5.3節で検討した．

6.2 相図概論

相図には様々な種類があり，そのことが初学者を混乱させる原因となる．ある種の相図で成り立つルールが，別の種の相図には適用できないというようなことが起こるからである．本節では相図の全体を概観し[1]，一定の範疇分けをすることで見通しをよくしたいと思う．本節の内容はやや形式的であり，相図を初めて習う読者には理解しにくい部分があるかもしれない．そのような場合には，最初は大筋を理解するだけで十分であり，次節以降で具体的な相図を学んだ上で，再度ここに帰ってくれば理解が進むと思う．

先に述べたように熱平衡にある系は，示強変数，$T, P, \mu_A, \mu_B, \mu_C, ...$ とそれらに共役な示量変数，$S, V, n_A, n_B, n_C, ...$ によって規定される．これらの示強変数または示量変数同士の比の中から，適当なものを軸変数として選び，それらが張る空間の中に存在する相を書き込んだものを，相図という（相平衡図または状態図ともいう）．軸変数として2つを選び，直交座標系を用いて2次元の相図を描くのが一般的であるが，3次元以上となる場合もあり，また後に述べるように三角座標を用いることもある．本書で主として扱う2次元の相図は，選ばれた示強変数あるいは示量変数同士の比に対応して，タイプ1，タイプ2，タイプ3の3種類に分類できる．

タイプ1の相図

2つの軸変数として共に示強変数を選んだ場合の相図がタイプ1である．タイプ1として最も頻繁に目にするのは，T と P を選んだ温度-圧力相図である．図6-1(a)に気相，液相，固相の3相が現れる1成分系の T-P 相図を示す．例えば二酸化炭素 CO_2 はこの形の相図を持つ．図内に示すボールドイタリックの数字は共存する相の数である．1成分系のGibbsの相律は，$f = 3 - p$ である．したがって，1相のみが存在する領域は自由度が2つあり，T と P に関して2次元に広がった領域が充てられることになる．一方，2相が共存する領域は自由度が1である．したがって，先に指摘したように，例えば T を決めれば，P は一意的に決まるため，その領域は1次元の線で示される．図(a)で気相-固相，気相-液相，液相-固相の境界を示す線は，いずれも2相共存領

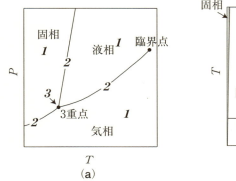
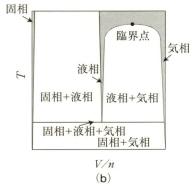

図 6-1 （a）1成分系の T-P 相図．ボールドイタリックの数字は共存する相の数を表す．（b）図（a）の相図に対応する**タイプ2**の V/n-T 相図（V/n は系全体についてのモル体積，定性的な概念図であり，定量性は考慮されていない）．

域である．3相が共存する状態の自由度はゼロである．したがって，T も P も一定値に決まることから，1つの点で表されることになる．図（a）で「3重点」と付された点がそれに当たり，気相，液相，固相のすべてが共存するのはこの3重点以外にない．液相と気相の共存線は臨界点で終端となり，臨界点以上の温度，圧力では液相と気相の区別はない．臨界点については，6.4節で固溶体を議論する際にもう一度触れることにする．

この系にはもう1つの示強変数である化学ポテンシャル μ が存在する．そして，それは Gibbs-Duhem の式 (6.9) によって，T, P に関係付けられており，T, P が決まれば一意的に決まる．したがって，3相共存状態においては μ に関しても自由度は残されていない．

タイプ2の相図

タイプ2の相図を，2成分系を例にして説明する．A と B の2成分からなる系の示強変数は，T, P, μ_A, μ_B である．Gibbs-Duhem の式 (6.10) によって独立な変数は3つである．T を縦軸の変数として選ぶ場合を考えよう．2次元の相図とするためには，残りの示強変数のうち1つを固定する必要がある．例えば，大気圧下での平衡を考え，$P = 1$ atm とする．残された μ_A, μ_B のうち，どちらかを横軸の変数とするのであれば，それは上述したタイプ1の相図（μ-T

相図)である*4. タイプ 2 の相図においては，軸変数として μ_A または μ_B ではなく，それらに共役な示量変数の比，すなわち n_A/n_B (または n_B/n_A) を取る．実際には，ほとんどの場合 n_A/n_B (または n_B/n_A) の代わりに，モル分率や質量分率が使われる．モル分率 x_A, x_B，および質量分率 w_A, w_B は以下で定義される*5．

$$x_A = n_A/(n_A + n_B),$$
$$x_B = n_B/(n_A + n_B),$$
$$w_A = M_A n_A/(M_A n_A + M_B n_B) = M_A x_A/(M_A x_A + M_B x_B),$$
$$w_B = M_B n_B/(M_A n_A + M_B n_B) = M_B x_B/(M_A x_A + M_B x_B).$$

ここで，M_A, M_B は成分 A, B のモル質量である．n_A/n_B を使った場合と，x_A や w_A を使った場合とで相図のトポロジカルな形状には差がないことが知られている．

タイプ 2 の相図における単相領域，2 相共存領域，3 相共存領域はタイプ 1 とは異なった様相を示す．この点を，図 6-2 の A-B 系に関する $x(w)$-T 相図により検討しよう．縦軸は示強変数 T，横軸は示量変数の比としてのモル

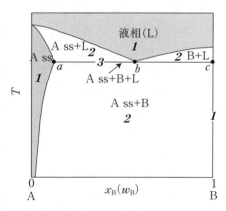

図 6-2 仮想的な 2 成分系 A-B の $x(w)$-T 相図．ボールドイタリックの数字は共存する相の数を表す．

---

*4 6.6 節において，エリンガム図として知られる T-μ 相図を議論する．
*5 3 成分系以上については，$x_A = n_A/(n_A + n_B + n_C + \cdots)$ 等となる．

分率 x_B(または質量分率 w_B)である．図内に示すボールドイタリックの数字は共存する相の数である．

相図内には，A ss, B, 液相(L), の3つの単相領域がある．A ss の ss は固溶体(solid solution)を意味し，A 相の結晶構造を維持しつつ，A 原子の一部が B 原子によって置換された相($A_{1-x}B_x$)である．タイプ2の相図では，単相領域は一般には2次元的な広がりを持った領域で示される．図6-2においても，A ss や液相は2次元の領域に広がっている．一方，この相図の場合，B 相は観測にかかる程の固溶領域を持たない(B 相の構造に A 原子は入り込めない)想定となっている．そのため B 相の単相領域は縦軸に平行な1次元の線分となっている．

2相共存領域は，A ss+B, A ss+L, B+L の3箇所であり(相の共存関係を示す場合には，化学量論比を付けて $aA+bB$ とはせず単に A+B とする)，やはり2次元の広がりを持った領域で表される．(この2次元領域は，横軸に平行なタイラインの集合である．詳しくは「タイプ3の相図」および6.3節を参照.) 一方，3相共存領域 A ss+B+L は横軸に平行な線分，a-b-c で表される．これらはタイプ2の相図に一般的に成り立つルールであり，タイプ1の相図で，単相，2相共存，3相共存がそれぞれ2次元領域，線分，点で表されることとは明らかな相違がある．

ここで，図6-1に戻って，図(a)に対応するタイプ2の相図を考えてみることは有益である．図(b)では温度 T を縦軸変数とし，圧力に共役な示量変数である体積とモル数の比，すなわち，系全体についてのモル体積 V/n を横軸変数としている(この図はあくまで定性的な概念図であり，定量性は考慮されていない)．タイプ2の相図である図(b)が，単相，2相共存，3相共存領域に関して，図6-2と同じルールに従っていることは明らかである．なお，この相図において臨界点は液相と気相の2相共存領域が消失する点に相当する(6.4節参照).

2成分系のタイプ2の相図としては，$x(w)$-T 相図以外にも，軸変数の選び方によっていくつかが考えられる．例えば，あまり目にすることはないが，P を一定とする代わりに，μ_A を一定とし，P, μ_B に共役な示量変数の比，V/n_B を横軸の変数とすると，V/n_B-T 相図が得られるが，これもタイプ2に分類される相図である．

タイプ3の相図

タイプ3の相図は3成分系に使われることが多い．成分A，B，Cからなる系の示強変数は $T, P, \mu_A, \mu_B, \mu_C$ である．ここで，T, P を一定値に固定する場合を考える．残る μ_A, μ_B, μ_C の中から2つを選んで図示すればタイプ1の相図が得られるが，その代わりに2軸の軸変数として示量変数の比を選ぶことにする．例えば，x_A（あるいは n_A/n_C）と x_B（あるいは n_B/n_C）を選ぶのである．こうして描かれるタイプ3の相図は，タイプ1ともタイプ2とも異なったトポロジーを示す．

組成を軸変数とするタイプ3の3成分系相図は直交座標系ではなく，三角座標系を用いて描かれることが多い（三角相図）．三角座標系を用いてもタイプ3の相図の基本的トポロジーは維持される．**図 6-3** に示すように，三角相図では三角形の各辺を成分A，B，Cのモル分率，x_A, x_B, x_C を表す座標として用いる．三角座標系では必ずしも正三角形を使う必要はないが，正三角形を使うほうが直感的に理解しやすい．

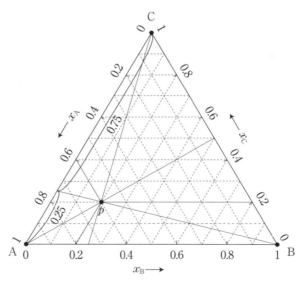

図 6-3 三角座標における組成の読み取り．

6.2 相図概論

図 6-3 において，A，B，C と付記された三角形の頂点は，それぞれ，A 成分のみ（純粋な A），B 成分のみ（純粋な B），C 成分のみ（純粋な C）の状態に対応する．一方，三角形の内部の点，例えば p 点の組成は次のようにして求めることができる．p 点を通り辺 BC に平行な直線が辺 CA と交わる点が示す座標が x_A，同じく p 点を通り，辺 CA に平行な直線が辺 AB と交わる点の座標が x_B，同じく辺 AB と平行な直線が辺 BC と交わる点の座標が x_C である．したがって，p 点の組成は，$x_A = 0.6$，$x_B = 0.2$，$x_C = 0.2$ ということになる．別の言い方をすると，辺 BC に平行な直線上の点はすべて x_A が一定という条件（p 点を通る直線の場合は $x_A = 0.6$）を満たす．同様に，辺 CA に平行な直線上の点は x_B が一定という条件を，辺 AB に平行な直線上の点は x_C が一定という条件を満たすのである．一方，A と p 点を通る直線が辺 BC と交わる点は，いわゆる梃子の原理によって，p 点における x_B/x_C の比を表す．p 点の場合は $x_B/x_C = 0.5/0.5 = 1$ である．同様に，B と p 点を通る直線が辺 CA と交わる点から，$x_C/x_A = 0.25/0.75 = 1/3$ が求まり，C と p 点を通る直線が辺 AB と交わる点から，$x_A/x_B = 0.75/0.25 = 3$ が求まる．別の表現をすると，A と p 点，B と p 点および C と p 点を通る直線は，それぞれ，$x_B/x_C = 1$，$x_C/x_A = 1/3$，$x_A/x_B = 3$ を満たす点の集まりである．

図 6-4（a）に，3 成分系 A-B-C に関する仮想的な三角相図を示す．ここでは，A，B，C に加えて，内部に D という相が存在し，その組成は，$A_{0.5}B_{0.25}C_{0.25}$（A_2BC）としている．簡単のため，各相は組成に関して固溶幅を持たないものとすると，A～D の 4 個の点が単相領域に相当する．また，2 相共存領域は三角形 A-B-C の 3 辺と，A，B，C 点と D 点を結ぶ 3 線分の，合わせて 6 本の線分によって表される．一方，D 点を頂点とする三角形が 3 つあるが，それらの内部が 3 相共存領域を表す．例えば，三角形 BCD の内部は B＋C＋D の 3 相共存領域である．

この相図は，「A：B：C＝1：1：1（モル比）の混合物を，相図に対応する温度，圧力下で平衡になるまで反応させると何が得られるか」，という問いに答えてくれる．「A：B：C＝1：1：1 の混合物は p 点に相当する組成であり，p は三角形 BCD 内に位置するため，B＋C＋D の 3 相共存物が得られる」というのがその答えである．

一般論としては，各相には固溶領域が存在し得る．図 6-4（b）は各相の固溶

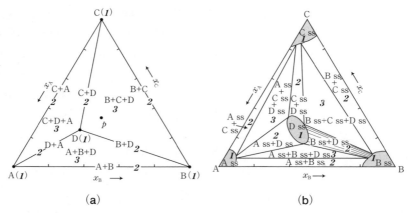

図 6-4 仮想的な 3 成分系 A-B-C の三角相図．ボールドイタリックの数字は共存する相の数を表す．（a）固溶体を形成しない場合．（b）固溶体を形成する場合．図（b）において，タイラインは B ss＋D ss 領域のみに描かれているが，他の 2 相共存領域も同様にタイラインの集合体である．

領域を強調して描いた相図である．固溶体がない場合には，点であった単相領域が 2 次元の領域となり，線分であった 2 相共存領域は幅を持ってテープ状になる．B ss＋D ss 領域に描かれているように，2 相共存領域は，B ss（組成 1）-D ss（組成 1′），B ss（組成 2）-D ss（組成 2′），B ss（組成 3）-D ss（組成 3′）…のように，特定の組成の固溶体の間の共存線（タイライン）の集合体である．タイラインの存在も自由度に関係している．2 相共存領域の自由度は 1 であり，一方の固溶体の組成を決めると自由度はなくなって，共存するもう一方の固溶体の組成は 1 つに決まるからである．一方，3 相共存領域は三角形のままである．固溶体がある場合でも，単相領域は 4 箇所，2 相共存領域は 6 箇所，3 相共存領域は 3 箇所であり，固溶体がない場合の基本的なトポロジーは保たれている．

　各相が固溶幅を持つ場合のタイプ 3 の相図においては，単相領域，2 相共存領域，3 相共存領域は，すべて 2 次元的に広がった領域として表される．特に，3 相共存領域は三角形の内部に相当する．これらは，タイプ 1 ともタイプ 2 とも異なった特徴である．

6.3 温度-圧力相図

温度-圧力(T-P)相図は典型的なタイプ1の相図である．**図 6-5** はその具体例としてのCo_2SiO_4を成分とする1成分系の相図[2]である．これを用いて温度-圧力相図の詳細を検討する．図 6-5 の相図は図 6-1 の固相-液相-気相の相図と基本的に同じであるが，ここで現れるα-, β-, γ-Co_2SiO_4はいずれも固体の相である．3つの相の結晶構造はすでに 3.4 節で検討した．低圧で安定なα-Co_2SiO_4はオリビン型，高圧安定相のγ-Co_2SiO_4はスピネル型，中間相のβ-Co_2SiO_4は変形スピネル型である．固相→液相→気相という相転移と同様に，ある温度以上ではα相はβ相を経て2段階でγ相へと転移する．α, β, γの3相が共存する点，すなわち3重点は930℃, 6.8 GPaである[2]．

Mg_2SiO_4は地球の上部マントルの主成分であるが，3.4 節で述べたように，Co_2SiO_4と同様にα, β, γ型の多形がある．ただし，Mg_2SiO_4についてβ, γ相を得るには，Co_2SiO_4よりも高い10～20 GPaの圧力が必要となる．地表から400 kmおよび520 kmの深さに観測されるマントルの不連続面は，それぞれ，

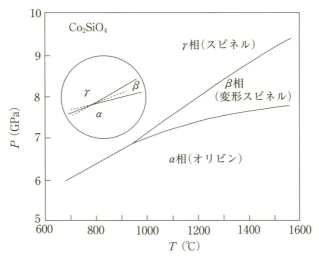

図 6-5 Co_2SiO_4のT-P相図(参考文献[2], Fig.2 より)．円内は3重点近傍の拡大図．

Mg_2SiO_4 における $\alpha \to \beta$ および $\beta \to \gamma$ の転移がその原因と考えられている.

Clausius-Clapeyron の式

図 6-5 で α 相と β 相が共存する α-β 境界線上の点 (T, P) を考えよう. Gibbs-Duhem の式 (6.7), (6.8) に, 熱平衡条件 (6.4), (6.5), (6.6) を用いると次が成り立つ.

$$S^\alpha dT - V^\alpha dP + n^\alpha d\mu = 0,$$
$$S^\beta dT - V^\beta dP + n^\beta d\mu = 0,$$
$$d\mu = (V^\alpha/n^\alpha)dP - (S^\alpha/n^\alpha)dT = \bar{V}^\alpha dP - \bar{S}^\alpha dT$$
$$= (V^\beta/n^\beta)dP - (S^\beta/n^\beta)dT = \bar{V}^\beta dP - \bar{S}^\beta dT.$$

$\bar{V}$ および $\bar{S}$ は, それぞれモル当たりの体積およびエントロピーである. ここから, Clausius-Clapeyron の式として知られる次式が求まる.

$$(dP/dT)^{\alpha\beta} = (\bar{S}^\beta - \bar{S}^\alpha)/(\bar{V}^\beta - \bar{V}^\alpha) = (\Delta \bar{S}^{\alpha\beta}/\Delta \bar{V}^{\alpha\beta}) \tag{6.12}$$

ここで

$$\Delta \bar{S}^{\alpha\beta} = \bar{S}^\beta - \bar{S}^\alpha,$$
$$\Delta \bar{V}^{\alpha\beta} = \bar{V}^\beta - \bar{V}^\alpha.$$

$\Delta \bar{S}^{\alpha\beta}$ および $\Delta \bar{V}^{\alpha\beta}$ は $\alpha \to \beta$ という反応に関する, 成分 1 モル当たりのエントロピー変化および体積変化である. 平衡反応においては, $\Delta \bar{S}^{\alpha\beta}$ は 1 モル当たりのエンタルピー変化 $\Delta \bar{H}^{\alpha\beta}$ ($= \bar{H}^\beta - \bar{H}^\alpha$, 転移潜熱) を用いて, $\Delta \bar{S}^{\alpha\beta} = \Delta \bar{H}^{\alpha\beta}/T$ と表されるため, 次の式が導出される.

$$(dP/dT)^{\alpha\beta} = \Delta \bar{H}^{\alpha\beta}/(T \Delta \bar{V}^{\alpha\beta}) \tag{6.13}$$

同様にして, β-γ および α-γ の境界に関して以下が得られる (上付きの $\beta\gamma$, $\alpha\gamma$ は $\alpha\beta$ の場合と同様に, それぞれ $\beta \to \gamma$, $\alpha \to \gamma$ という反応に伴う変化を表す).

$$(dP/dT)^{\beta\gamma} = \Delta \bar{S}^{\beta\gamma}/\Delta \bar{V}^{\beta\gamma} = \Delta \bar{H}^{\beta\gamma}/(T \Delta \bar{V}^{\beta\gamma}), \tag{6.14}$$
$$(dP/dT)^{\alpha\gamma} = \Delta \bar{S}^{\alpha\gamma}/\Delta \bar{V}^{\alpha\gamma} = \Delta \bar{H}^{\alpha\gamma}/(T \Delta \bar{V}^{\alpha\gamma}). \tag{6.15}$$

$\Delta \bar{S}, \Delta \bar{V}$ の T, P 依存性は比較的小さい. したがって, T, P のそう広くない範囲については, T-P 相図における相の境界は直線により近似でき, その傾きを表すのが, 式 (6.13)～(6.15) ということになる.

図 6-5 の円の中に, 3 重点近傍の相関係を拡大して示してある. ここで 2 相共存線を 3 重点を越えて延長すると, それは必ず 3 番目の相の中に入ることが

6.3 温度-圧力相図

知られている(延長ルール).例えば α-γ の境界線の延長は β 相に入る.これはタイプ 1 の相平衡図一般に成立するルールであり,Clausius-Clapeyron の式から証明される*6.低圧相→高圧相の反応を考えると,一般に $\Delta \bar{V} < 0$ である.一方,$\Delta \bar{S}(\Delta \bar{H})$ も負(発熱反応)であることが多い.したがって,多くの場合について dP/dT は正となり,T を横軸とする T-P 相図の相境界は右上に向かって伸びることになる.ただし,低圧相→高圧相の反応が吸熱反応である場合がないわけではない.そのときは,相境界は逆に左上に向かって伸びる.

Clausius-Clapeyron の式は 2 通りの意味で有用である.1 つは図 6-5 のような相平衡図が合成実験により精度よく作成された場合,その結果から,反応の $\Delta \bar{S}, \Delta \bar{V}, \Delta \bar{H}$ に関する情報を得ることができる点である.2 つ目は逆の方向で,合成実験のみでは確度の高い相図を作成するのが困難である場合(例えば,非常に高い圧力下における相図など),熱力学関数を用いてそれを補完することができる点である.つまり,適当な方法で熱力学関数が推定できれば,Clausius-Clapeyron の式を適用することで,相境界の傾きに関する情報が得られるのである.以下,これについてもう少し詳しく述べる.

高温,高圧下で $\Delta \bar{S}, \Delta \bar{V}, \Delta \bar{H}$ を求めることは容易ではないが,常圧下でなら様々な方法がある.Co_2SiO_4 を例として考えると,まず,α 相および(高圧

---

*6 今,示すべきは,$(dP/dT)^{\alpha\beta} < (dP/dT)^{\beta\gamma}$ のとき,$(dP/dT)^{\alpha\beta} < (dP/dT)^{\alpha\gamma} < (dP/dT)^{\beta\gamma}$ が成立することである.3 重点の近傍を 1 周する過程,$\alpha \to \beta \to \gamma \to \alpha$ を考えると,以下が成り立つ.

$\Delta \bar{S}^{\alpha\beta} + \Delta \bar{S}^{\beta\gamma} + \Delta \bar{S}^{\gamma\alpha} = 0$
$\Delta \bar{V}^{\alpha\beta} + \Delta \bar{V}^{\beta\gamma} + \Delta \bar{V}^{\gamma\alpha} = 0$

それゆえ,

$\Delta \bar{S}^{\alpha\beta} + \Delta \bar{S}^{\beta\gamma} = \Delta \bar{S}^{\alpha\gamma}$
$\Delta \bar{V}^{\alpha\beta} + \Delta \bar{V}^{\beta\gamma} = \Delta \bar{V}^{\alpha\gamma}$
$(dP/dT)^{\alpha\gamma} = \Delta \bar{S}^{\alpha\gamma}/\Delta \bar{V}^{\alpha\gamma} = (\Delta \bar{S}^{\alpha\beta} + \Delta \bar{S}^{\beta\gamma})/(\Delta \bar{V}^{\alpha\beta} + \Delta \bar{V}^{\beta\gamma})$

任意の実数 a, b, c, d に対して,$a/b < c/d$ であれば,
$a/b < (a+c)/(b+d) < c/d$.

したがって,
$\Delta \bar{S}^{\alpha\beta}/\Delta \bar{V}^{\alpha\beta} < (\Delta \bar{S}^{\alpha\beta} + \Delta \bar{S}^{\beta\gamma})/(\Delta \bar{V}^{\alpha\beta} + \Delta \bar{V}^{\beta\gamma}) < \Delta \bar{S}^{\beta\gamma}/\Delta \bar{V}^{\beta\gamma}$,
∴ $(dP/dT)^{\alpha\beta} < (dP/dT)^{\alpha\gamma} < (dP/dT)^{\beta\gamma}$.

合成法により取得した)β, γ 相について，X 線回折により単位格子の体積を精密に決めることができる．ここから，室温 (T_0) および常圧 ($P=1\,\mathrm{atm}$) における $\alpha \to \beta$ (および $\alpha \to \gamma$, $\beta \to \gamma$) の体積変化 $\Delta \bar{V}°(T_0)$ が求まる．一方，高温カロリメトリー*7 のような手法を適用すれば，常圧下でカロリメーターの設定温度 (T') におけるエンタルピー変化 $\Delta \bar{H}°(T')$ を求めることができる．熱膨張率や圧縮率を考慮せず，$\Delta \bar{H}$ の温度依存性を無視すると，以下の近似式から，任意の相境界点 (T, P) における $\Delta \bar{V}, \Delta \bar{H}$ が推定できる．

$$\Delta \bar{V}(T, P) \approx \Delta \bar{V}°(T_0), \tag{6.16}$$

$$\Delta \bar{H}(T, P) \approx \Delta \bar{H}°(T') + P\Delta \bar{V}°(T_0). \tag{6.17}$$

(T, P) として，例えば高圧実験により決められた3重点を選び，上式により $\Delta \bar{V}, \Delta \bar{H}$ を計算して，Clausius-Clapeyron の式 (6.13)〜(6.15) に代入する．これにより，$\alpha \to \beta, \alpha \to \gamma, \beta \to \gamma$ に対応する傾きが計算でき，3重点を通る3本の相境界線を描くことができる．

一般には式 (6.16)，(6.17) は十分によい近似とはいえない．そのため，α, β, γ 相の熱膨張率，圧縮率等のデータを用いることで，より近似を上げることが行われている[3]．こうして得られた相図と高圧実験による相図が，整合していれば相図の確度は高まる．Co_2SiO_4 系について，実際にこのような検討がなされ，高圧実験による相図が再現されている[3]．

6.4 組成-温度相図

大気圧 ($P=1\,\mathrm{atm}$) における CaO-MgO の2成分系相図[4]を図 6-6 に示す．縦軸は温度，横軸は MgO のモル分率である．この単純な x-T 相図を用いてタイプ2の相図の詳細な検討を行う．6.2節の復習になるが，この相図には単相領域，2相共存領域および3相共存領域が含まれる．単相領域は CaO ss (CaO に MgO が溶け込んだ固溶体，$Ca_{1-x}Mg_xO$)，MgO ss (MgO に CaO が溶け込んだ固溶体，$Mg_{1-x}Ca_xO$) および液相 (L) の3領域である．2相共存領域は CaO ss + MgO ss, CaO ss + L, MgO ss + L の3領域である．CaO

---

*7 高温下で酸化物の溶融塩に試料を溶解させ，そのときの溶解熱から $\Delta \bar{H}$ を求める方法．

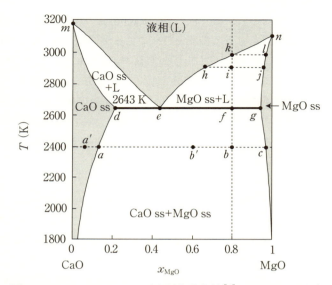

図 6-6 CaO-MgO の x-T 相図(参考文献[4], Figure 1 より).

ss＋MgO ss＋L の 3 相共存域は横軸に平行な線分であり，太線で示されている．

この系に Gibbs の相律，$f = c - p + 2$ を適用してみる．$P = 1$ atm によって自由度を 1 つ使っていることを考慮すると，$f = 3 - p$ である．したがって $p = 1$ の単相領域では $f = 2$ となり，温度を決めてもなおもう 1 つ自由度が残る．例えば，$T = 2400$ K における CaO ss 相を考えてみよう．この相図によれば，CaO ss 相は純粋な CaO($x_{MgO} = 0$) から a 点[*8]に至るまでの幅を持っていて，この範囲内であれば，任意の組成が許される．つまり，T, P を両方固定しても，なお，μ_{MgO}(あるいは μ_{CaO})は変化し得るのである[*9]．

次に同じく $T = 2400$ K として，2 相共存域内の b 点($x_{MgO} = 0.8$)における平

[*8] 図から読み取ると，a 点はおおよそ $x_{MgO} \approx 0.13$ であり，CaO ss 相の組成は $Ca_{0.87}Mg_{0.13}O$ である．
[*9] T, P が一定であれば，CaO ss 相中の μ_{MgO} は x_{MgO} の関数であり，x_{MgO} に自由度があることは μ_{MgO} に自由度があることを意味する．

衡状態を考える．すなわち，0.2 CaO + 0.8 MgO 組成の出発原料を 2400 K で十分長い間保持した場合を考えるのである．この相図に従えば，a 点の組成を有する CaO ss (a 点) と c 点の組成[*10]を有する MgO ss (c 点) の 2 相共存物が熱平衡生成物として得られる．また線分 ab, bc の長さを l_1, l_2 とすると，両固溶体のモル数の比は梃子の原理に従って，$n(\text{CaO ss}) : n(\text{MgO ss}) = l_2 : l_1$ により求めることができる[*11]．2 相共存領域の固溶体は，その温度で最大の溶質濃度を持つ固溶限界の相である．つまり，図の a' 点で示されるような内部の固溶体が 2 相共存域に現れることはない．固溶限界を超えた結果としての 2 相共存であるから，これは当然である．

CaO ss + MgO ss の 2 相共存領域に，Gibbs の相律を適用すると，$f = 3 - 2 = 1$ である．したがって，T か μ_{MgO} (μ_{CaO}) の一方が決まると，他方も決まってしまう．例えば，b 点と b' 点の x_{MgO} は異なるが，共に $T = 2400$ K であるため，両者における μ_{MgO} (μ_{CaO}) は等しくなければならない．実際に，b 点も b' 点も，同じ組成の CaO ss (a 点) と MgO ss (c 点) の 2 相共存状態であり，μ_{MgO} (μ_{CaO}) は等しい．異なるのは両固溶体の量比，$n(\text{CaO ss}) : n(\text{MgO ss})$ だけであって，それは μ_{MgO} (μ_{CaO}) に影響を与えない[*12]．

熱平衡状態を保ちながら，$x_{\text{MgO}} = 0.8$ の線に沿って温度を上げていく過程を考えよう．温度が低いときは，CaO (MgO) に溶け込むことができる MgO (CaO) 量 (固溶限) は小さい．温度の上昇とともに，CaO 側，MgO 側共に固溶限は単調に増大していく．$T = 2643$ K の f 点に到達すると固溶限は最大となり，CaO ss (d 点) と MgO ss (g 点) が生成すると共に，それらに加えて液相 (e 点) が現れ 3 相共存となる．この状態には自由度は残されていないため，3 相共存状態は唯一この温度においてのみ実現する．

さらに温度を上げると CaO ss は消失し，MgO ss と液相の 2 相共存状態が

[*10] 図から読み取ると，c 点は $x_{\text{MgO}} \approx 0.97$ であり，MgO ss (c 点) の組成は，$\text{Ca}_{0.03}\text{Mg}_{0.97}\text{O}$ である．

[*11] 図から読み取ると，$l_2 : l_1 = 0.796 : 0.204$ となり，$0.204\, \text{Ca}_{0.87}\text{Mg}_{0.13}\text{O} + 0.796\, \text{Ca}_{0.03}\text{Mg}_{0.97}\text{O}$ から，0.2 CaO + 0.8 MgO の組成が再現できる．

[*12] 2 相共存領域における横軸の変数 x_{MgO} は，モル量を重みとした 2 相の平均値である．熱力学的に意味のある変数は各相に関するものであり，複数相について平均したものは熱力学変数ではない．

もたらされる．MgO ss+L の 2 相共存領域では，MgO ss の固溶限は温度と共に逆に縮小し，例えば i 点では，MgO ss(j 点)と液相(h 点)が共存する．温度が k 点を越えて上昇すると，MgO ss は完全に溶け液相の単相状態となる．なお m, n 点はそれぞれ，純粋な CaO および，純粋な MgO の融点である．

逆に液相状態から温度を下げると，k 点に至って l 点で示される組成を有する MgO ss(l 点)の結晶が析出する(この結晶を初晶といい，k 点の温度を当該融液の初晶温度という)．固液 2 相共存領域における固相側の境界(今の場合，MgO ss 側の境界，n-l-j-g)を固相線，液相側の境界(n-k-h-e)を液相線と称する．k 点からさらに温度を下げていくと，固相線で示される MgO に富んだ結晶が析出し続けるため，共存液相の組成は，液相線に沿って CaO に富んだものへと変化していく．温度が 2643 K まで低下し，液相の組成が e 点で示されるものになると，MgO ss(g 点)に加えて，CaO ss(d 点)の結晶が一挙に析出する．この反応を共晶反応と呼び，e 点は共晶点，3 相共存の温度(今の場合 2643 K)は共晶温度と称される．このように，x-T 相図は液相の冷却過程で何が起こるかを教えてくれることから，単結晶の育成において大変有用である．

固溶体

先に固溶体の固溶限が温度により変化することを述べたが，それにはエントロピー項が関係している．純粋な CaO と MgO が反応し，ある組成の固溶体が生成する次の反応を考えよう．

$$a\mathrm{CaO} + b\mathrm{MgO} \longrightarrow c\mathrm{CaO\ ss} + d\mathrm{MgO\ ss} \tag{6.18}$$

この反応の自由エネルギー変化を ΔG とすると，反応が進行するための条件は $\Delta G = \Delta H - T\Delta S < 0$ である．このような相互にミキシングが進む方向の反応に対しては，$\Delta S > 0$ が期待される．一方，大きさの異なるイオン間の相互置換は内部エネルギーの増大を招くため，多くの場合 $\Delta H > 0$ である．したがって，ΔG は低温で正，高温で負となることが期待される．つまり，式(6.18)は高温ほど有利な反応ということになる．図 6-6 において，共晶温度に至るまで，MgO ss(CaO ss)の固溶限が拡大し続けるのは，エントロピー項の寄与によるものである[*13]．

共晶温度で固溶限が最大となり，それを越えると逆に固溶限が減少することもエントロピー項の効果として説明できる．共晶温度を越えると MgO ss

(CaO ss)は液相と共存関係になる．その状況で，固溶限が減少する反応は，てこの原理によって，液相の量が増える反応，すなわち融解反応ということになる．融解反応は，$\Delta H > 0$ および $\Delta S > 0$ であり，高温ほど進行する．すなわち，共晶温度を越えると，温度の上昇と共に固溶限が縮小する理由は，固相よりも大きい液相のエントロピー項が効いてくるためである[*13].

固溶体に関する熱力学的検討を続けよう．A，B の 2 成分系において，純粋な A と，純粋な B が混ざり合い，単一の固溶体相を生成する次の反応を考える．

$$(1-x_B)A + x_B B = A_{1-x_B}B_{x_B}$$

この反応の固溶体 1 モル当たりの自由エネルギー変化を $\Delta \bar{G}_m$ とすると，それは次のように表される．

$$\Delta \bar{G}_m(x_B) = \bar{G}(x_B) - (1-x_B)\bar{G}(x_B=0) - x_B \bar{G}(x_B=1)$$
$$= \bar{G}(x_B) - (1-x_B)\mu_A^\circ - x_B \mu_B^\circ$$

ここで，$\bar{G}(x_B)$ は $A_{1-x_B}B_{x_B}$ 固溶体の部分モル自由エネルギー，μ_A°，μ_B° は純粋な A，B 相の化学ポテンシャルである．$\Delta \bar{G}_m$ が x_B の全範囲について負となることが，全域固溶体が形成される必要条件であるが，そのときの自由エネルギーのダイヤグラムは図 6-7（a）に示すようなものとなる．

図 6-8 に大気圧における NiO-MgO 系の x-T 相図[5]を示す．NiO と MgO は共に NaCl 型構造を有し，Ni イオンと Mg イオンの大きさが似通っていることから全域固溶が実現する．相図はシンプルで，低温で(Mg, Ni)O ss の単相領域，高温で液相の単相領域，中間温度に固溶体 + 液相の 2 相共存領域が現れる．$x_{MgO} = 0.5$ の線に沿って温度を上げていくことを考えると，b 点（約 2300℃）において融解が始まり，液相（a 点）が出現する．2 相共存領域においては，温度の上昇と共に，固溶体の組成は固相線に沿って $b \to e \to g$ と変わり，液相の組成は液相線に沿って $a \to c \to f$ と変わる．f 点に至って完全に融解して

[*13] この部分は，タイプ 2 の相図に成り立つ「延長ルール」によって説明することもできる．タイプ 1 の延長ルールは「2 相共存線を 3 重点を越えて延長すると，必ず 3 番目の相の中に入る」というものであったが，タイプ 2 の相図に対しては，「相境界線を準安定域へと延長すると，必ず 2 相共存領域に入る」というルールが成立する．例えば，図 6-6 において，c-g の延長は MgO ss+L 領域に入り，j-g の延長は CaO ss+MgO ss 領域に入る．

6.4 組成-温度相図 221

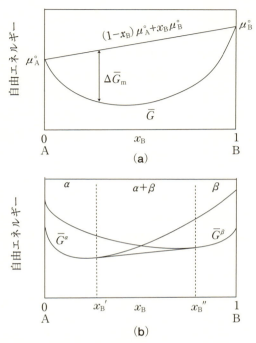

図 6-7 固溶体の自由エネルギーのダイヤグラム．(a) A と B が全域固溶体を形成する場合．(b) A と B が全域で固溶せず，2 相共存領域が出現する場合．

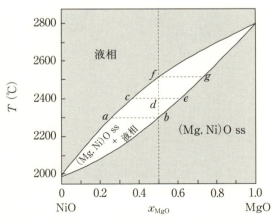

図 6-8 NiO-MgO 系の x-T 相図（参考文献[5], Fig. 8 より）．

$x_{MgO}=0.5$ の液相が生じる.

MgO-CaO 系のように部分的にしか固溶体が生成せず, 2 つの固相 α, β が出現する場合の自由エネルギーダイヤグラムは図 6-7(b)に示すようなものである. この図で $x_B' < x_B < x_B''$ の範囲については, $\bar{G}^\alpha(x_B)$ や $\bar{G}^\beta(x_B)$ の曲線よりも, $[x_B', \bar{G}^\alpha(x_B')]$ と $[x_B'', \bar{G}^\beta(x_B'')]$ を結ぶ線分のほうが下側に位置する. すなわちこの範囲は, x_B' の組成を有する α 相と x_B'' の組成を有する β 相が, 共存する領域である. 固溶体の場合, 全域固溶はむしろ例外的であり, 多くは部分固溶となる. さらに, 観測にかかるほどの固溶領域が認められない場合も少なくない.

図 6-7(b)の状況下で, 温度を上げていくとエントロピー項の寄与によって, $\bar{G}^\alpha$ と $\bar{G}^\beta$ は下に凸の方向に変化していく. その結果, ある温度以上で, x_B' と x_B'' が一致し, 図 6-7(a)に相当する状況が出現する場合がある. すな

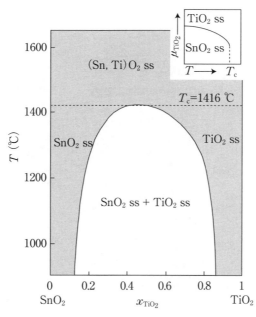

図 6-9 SnO_2-TiO_2 系の x-T 相図(参考文献[6], Fig.2 より). 右上は対応する T-μ_{TiO_2} 相図(定性的な概念図であり, 定量性は考慮されていない).

わち，ある温度以上で全域固溶となって，2相共存領域が消失してしまうのである．図6-9は，大気圧におけるSnO$_2$-TiO$_2$系のx-T相図[6]であり，このような現象が起こっている場合の相図である．T_c = 1416 ℃より低い温度では，SnO$_2$とTiO$_2$は全域で固溶せず，SnO$_2$ ss + TiO$_2$ ssの2相共存領域が存在するが，T_c以上でそれは消失して固溶体の単相領域となる．図6-9の右上には，このx-T相図に対応するタイプ1の相図であるT-μ_{TiO_2}相図を，概念的に示してある．タイプ1の相図ではSnO$_2$ ss + TiO$_2$ ssの2相共存領域は1次元の線で表されるが，それは臨界温度T_cにおいて消失し，T_cより高い温度では，SnO$_2$ ssとTiO$_2$ ssの区別はなくなる．これは，図6-1に示した気相-液相共存における臨界点に相当するものである．

全域固溶体に対して，2相共存状態を溶解度間隙(miscibility gap)があると表現することがある．溶解度間隙は固溶体ばかりでなく，液相にも生じ得る．水と油の2相共存状態は溶解度間隙にほかならない(図6-12には酸化物系において2つの液相が共存する溶解度間隙の例が示されている)．

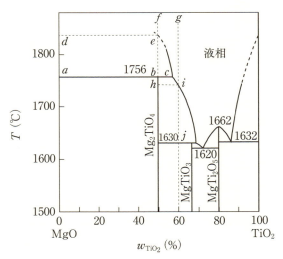

図6-10 MgO-TiO$_2$系のw-T相図(参考文献[7]，Fig.4より)．図中の数字は温度(℃)を表す．

一致溶融と分解溶融

　もう少し複雑な組成-温度相図を検討しよう．図 6-10 は大気圧（$P=1$ atm）における MgO-TiO$_2$ 系の相図[7]である．この相図の横軸はモル分率ではなく，TiO$_2$ の質量百分率であることに注意されたい．文献では，しばしば質量百分率を軸とした相図が現れるが，モル分率を用いた場合と本質的な相違はない．系内には MgO，Mg$_2$TiO$_4$，MgTiO$_3$，MgTi$_2$O$_5$，TiO$_2$ の 5 つの固相（化合物）と 1 つの液相が存在する．この図で MgTi$_2$O$_5$〜TiO$_2$ の範囲は，図 6-6 の CaO-MgO 相図と同じトポロジーを持っている（唯一の質的違いは MgO-TiO$_2$ 系の場合，各固相に観測にかかるほどの固溶幅がないことである）．すなわちこの部分は MgTi$_2$O$_5$ と TiO$_2$ を成分とする 2 成分系の相図にほかならず，CaO-MgO 相図で議論したことが適用できる．多数の固相を含む相図であっても，CaO-MgO 系と同等の部分系を足し合わせたものである場合がある．そのような相図は理解する上で大きな困難はない．

　MgO-TiO$_2$ 系の残りの範囲も，MgO-Mg$_2$TiO$_4$，Mg$_2$TiO$_4$-MgTiO$_3$，MgTiO$_3$-MgTi$_2$O$_5$ の 3 つの 2 成分系を足し合わせたものに見えるかも知れない．しかし，それは正しくない．スピネル型の物質 Mg$_2$TiO$_4$ について温度を上げていく場合を考えよう．相図に従えば，温度が 1756℃，すなわち b 点に達すると，Mg$_2$TiO$_4$ は液相と固相に分解してしまう．分解生成物としての固相は純粋な MgO（a 点）であり，液相は Mg$_2$TiO$_4$ よりも TiO$_2$ に富んだ組成（c 点）を有する．この液相の組成は，MgO と Mg$_2$TiO$_4$ の足し合わせでは表現できない．線分 a-b-c は 3 相共存領域に相当する．1756℃ 以上では MgO＋液相の 2 相共存領域に入る．Mg$_2$TiO$_4$ が溶融するこのようなプロセスは，MgTi$_2$O$_5$ の場合とは異なっている．後者は 1662℃ で溶融するが，そこでは固相がそっくり液相に代わり，液相の組成は固相の組成と同一である．このような融解を一致溶融（congruent melting）と呼ぶ．固相と液相の組成が一致しているからである．一方，Mg$_2$TiO$_4$ の溶融は分解溶融（incongruent melting）と呼ばれる．分解溶融においては，液相と別の固相への分解が起こり，生成する液相の組成は溶融する固相の組成とは異なる．図 6-10 の相図から，Mg$_2$TiO$_4$ だけでなく MgTiO$_3$ も分解溶融することが分かる．MgTiO$_3$ の温度を上げていくと，1630℃ において Mg$_2$TiO$_4$ と液相への分解反応が起こるからである．

分解溶融と類似の反応として，固相が2つの固相に分解する固相分解があり，そこでは3つの固相の共存が実現する（図6-12の相図には，1370℃における $Ca_3Cr_2Si_3O_{12} \longrightarrow 3\alpha\text{-}CaSiO_3 + Cr_2O_3$ の分解反応が示されている）．

単結晶の育成を念頭に置いて，逆に Mg_2TiO_4 の組成を持つ液相の温度を下げていくプロセスを考えよう．f 点から温度を下げていくと e 点で固化が始まり，MgO（d 点）が析出し始める．1756℃に至るまで MgO の析出は続き，液相の組成は液相線に沿って TiO_2 が富む方向へと変わっていく．1756℃で液相の組成は c 点に達し，それまでに析出した MgO と液相の間に固液反応（包晶反応と呼ばれる）が起こって，Mg_2TiO_4 が生成する．この冷却プロセスにおける初晶は MgO であって，Mg_2TiO_4 ではないことは重要である．すなわち，Mg_2TiO_4 組成の融液を徐冷しても，Mg_2TiO_4 のまともな単結晶は得られないことを図6-10の相図は示唆している．一方，一致溶融する $MgTi_2O_5$ の場合は事情が異なる．$MgTi_2O_5$ 組成の融液を徐冷すれば，1662℃において同一組成の固相が析出するため，徐冷法によって単結晶が育成できる可能性がある（単結晶の育成には様々な条件が必要であり，あくまで可能性である）．

f 点の代わりに少し TiO_2 を増やした g 点（$w_{TiO_2} = 60\%$）の融液を考えよう．これを冷却すると i 点に至って Mg_2TiO_4（h 点）の析出が始まり（つまりこの融液の初晶は Mg_2TiO_4 である），それは1630℃（j 点）まで続く．したがって，この組成であれば，徐冷法により Mg_2TiO_4 の単結晶を育成できる可能性がある[*14]．実際，ここで述べたような徐冷法とは異なるが，浮遊帯域溶融法と呼ばれる手法によって，Mg_2TiO_4 の単結晶の育成が行われている[8]．そこでは Mg_2TiO_4 組成よりも TiO_2 を増やした融液の初晶が Mg_2TiO_4 であることが，巧みに利用されている（7.4節参照）．

6.5 三角相図

6.2節における議論を思い出しながら，タイプ3の相図である三角相図の具

[*14] 1630℃において，それまでに生成した Mg_2TiO_4 の一部と融液が反応して（包晶反応）$MgTiO_3$ が生成する．そのため，Mg_2TiO_4 の単結晶を得る目的であれば，1630℃に至る前に，試料を炉から取り出し冷却することが考えられる．

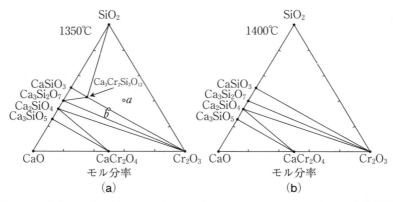

図 6-11 (a) 1350℃ と (b) 1400℃ における CaO-Cr_2O_3-SiO_2 系の三角相図(参考文献[9], Fig.5, Fig.6 より質量分率をモル分率に変換).

体例を検討しよう．図 6-11(a), (b) はそれぞれ 1350℃ と 1400℃ における大気圧下の CaO-Cr_2O_3-SiO_2 系三角相図[9]である．この系においては，CaO-SiO_2 の間に 4 個の化合物が，CaO-Cr_2O_3 の間には 1 個の化合物が存在する．これらに加えて，1350℃ では三角形の内部に $Ca_3Cr_2Si_3O_{12}$ の組成を持つ化合物が存在する．これは，組成から分かるように 4.2 節で検討したガーネット型である(表 4-1)．系内に存在する固相は，CaO, Cr_2O_3, SiO_2 を含めてつごう 9 個である．相図は単相領域(各固相に固溶幅はなく，点となる)，2 相共存領域(線分)，3 相共存領域(三角形)の 3 領域からできている．この相図を見れば，CaO, Cr_2O_3, SiO_2 を任意の割合で混合した試料が熱平衡状態に至ったとき，どのような固相が出現するかが，たちどころに分かる．例えば (x_{CaO}, $x_{Cr_2O_3}$, x_{SiO_2}) が (0.2, 0.4, 0.4) の a 点は Cr_2O_3-SiO_2-$Ca_3Cr_2Si_3O_{12}$ の三角形の内部にあるため，Cr_2O_3 + SiO_2 + $Ca_3Cr_2Si_3O_{12}$ の 3 相共存状態が実現する．一方，(1/3, 1/3, 1/3) の b 点は，Cr_2O_3-$Ca_3Cr_2Si_3O_{12}$ の線分上にあるため，Cr_2O_3 + $Ca_3Cr_2Si_3O_{12}$ の 2 相共存試料が得られる．

3 成分系の自由度は $f = 5 - p$ であるから，5 相共存までが許容される．しかし，その場合すべての自由度が失われるため，5 相共存領域は T, P と 2 つの成分の μ が張る 4 次元空間で点としてのみ存在する．任意の圧力(例えば大気圧に)において，そのような状態が実現する可能性はほぼゼロである．一方，

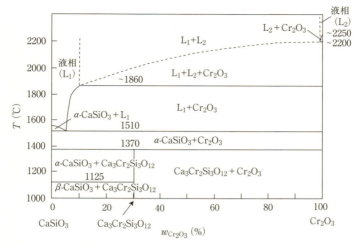

図 6-12 $CaSiO_3$-Cr_2O_3 擬 2 成分系の w-T 相図(参考文献[9]，Fig. 4 より)．図中の数字は温度(℃)を示す．

4 相共存状態の自由度は 1 であるため，圧力を固定すると自由度はすべて失われ，それが実現するのは特定の温度のみである(後述の「固相-液相平衡を表す相図」にその実例を見る)．圧力と共に温度も一定値に固定した場合には，4 相共存状態が出現する可能性はほぼゼロである．3 成分系の T, P 一定の条件下における合成実験で，4 相共存の試料が得られた場合は，実験の不手際を疑うべきである．多くの場合，反応速度が遅く熱平衡状態に達していないことがその原因である．

図 6-11(b)の 1400℃ の相図では，$Ca_3Cr_2Si_3O_{12}$ が消失し，相図はよりシンプルになっている．温度(あるいは圧力)を変えると，この例のように相平衡関係が変化することは当然あり得ることである．**図 6-12** に $CaSiO_3$-Cr_2O_3 の擬 2 成分系の w-T 相図[9]を示す*15．この図から $Ca_3Cr_2Si_3O_{12}$ が 1370℃ で α-$CaSiO_3$ と Cr_2O_3 に固相分解することが分かる．これが 1400℃ の相図に $Ca_3Cr_2Si_3O_{12}$ が現れない理由である．このように 2 種類の相図を合わせて検討することで系の相平衡関係の理解が進むことが多い．

固溶体を含む三角相図

6.2 節において，一般論として 2 次元的に広がった組成を有する相の間の平衡を扱った．しかし，実際に現れる固溶体では，組成領域が 1 次元的に広がっている場合の方がはるかに多い．ここではそのような 1 次元の固溶体を含む 3 成分系相図を検討する．図 6-13 は大気圧下，1050℃における ZnO-CoO-TiO$_2$ 系の三角相図[10]である．この系で固溶体を形成しない相はルチル型の TiO$_2$ のみであり，他はすべて固溶領域を持っている．

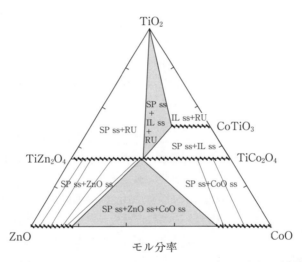

図 6-13 1050℃，大気中における ZnO-CoO-TiO$_2$ 系の三角相図(参考文献[10], Fig.1 より)．ハッチングした線は固溶領域を表す．SP ss＝スピネル型 Ti(Zn$_{1-x}$Co$_x$)$_2$O$_4$, IL ss＝イルメナイト型 Co$_{1-x}$Zn$_x$TiO$_3$, RU＝TiO$_2$.

---

*15 図 6-12 の w-T 相図においては，Cr$_2$O$_3$ と 2 種類の液相 L$_1$, L$_2$ の 3 相共存領域が 1 次元の線分ではなく 2 次元領域として存在している．ここから分かるように，この系は 2 成分系としては表すことができない系であり，タイプ 2 のルールは成立していない．しかし液相が現れない温度領域については，CaSiO$_3$-Cr$_2$O$_3$ の 2 成分系と見なすことができる．実際に，1125℃において起こる β-CaSiO$_3 \longrightarrow \alpha$-CaSiO$_3$ の構造相転移や，1370℃において起こる Ca$_3$Cr$_2$Si$_3$O$_{12}$ の分解において，3 相共存領域がルール通りに横軸に平行な線分として与えられている．

$TiZn_2O_4$ と $TiCo_2O_4$ は両方ともスピネル型(3.4節)であり，Zn イオンと Co イオンが相互に置換して，全域固溶体 $Ti(Zn_{1-x}Co_x)_2O_4 (x=0\sim1)$ が形成される．表 3-5 に示されるように，2 つとも逆スピネル型($Zn[TiZn]O_4$, $Co[TiCo]O_4$)であり，相互置換が起こってもそれぞれの金属イオンの配位環境は維持される．イルメナイト型(3.1節)の $CoTiO_3$ の Co イオンも Zn イオンで一部置換され，1 次元の固溶体 $Co_{1-x}Zn_xTiO_3$ が形成される．しかし，Zn イオンは四面体配位を好むイオンであり，イルメナイト型構造の金属席が八面体配位であるために，固溶の幅は限定されたものとなる($ZnTiO_3$ は存在せず，$Co_{1-x}Zn_xTiO_3$ において $x \approx 0.33$ が固溶限界である)．CoO は NaCl 型，ZnO はウルツァイト型(3.2節)であるため，両者の間の固溶も全域ではない．CoO ss の固溶限界は $Co_{1-x}Zn_xO$, $x \approx 0.22$, ZnO ss の固溶限界は $Zn_{1-x}Co_xO$, $x \approx 0.17$ である

　ZnO-CoO-TiO_2 系においては，すべての固溶体が三角形の底辺に平行な方向に 1 次元的に組成領域を伸ばしている．その理由は，Zn と Co の 2 価イオンの間の置換が可能であるのに対して，4 価の Ti イオンと 2 価イオンの間には観測にかかるほどの置換が起こらないためである．多数の固溶体が存在する結果，図 6-13 の相平衡図では，3 相共存領域の 2 つの三角形(グレーの部分)を除く広い部分が 2 相共存領域である．

固相-液相平衡を表す相図

　ここでタイプ 3 とは別種の三角相図について簡単に触れておく．**図 6-14** の $CaTiO_3$-$MgTiO_3$-TiO_2 系相図[11]は，一見タイプ 3 の三角相図に見えるが，そうではない．これは，固相-液相の共存関係を表したものであり，紙面に垂直方向に温度軸を取った 3 次元の液相面の，紙面(温度軸方向)への投影と考えるべきものである．図に示された等温線は初晶温度を表していて，例えば，l 点の組成を持つ液相を高い温度から徐冷していくと，1650℃において固相が析出することを示している．そのとき，初晶として現れる相は，液相組成が a-b-d-c に囲まれる範囲であればいつも TiO_2 である(あるいは，温度を上げていったとき最後まで残る固相は TiO_2 である)．同様に $MgTi_2O_5$, $CaTiO_3$, $MgTiO_3$, Mg_2TiO_4 が初晶として現れる領域が存在する．

　太い実線は 3 相共存線に対応し，例えば c-d 線上の組成を持つ液相は TiO_2

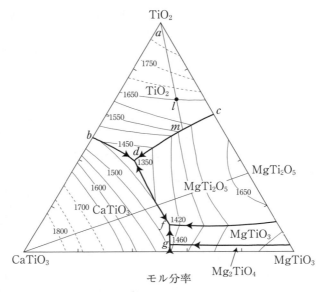

図 6-14 CaTiO$_3$-MgTiO$_3$-TiO$_2$ 系の液相面(参考文献[11], FIGURE 5 より).
図中の数字は温度(℃)を示す.

と MgTi$_2$O$_5$ を同時に析出する.また 3 相共存線につけられた矢印は温度の低下に伴って,液相の組成が変化する方向を表している.3 本の 3 相共存線が交わる点は,4 相が共存する点である.例えば,d 点では TiO$_2$+CaTiO$_3$+MgTi$_2$O$_5$+ 液相の 4 相が共存する.先に,一定圧力下の 3 成分系の 4 相共存は特定の温度においてのみ起こることを述べたが,この場合は 1350℃ がその温度である.

l 点の組成を持つ液相を徐冷した場合,1650℃ で TiO$_2$ が析出し始め,さらなる温度の低下に伴って,液相の組成は l-m の直線上を m 点に向かって変化していく.液相の組成が c-d 上の m 点に至ると,TiO$_2$ に加えて,MgTi$_2$O$_5$ が析出し始める.3 相共存線は谷底を流れる川のように,液相面の温度が両側に比べて低い部分である.そのため,温度の低下と共に液相組成は共存線上を矢印の方向に向かって変化する.今の場合には,c-d 上を d 点に向かって変化していく.d 点に至ると,TiO$_2$,MgTi$_2$O$_5$,CaTiO$_3$ が同時に析出して,液相は消失する.d 点は液相面の温度の極小点に対応し,3 成分系の共晶点である.

先に，MgTiO$_3$ が分解溶融することを示したが，その情報は図 6-14 の相図にも含まれている．まず，MgTiO$_3$ 組成の液相を徐冷したときの初晶が MgTiO$_3$ ではなく，Mg$_2$TiO$_4$ であることに気が付く．これは図 6-10 の MgO-TiO$_2$ 系相図と整合している．さらに，4 相共存点 g(MgTiO$_3$ + Mg$_2$TiO$_4$ + CaTiO$_3$ + 液相)が液相面の温度の極小に相当せず，共晶点ではないことも，MgTiO$_3$ が分解溶融することに関係している(d, f 点は共晶点である)．

図 6-14 のようなタイプの相図は，ここに述べたこと以外にも様々な有用な情報を含んでいる．興味のある読者は参考文献[12]を参照していただきたい．

6.6 気相が関与する相平衡

金属の酸化・還元反応

気相が関与する相平衡を扱う準備として，金属の酸化，還元反応について必要な事項をまとめておく．所与の温度，圧力において，金属 M が酸化されて酸化物 MO が生成する次の反応を考えよう．

$$\mathrm{M} + 1/2\mathrm{O}_2 \longrightarrow \mathrm{MO} \tag{6.19}$$

MO が 1 モル生成する場合の Gibbs の自由エネルギーの変化，すなわち MO の生成自由エネルギー $\Delta_\mathrm{f} G_\mathrm{MO}$ は以下で表される

$$\Delta_\mathrm{f} G_\mathrm{MO} = \bar{G}_\mathrm{MO} - \bar{G}_\mathrm{M} - \frac{1}{2}\bar{G}_{\mathrm{O}_2}$$

ここで，標準状態における $\bar{G}$ を $\bar{G}^\circ$ で表して，活量 a を導入すると，

$$\bar{G}_\mathrm{MO} = \mu_\mathrm{MO} = \bar{G}^\circ_\mathrm{MO} + RT\ln a_\mathrm{MO},$$
$$\bar{G}_\mathrm{M} = \mu_\mathrm{M} = \bar{G}^\circ_\mathrm{M} + RT\ln a_\mathrm{M},$$
$$\bar{G}_{\mathrm{O}_2} = \mu_{\mathrm{O}_2} = \bar{G}^\circ_{\mathrm{O}_2} + RT\ln a_{\mathrm{O}_2}.$$

(6.19)が平衡になっている状態を考えると，$\Delta_\mathrm{f} G_\mathrm{MO} = 0$ より次が成立する．

$$\bar{G}^\circ_\mathrm{MO} - \bar{G}^\circ_\mathrm{M} - \frac{1}{2}\bar{G}^\circ_{\mathrm{O}_2} + RT\ln K = 0$$

ここで，K は平衡乗数であり，

$$K = a_\mathrm{MO} / a_\mathrm{M} \cdot a_{\mathrm{O}_2}^{1/2} \tag{6.20}$$

$(\bar{G}^\circ_\mathrm{MO} - \bar{G}^\circ_\mathrm{M} - 1/2\bar{G}^\circ_{\mathrm{O}_2})$ は，MO の標準生成自由エネルギー $\Delta_\mathrm{f} G^\circ_\mathrm{MO}$ である．したがって，

$$\Delta_{\mathrm{f}} G^{\circ}_{\mathrm{MO}} = -RT \ln K \tag{6.21}$$

M,MO の標準状態として,所与の温度,圧力における純物質の状態を選ぶと,$a_{\mathrm{MO}} = a_{\mathrm{M}} = 1$ となる.一方,O_2 については,理想気体として扱い,その標準状態を所与の温度で 1 気圧(すなわち,酸素分圧 P_{O_2} について,$P_{O_2} = 1$ atm)の純気体とすると,$a_{O_2} = P_{O_2}$ である.したがって,

$$\Delta_{\mathrm{f}} G^{\circ}_{\mathrm{MO}} = \frac{1}{2} RT \ln P_{O_2} \tag{6.22}$$

$\Delta_{\mathrm{f}} G^{\circ}_{\mathrm{MO}}$ は,エンタルピー項とエントロピー項に分離できる.

$$\Delta_{\mathrm{f}} G^{\circ}_{\mathrm{MO}} = \Delta_{\mathrm{f}} H^{\circ}_{\mathrm{MO}} - T \Delta_{\mathrm{f}} S^{\circ}_{\mathrm{MO}},$$
$$RT \ln P_{O_2} = 2 \Delta_{\mathrm{f}} H^{\circ}_{\mathrm{MO}} - 2T \Delta_{\mathrm{f}} S^{\circ}_{\mathrm{MO}}. \tag{6.23}$$

ここで,$\Delta_{\mathrm{f}} H^{\circ}_{\mathrm{MO}}$,$\Delta_{\mathrm{f}} S^{\circ}_{\mathrm{MO}}$ はそれぞれ MO の標準生成エンタルピー,標準生成エントロピーであり,カロリメトリーや比熱などの測定などから決定することができ,多くの酸化物についてすでに実測値が存在している[13].$\Delta_{\mathrm{f}} H^{\circ}_{\mathrm{MO}}$,$\Delta_{\mathrm{f}} S^{\circ}_{\mathrm{MO}}$ の温度変化を無視すれば,$RT \ln P_{O_2}$ の温度に対するプロットは,傾きが $-2\Delta_{\mathrm{f}} S^{\circ}_{\mathrm{MO}}$ の直線となる.

式(6.22)の導出方法から明らかなように,$RT \ln P_{O_2}$ に付く係数(この式では 1/2)は,酸化物中の金属イオンの価数に依存して変化する.例えば金属が 4 価を取る場合の反応($M + O_2 = MO_2$)では係数は 1 になる.そこでいつも 1 モルの O_2 が反応するように化学式を変形し,その反応の ΔG°,ΔH°,ΔS° を使うことに決めれば,次の式が一般的に成立し,計算上の混乱を回避できる.

$$\Delta G^{\circ} = \Delta H^{\circ} - T \Delta S^{\circ} = RT \ln P_{O_2} \tag{6.24}$$

例えば,3 価の金属の場合は,$2M + 3/2 O_2 = M_2O_3$ の代わりに,$4/3 M + O_2 = 2/3 M_2O_3$ とすれば,その ΔG° について以下が成り立つ.

$$\Delta G^{\circ} = \frac{2}{3} \Delta_{\mathrm{f}} G^{\circ}_{M_2O_3} = \frac{2}{3} (\Delta_{\mathrm{f}} H^{\circ}_{M_2O_3} - T \Delta_{\mathrm{f}} S^{\circ}_{M_2O_3}) = RT \ln P_{O_2}.$$

この議論は,酸化物の間の反応にも適用できる.例えば,次の反応を考えよう.

$$2 Fe_3O_4 + \frac{1}{2} O_2 = 3 Fe_2O_3 \tag{6.25}$$

Fe_2O_3(コランダム型)と Fe_3O_4(スピネル型)については,後で詳しく述べるが,前者は 3 価の鉄の酸化物であり,後者は 2 価,3 価の鉄($Fe^{2+} + 2Fe^{3+}$)を

6.6 気相が関与する相平衡

表 6-2 酸化物の標準生成自由エネルギー($\Delta_f G°$),標準生成エンタルピー($\Delta_f H°$),標準生成エントロピー($\Delta_f S°$)[†1].

酸化物	$\Delta_f G°$(kJ)	$\Delta_f H°$(kJ)	$\Delta_f S°$(J)
Al_2O_3 [†2]	-1582.31	-1675.7	-313.23
CO	-137.152	-110.525	89.3074
CO_2	-394.359	-393.509	2.85091
CoO	-214.22	-237.94	-79.557
CaO	-604.05	-635.09	-104.11
CuO	-129.5	-157.3	-93.24
Cu_2O	-146	-168.6	-75.80
Fe_2O_3	-742.2	-824.2	-275.0
Fe_3O_4	-1015.5	-1118.4	-345.13
La_2O_3	-1705.8	-1793.7	-294.82
TiO_2 [†3]	-889.5	-944.7	-185.1

[†1] $T=298.15$ K,$P=1$ atm を標準状態とした値.$\Delta_f G°$ および $\Delta_f H°$ は参考文献[13]より.$\Delta_f S°$ は $\Delta_f S°=(\Delta_f H°-\Delta_f G°)/298.15$ による計算値.
[†2] コランダム型.
[†3] ルチル型.

含む酸化物である.1モルの O_2 が反応するように化学式を変形し,標準生成自由エネルギーの加成性を使うと以下が求まる.

$4Fe_3O_4 + O_2 = 6Fe_2O_3$,

$$RT \ln P_{O_2} = 6\Delta_f G°_{Fe_2O_3} - 4\Delta_f G°_{Fe_3O_4}$$
$$= (6\Delta_f H°_{Fe_2O_3} - 4\Delta_f H°_{Fe_3O_4}) - T(6\Delta_f S°_{Fe_2O_3} - 4\Delta_f S°_{Fe_3O_4}). \quad (6.26)$$

表 6-2 に,いくつかの酸化物の $P=1$ atm,$T=298.15$ K における標準生成熱力学関数[13]を示す.**図 6-15** は,この表の値を用いて求めた $\Delta G°$ ($=RT \ln P_{O_2}$)の温度変化であり,このような図はエリンガム図(Ellingham diagram)として知られている*16[14].エリンガム図の縦軸は $RT \ln P_{O_2}$ であるから,図の上方が高い平衡酸素圧,下方が低い平衡酸素圧に相当し,酸化さ

---

*16 Cu(金属)の融点は 1356 K である.それ以上の温度に対しては,$T=298.15$ K における $\Delta H°$,$\Delta S°$ を使うのはよい近似ではなく,融解におけるエンタルピー変化やエントロピー変化を考慮する必要が出てくる.図 6-15,6-16 ではこのような事情を勘案していない.金属や酸化物の融解,沸騰を考慮したエリンガム図は,参考文献[14]で見ることができる.

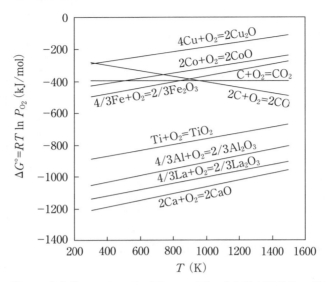

図 6-15 種々の酸化物のエリンガム図．この図では金属や酸化物の融解，沸騰等を考慮していない(6.6 節，脚注 *16 を参照)．

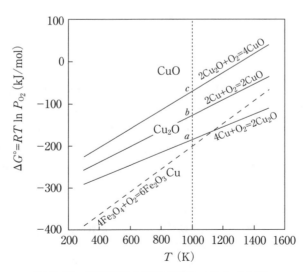

図 6-16 酸化銅および酸化鉄のエリンガム図．

れやすい金属ほど下方に，還元されやすい金属ほど上方にその平衡線が出現することになる．図 6-15 に現れる金属では，Cu, Co, Fe, Ti, Al, La, Ca の順に酸化物の安定性は高まり還元するのが困難になっていく．

式 (6.24) を変形すると，以下が得られる．
$$\ln P_{O_2} = \Delta G°/RT,$$
$$= \Delta H°/RT - \Delta S°/R.$$

$\ln P_{O_2}$ を $1/T$ に対してプロットすると，それは，$1/T=0$ ($T=\infty$) で $-\Delta S°/R$ を切片とし，傾きが $\Delta H°/R$ の直線となる．エリンガム図の代わりに，この形の平衡酸素分圧線図を使うこともできる．

図 6-16 に Cu についての次の 3 つの化学式に相当する $\Delta G°(=RT \ln P_{O2})$ を示す．

$$4Cu + O_2 = 2Cu_2O \tag{6.27}$$
$$2Cu + O_2 = 2CuO \tag{6.28}$$
$$2Cu_2O + O_2 = 4CuO \tag{6.29}$$

平衡線は (6.27)，(6.28)，(6.29) の順番で下から上方に向かって位置している．例えば温度を 1000 K に固定して，金属 Cu を還元雰囲気の炉内に置き，気相の酸素分圧をゆっくりと上げていく場合を考えよう．まず，(6.27) の平衡線と交わる a 点で Cu_2O への酸化が一挙に起こる．平衡線を越えた段階では Cu は消失し，Cu_2O のみが固相を占めている．次に (6.28) の平衡線上の b 点では何も起こらない．なぜなら，すでに金属状態の Cu は残っていないからである．最後に (6.29) の平衡線上の c 点に至って，CuO への酸化が一挙に起こる．したがって，このような過程を考える限りにおいて，(6.28) の反応を考える必要はない．(6.27) および (6.29) に相当する平衡線は，気相を考えないと *17，それぞれ，$Cu+Cu_2O$，Cu_2O+CuO の 2 相共存状態に相当する．一方，Cu，Cu_2O，CuO の単相領域は平衡線によって区分けされた 2 次元の領域

---

*17 気相を相として数えるかどうかの問題は後述「気相の考え方」で詳しく検討する．

*18 仮に (6.27) と (6.29) の平衡線が有限温度で交わるとすると，その交点 (3 重点) は $Cu+Cu_2O+CuO$ の 3 相共存状態であり，やはり，タイプ 1 の相図のルールに合致する．ちなみに，図 6-16 における (6.28) の平衡線は 2 相共存線を 3 重点を越えて延長したものに相当する．

に対応する．これはタイプ1の相図のルールにほかならない*18．エリンガム図の縦軸が $RT \ln P_{O_2}$, すなわち μ_{O_2} であることを考えればこれは驚くには当たらない．エリンガム図は，金属-O_2 の2成分系の T-μ 相図にほかならず，タイプ1の相図そのものである．

図 6-16 に式(6.26)に相当する平衡線を点線で示してある．この平衡線は(6.29)のそれよりかなり下方に存在する．このことは1つの酸化物内に，Fe^{2+} と Cu^{2+} が共存するような事態はまず起こらないであろうことを示唆している．なぜなら，イオンの間に酸化還元反応が起こって，Fe^{3+} と Cu^+（あるいは金属 Cu）へと変化してしまうことが想定されるからである．

CO_2/CO 系混合ガス

酸化物の安定性に気相が関与する場合には，その合成に当たって気相の酸素分圧を制御する必要が生じる．7.1節で述べるように，気相の酸素分圧の制御には，試料を封管内に閉じ込めるクローズな方法と，混合ガスを用いるオープンな方法がある．ここで後者で必要となる混合ガスの平衡酸素分圧について触れておく．

$P = 1$ atm における C, CO, CO_2 間の以下の反応を考えよう．

$$2C + O_2 = 2CO \tag{6.30}$$
$$C + O_2 = CO_2 \tag{6.31}$$
$$2CO + O_2 = 2CO_2 \tag{6.32}$$

気体の標準状態を所与の温度における1気圧の純気体とし，理想気体を仮定する．すると，反応(6.30)に関して，式(6.24)に相当する式は，

$$\Delta G° = -RT \ln K = -RT \ln P_{CO}^2/P_{O_2}$$

この反応の平衡酸素分圧は十分に低く，大気圧下では $P = P_{CO} + P_{O_2} \approx P_{CO} \approx 1$ atm と見なすことができ，金属酸化物の式(6.24)をそのまま使うことができる．同様なことは反応(6.31)についても当てはまる．したがって，表6-2 の CO および CO_2 の標準生成熱力学関数を用いて，(6.30), (6.31)の $RT \ln P_{O_2}$ を求めることができる（図 6-15）．

反応(6.32)に関しては，式(6.24)に相当する式は以下となる．

$$\Delta G° = -RT \ln K = -RT \ln P_{CO_2}^2/(P_{CO}^2 \cdot P_{O_2})$$
$$RT \ln P_{O_2} = \Delta G° + 2RT \ln P_{CO_2}/P_{CO}$$

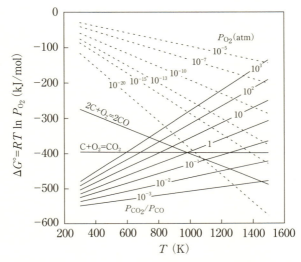

図 6-17 CO_2/CO 系の $RT \ln P_{O_2}$ 線図（本文参照）.

$$= \Delta H° + T(-\Delta S° + 2R \ln P_{CO_2}/P_{CO}) \quad (6.33)$$

(6.33)は CO_2 と CO の混合比, $r = P_{CO_2}/P_{CO}$ を変えることで酸素分圧が制御できることを表している. 厳密にいうと, 室温で CO_2, CO を初期混合比 r_0 に混合したとしても, 混合比は反応(6.32)によって, 温度と共に変化してしまう. しかし, ここでも平衡酸素分圧は十分に低く, $r = r_0$ としてもほとんど誤差は生じない. したがって, $\ln P_{CO_2}/P_{CO}$ は温度に無関係となり, $\Delta H°$ および $\Delta S°$ の温度変化を無視すれば, $RT \ln P_{O_2}$ は温度に対して直線的に変化することになる.

図 6-17 に式(6.33)による $RT \ln P_{O_2}$ を $r = 10^{-3} \sim 10^3$ の範囲について描画してある. また, P_{O_2} を特定したときの $RT \ln P_{O_2}$ の直線を重ねてある. この図から, 混合比 r, 温度 T における CO_2/CO ガスの平衡酸素分圧が大雑把に読み取れる. また, この図には反応(6.30), (6.31)による $RT \ln P_{O_2}$ を合わせて示してある. これらの平衡線は, それぞれ 1 気圧の CO および CO_2 から炭素が固相として析出するときの平衡酸素分圧を表し, CO_2/CO 系を用いて実現できる P_{O_2} の下限に対する目安となる. 実用的な観点からは, **図 6-18** のような線図[15]のほうが使いやすい. この図でグレーの部分は, 炭素の析出によ

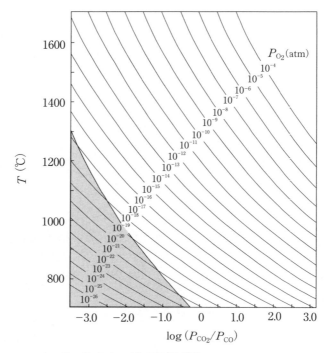

図 6-18 CO_2/CO 系の酸素分圧(参考文献[15],Fig.11 より).グレーの部分は炭素が析出する領域を表す.

り P_{O_2} の制御ができない領域である.

　酸素分圧の制御といえば,不活性ガスによって酸素を希釈する方法を思いつくかもしれない.確かにそれは簡便ではあるが,O_2/不活性ガス系はガス間の反応を介した緩衝能力を持たず,図 6-17 で問題となるような低い酸素分圧を実現することはできない.CO_2/CO 系は酸素分圧の制御という観点からは大変有用な混合ガス系である.しかし,CO の毒性は深刻な問題であり十分な注意が必要である.そのため,H_2O/H_2 系や CO_2/H_2 系が使われることがある.前者は炭素の析出がないという利点があるが,水蒸気の凝縮が起こらないように気を付ける必要がある.一方,後者は CO_2/CO 系と同様に炭素の析出があり,あまり低い酸素分圧は実現できない.さらに,CO_2/CO 系に比べると平衡に達しにくいため,低い温度の実験には使えない.H_2O/H_2 系や CO_2/H_2 系

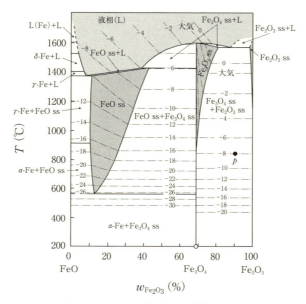

図 6-19 FeO-Fe$_2$O$_3$ 系の w-T 相図(参考文献[15], Fig.13 より). 図中の数字は平衡酸素分圧の常用対数($\log P_{O_2}$)を表す.

に関する, 図 6-18 と同様な酸素分圧の線図は参考文献[15]から取得することができる.

FeO-Fe$_2$O$_3$ 系相図

図 6-19 は 2 成分系 FeO-Fe$_2$O$_3$ のタイプ 2 の w-T 相図[15]であり, 気相が関与する相図の典型例である*19. この相図にはヘマタイト(hematite), マグネタイト(magnetite), ウスタイト(wüstite)という鉱物名で知られる 3 個の酸化物相が存在し, それぞれの定比組成は Fe$_2$O$_3$, Fe$_3$O$_4$, FeO である. ヘマタイト相(Fe$_2$O$_3$ ss)の固溶幅は小さいが, マグネタイト相(Fe$_3$O$_4$ ss)は高温で

---

*19 この相図では FeO と Fe$_2$O$_3$ を成分としているが, Fe と O が 1:1 の定比酸化物は常圧下では存在せず, その組成では金属鉄が出現する. したがって, Fe と Fe$_2$O$_3$ を成分としたほうが紛れがないが, ここでは原著論文に従って, FeO と Fe$_2$O$_3$ を成分として取る.

Fe_2O_3 側にかなりの程度固溶が広がっている．これは主として，鉄の欠損によるものであり，その組成は $Fe_{3-x}O_4$ と表記するのが適当である．

ウスタイト相（FeO ss）の基本構造は NaCl 型であるが，常圧下では大量の鉄の欠損を導入することで初めて安定化される．ウスタイト相を $Fe_{1-x}O$ と表記すると，x は温度と P_{O_2} に依存して，0.05〜0.15 の広い範囲にわたって変化する．そのイオン式は，電荷の中性条件から $Fe^{2+}_{1-3x}Fe^{3+}_{2x}O^{2-}$ となり，2価，3価の鉄イオンが $1-3x:2x$ の比で含まれている．ウスタイト相は 557℃ 以下では不安定になって α 鉄とマグネタイトに分解する．また，金属鉄は温度の上昇に伴って，$\alpha \to \gamma \to \delta$ と相転移を起こし，最終的に金属の液相になる．α 鉄と δ 鉄が体心立方格子（図 2-3[13]）を持つのに対して，γ 鉄の格子は面心立方型（fcc，図 2-3[14]）である．

気相の考え方

前節までに出てきた酸化物系においては，気相は凝縮相（固相または液相）に対して完全に不活性であり，圧力を及ぼす媒体としての役割を果たすのみであった．それゆえ，気相は相として数えなかった[*20]．一方，前項の FeO-Fe_2O_3 系（Fe-O 系）のように，価数が変化する金属イオンを含む系については，気相と固相の間に酸素の行き来があり，気相の酸素分圧（あるいは μ_O）が重要な役割を果たす．気相が関与する系の気相をどう考えるかについて，ここで検討を加えておく．

図 6-19 の FeO-Fe_2O_3 系相図の一点鎖線は，酸素の等圧線であり，凝縮相と共存する気相の酸素分圧を示している．例えば，図の p 点は，固相に関してはヘマタイト（Fe_2O_3 ss）とマグネタイト（Fe_3O_4 ss）の2相共存であり，気相の酸素分圧は 10^{-8} atm である．2成分系の3相共存状態の自由度は $f=1$ であるから，仮に圧力を大気圧に固定すると温度に関する自由度は残っていない

[*20] 気相の成分を勘案した上で，気相を含めて考えることも可能である．そのときも，自由度については気相を考慮しない場合と同じ結果が得られる．

[*21] 先に述べたように，O_2/不活性ガス系では低い酸素分圧を実現することは実際上難しい．しかし，理論上は可能であり，また，ここでの議論は CO_2/CO 系等に対しても適用可能である．

6.6 気相が関与する相平衡 241

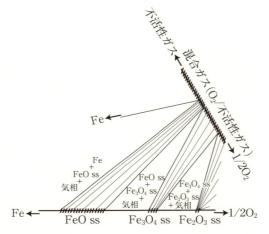

図 6-20 T, P 一定の下での Fe-O-不活性ガス系の相図(定性的な概念図であり,定量性は考慮されていない).

はずである.しかし,図 6-19 では有限の温度範囲について(気相を含めて)3相共存状態が実現している.これは,ウスタイト-マグネタイト,α 鉄-マグネタイト等の他の 2 凝縮相共存領域についても同様である.一見矛盾に見えるこの現象は次のように考えることで理解できる.

図 6-19 の相図は,$P = 1$ atm の条件下で CO_2/CO 系等の混合ガスを用いた開放系の実験から決定したものである.簡単のために,CO_2/CO の代わりに O_2/不活性ガス系を用いて酸素分圧を制御することを考えよう[*21].すると,不活性ガスを成分として新たに加える必要が生じ,系は Fe-O-不活性ガスの 3 成分系となる.したがって,気相を含む 3 相共存領域の自由度は $f = 2$ となり,圧力を 1 気圧に固定しても,なお温度または P_{O_2}(あるいは μ_O)に関して自由度が残る.P_{O_2} を固定すると自由度はなくなり,温度は一意的に決まる.図 6-19 の 2 つの凝縮相が共存する領域において,等酸素分圧線が横軸に平行に走っているのはこのためである.一方,ヘマタイト,マグネタイト,ウスタイト,液相の単一凝縮相領域(図 6-19 でグレーで示されている)では,等酸素分圧線は横軸に平行でなく P_{O_2} が決まっても,なお温度に自由度が残されていることを示している.このことを,圧力,温度一定の下でのタイプ 3 の

三角相図を使って概念的に表すと，**図 6-20** に示すようになる．図 6-19 で 2 つの凝縮相が共存する領域は，気相を露わに含めた図 6-20 では三角形で表される 3 相共存領域に対応する．

気相に酸素のみが存在している場合はどうであろうか．例えば，脱気した封管に試料を密閉して行う実験を想定すれば，この条件が満たされる．この場合，系の圧力 P は気相の酸素分圧 P_{O_2} に等しく，そもそも P を一定に保って図 6-19 のような相図を作成することはできない．つまり，そのような実験で得られる相図は，$P = 1\,\mathrm{atm}$ ではなく，$P = P_{O_2}$ という条件を付したものである．しかし，この場合も凝縮相が 2 相共存となる領域では，温度を決めると自由度は残されていないため，P_{O_2} は一意的に決まり，圧力 P もそれと等しくなる．厳密にいえば，密閉系と開放系では圧力に関する条件が異なるが，P (P_{O_2} ではない) が 1 気圧程度変化しても凝縮相に与える影響は無視できるほど小さいため，どちらの実験方法でも得られる相図に実質的な差はない．

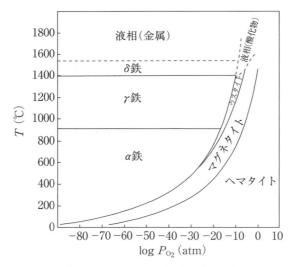

図 6-21 Fe-O 系の $\log P_{O_2}$-T 相図 (参考文献 [15]，Fig. 12 より)．

---

*22 気相を相として勘案しなくてもよいのは，ここに示すような条件が付く場合だけであって，もちろん一般論としては成り立たない．

以上の考察は，それを別の観点から見ると，気相が常に存在する図 6-19 のような系においては，気相は相の 1 つとして勘案する必要がないことを示している．つまり，このような場合には，気相の存在は常に系の自由度を 1 だけ減じるが，それは気相を構成する第 3 成分の追加によって常に相殺される[*22]．したがって，気相（および第 3 成分）を考慮してもしなくても相律の観点からは差がない．気相は凝縮相の P と μ_O を制御し実測するための装置（凝縮相の温度を電気炉で制御するように）と見なせばよく，相として露わに数える必要はないのである．凝縮相のみを考えるのであれば，気相が関与する相図に対しても，タイプ毎の相図のルールはそのまま成立する．

Fe-O 系の独立な示強変数は，P, T, μ_O（または μ_{Fe}）の 3 つである．P を大気圧に固定し，T と μ_O を軸変数として選ぶと 2 成分系のタイプ 1 の相図になる．**図 6-21** は μ_O の代わりに $\log P_{O_2}$ を変数とした相図[15]である．（凝縮相のみを数えると）単相領域が 2 次元領域で，2 相共存領域が線で，3 相共存領域が点で表されるというタイプ 1 に成り立つルールがこの相図でも成り立っている[*23]．所与の温度と P_{O_2} においてどのような凝縮相が安定に存在するかを見るには，図 6-19 よりこの相図の方が便利である．しかし，凝縮相の組成についてはこの図は何も教えてくれない．前にも指摘したように，タイプの異なる 2 種類の相図を並べて見ることは，相平衡の理解に有用である．

Fe-Fe$_2$O$_3$-Yb$_2$O$_3$ 系相図と熱天秤法

図 6-22 に気相が関与するタイプ 3 の相図の例として，$P = 1 \, \text{atm}$，$T = 1200 \, \text{℃}$ における Fe-Fe$_2$O$_3$-Yb$_2$O$_3$ 系の三角相図[16]を示す．Fe$_2$O$_3$-Yb$_2$O$_3$ 上には，YbFeO$_3$（歪んだペロブスカイト型）と Yb$_3$Fe$_5$O$_{12}$（ガーネット型）が存在する．三角形の内部には，(n, m) 型に属する YbFe$_2$O$_4$ ($n = m = 1$)，Yb$_2$Fe$_3$O$_7$ ($n = 2, m = 1$) の 2 つの化合物が存在する．これらの結晶構造は，すでに検討済みである．系内に存在する相の多くは固溶体を形成してい

[*23] タイプ 1 の相図では，横軸を $\mu_O = 1/2 RT \ln P_{O_2}$ としなくてはならず，$\log P_{O_2}$ の場合とは相図の様相が異なる．しかし，軸変数を $\log P_{O_2}$ に変えても，点は点へ，線は線へ，2 次元面は 2 次元面へと変換され，同じルールが成り立つ．Fe-O 系の μ_O-T 相図は参考文献[1]で見ることができる．

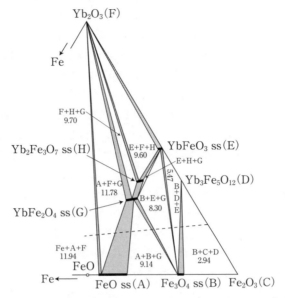

図 6-22 1200℃における Fe-Fe_2O_3-Yb_2O_3 系の相図(参考文献[16], FIG.1 より). 図中の数字は, 平衡酸素分圧の常用対数の負数($-\log P_{O_2}$)を表す.

る. Fe_3O_4 ss や FeO ss については, 前述した通りである. 3元系酸化物については, $YbFeO_3$ ss が $YbFeO_{2.973}$～$YbFeO_{3.0}$, $YbFe_2O_4$ ss が $YbFe_2O_{3.929}$～$YbFe_2O_{4.052}$, $Yb_2Fe_3O_7$ ss が $Yb_2Fe_3O_{6.884}$～$Yb_2Fe_3O_{7.0}$ の範囲を固溶領域としている. 一方, $Yb_3Fe_5O_{12}$ は観測にかかるほどの固溶幅を持たない. すべての固溶体は1次元的に広がっており, Yb/Fe の比は保たれている(固溶体は太い線分で表してあるが, 太さ方向への固溶幅はない). これは, Fe^{3+} と Fe^{2+} の間($FeO_{1.5}$ と FeO の間と考えてもよい)でのみ置換が起こっていることを意味し, その結果として, 酸素の量論比が増減する. 3元系固溶体の組成が伸びる方向は三角形の底辺に平行ではない. これは成分として Fe と Fe_2O_3 を採用しているためである*24.

図 6-22 においてグレーの部分が2相共存領域(以下, 相としては固相のみを数える)であり, 白の三角形が3相共存領域である. 3相共存領域が三角形となるのは, タイプ3の相図の特徴であるが, T, P が一定であるため, そこで

6.6 気相が関与する相平衡

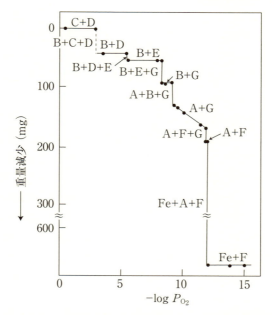

図 6-23 $x_{Yb_2O_3} : x_{Fe_2O_3} = 1 : 4$ の試料(初期重量，3.5585 g)の重量減少の酸素分圧依存性(参考文献[16]，FIG. 2d より)．相の省略記号は図 6-22 を参照．

は自由度が残されていない．したがって，三角形ごとに μ_O あるいは P_{O_2} は定まるはずである．実際に，図 6-22 において各三角形に与えられた数字は $-\log P_{O_2}$ を表している．

この相平衡図は熱天秤法により作成されたものである．ここでいう熱天秤法とは，電気炉の上部に化学天秤を設置し，そこから炉内に試料を吊り下げて，気相の酸素分圧を変えながら[*25] 試料重量の変化を測定する方法である．**図 6-23** は $x_{Yb_2O_3} : x_{Fe_2O_3} = 1 : 4$ の出発原料(初期重量，3.5585 g)について，重量

[*24] 例えば，モル比で $Fe_2O_3 : Yb_2O_3 = 1 : 1$ の試料を還元すると，最終的には $Fe : Yb_2O_3 = 2 : 1$ の点に行き着き，その軌跡は三角形の底辺に平行ではない．成分として Fe と $FeO_{1.5}$ を選べば平行になる．

[*25] Fe-Fe_2O_3-Yb_2O_3 系相図の作製において，酸素分圧の制御は CO_2/H_2 系の混合ガスによって行われている．

減少を $-\log P_{O_2}$ に対してプロットしたものである[16]．気相の酸素分圧を下げるにつれて還元反応が起こり，試料重量は非直線的に減少していく．図6-22 の相図内に，この還元プロセスに相当する道筋を点線で示してある．点線は三角形の底辺に平行ではないが，先に説明したようにそれは Fe と Fe_2O_3 を成分として選んだためである．

3相共存領域に相当する部分は P_{O_2} に自由度がないため，図6-23 において横軸に垂直な線分となる．そのときの横軸の値は3相共存状態に対する $-\log P_{O_2}$ であり，図6-22 の三角形の中の数字に等しい．2相共存領域（あるいは単相領域）に相当する部分は，$\log P_{O_2}$ に自由度が残っているため，横軸に垂直ではない線分（または曲線）となる．線分が横軸に水平な場合（重量減少がない場合）は，相の（酸素量論比に関係する）固溶領域が，観測にかからないほど小さいことを意味する．一方，一定の角度を持った線分（または曲線）は共存する2相の一方または双方が，（酸素量論比に関係する）固溶領域を持っていることを意味する．図6-23 には，それぞれの線分について，対応する相の共存関係が示されている．A+G と付記された線分は，明らかに横軸と平行ではないが，それはウスタイトと $YbFe_2O_4$ ss の広い固溶範囲が影響した結果である．このような熱重量実験を，$x_{Yb_2O_3}:x_{Fe_2O_3}$ の異なったいくつかの出発試料について実施することで，図6-22 のような相図が作成できる．

参考文献

[1] 相平衡の優れた総説として，
A. D. Pelton and W. T. Thompson, Prog. Solid State Chem. **10**, 119(1975).
[2] S. Akimoto and Y. Sato, Phys. Earth Planet. Interiors **1**, 498(1968).
[3] A. Navrotsky, F. S. Pintchovski, and S. Akimoto, Phys. Earth Planet. Interiors **19**, 275(1979).
[4] R. A. Howald, CALPHAD **16**, 25(1992).
[5] H. v. Wartenberg and E. Prophet, Z. Anorg. Allg. Chem. **208**, 369(1932).
[6] T. C. Yuan and A. V. Virkar, J. Am. Ceram. Soc. **71**, 12(1988).
[7] E. Woermann, B. Brežny, and A. Muan, Am. J. Sci. **267A**, 463(1969).
[8] I. Shindo, S. Kimura, and K. Kitamura, J. Mater. Sci. **14**, 1901(1979).
[9] F. P. Glasser and E. F. Osborn, J. Am. Ceram. Soc. **41**, 358(1958).

[10]　A. Navrotsky and A. Muan, J. Inorg. Nucl. Chem. **32**, 3471(1970).
[11]　M. A. Rouf, A. H. Cooper, and H. B. Bell, Trans. Brit. Ceram. Soc. **68**, 263 (1969).
[12]　次の文献の，"General Discussion of Phase Diagrams, III. Interpretation of Diagrams"が参考になる．
　　　E. M. Levin, C. R. Robbins, and H. F. Mcmurdie, "Phase Diagrams for Ceramists", The American Ceramic Society(1964).
[13]　日本化学会，「化学便覧」，基礎編II，改定5版，丸善(2004)．
[14]　エリンガム図の解説として，
　　　D. R. Gaskell, "Introduction to the Thermodynamics of Materials", Third Edition, Taylor & Francis(1995).
[15]　A. Muan and E. F. Osborn, "Phase Equilibria Among Oxides in Steelmaking", Addison-Wesley(1965).
[16]　N. Kimizuka and T. Katsura, J. Solid State Chem. **15**, 151(1975).

第7章 酸化物の合成

　本章においては酸化物の合成を概観する[1]．紙面の関係から，それぞれの合成法の説明は最小限のものであるが，全体を見渡すには有効であると思う．個々の手法に関してより詳しい情報が必要な場合は，章末の参考文献を参照していただきたい．酸化物の合成はそのスケールに大きく依存するが，ここで扱うのはもっぱら実験室レベルの合成である．また，近年発展が著しいソフト化学を用いた合成については，章を改め第8章において解説する．

7.1　固相合成

大気中における固相合成

　酸化物の多結晶試料は，単純な固相合成により合成される場合が圧倒的に多い．ここで「単純」は，大気中（開放系），一定の合成温度，単純な出発原料，等を意味している．例えば，ペロブスカイト型酸化物 $BaTiO_3$ は，次のような固相反応を用いて，大気中で合成することができる．

$$BaCO_3 + TiO_2 \longrightarrow BaTiO_3 + CO_2 \uparrow$$

焼成温度は 1100～1300℃，焼成時間は数時間から1日程度である．出発原料として $BaCO_3$ と TiO_2 を選んだのは，空気中の酸素，水分，炭酸ガスに対して比較的安定であると共に，純度の高い試薬が入手できるためである．$BaCO_3$ の代わりに BaO を使った場合，試薬には相当量の $BaCO_3$ や $Ba(OH)_2$ が含まれていることを覚悟しなくてはならない．さらに，大気中の炭酸ガスや水を容易に吸収することから，正確な秤量はほとんど不可能になってしまう．

　$BaCO_3$ と TiO_2 が比較的安定だからといって，試薬瓶からそのまま秤量するのは危険である．一般に，試薬をあらかじめ高温で仮焼するなどして，揮発性の不純物を取り除いておくことは必須であると考えたほうがよい*1．

---

*1　仮焼により試薬の組成が変わってしまうような場合は除く．

第7章 酸化物の合成

酸化物の固相合成では,反応容器としてアルミナやマグネシアなどのセラミックスるつぼを使うことが多い.AlやMg等の混入が気になる場合には,白金るつぼが使われることもある.しかし,Fe,Co,Niなど比較的還元されやすい遷移金属の酸化物を高温で扱う場合には,白金るつぼは避けたほうがよい.遷移金属がるつぼに取り込まれ,白金と合金を造る危険性があるためである.

出発試薬の混合には,通常乳鉢を用いるが,多量の試料が必要な場合には,ボールミルや自動乳鉢などが使われる.水,アルコール,アセトンなどを適量加えて,湿式で混合するほうが効率がよいが,揮発性成分が残る可能性があるため,後に述べる封管法による合成には適さない.得られた混合物はそのまま,あるいは圧力をかけてペレット状に成型した後に,合成炉で焼成する.焼成中にガスを発生する原料などについては,ペレット成型は適さない場合がある.混合を十分に行うことは良質な試料の合成に重要ではあるが,最初の段階で長い時間をかけるより,焼成の途中段階で炉から取り出し,追加的に粉砕,

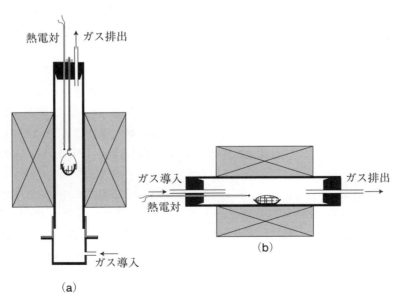

図7-1 (a)縦型環状炉,(b)横型環状炉の構成.

混合処理を施すほうが効果的な場合が多い．

実験室で使われる合成炉はほぼ電気炉に限られ，目的に応じて箱型炉や環状炉が使われる．箱型炉は多量(多数)の試料を一度に処理するのに便利であるが，温度の精度はあまり高くない．そのため，精密な温度制御を必要とする場合は，縦型または横型の環状炉が使われる．縦型は試料を吊り下げる仕組みを必要とするが，その代わり，試料をるつぼごと冷却した金属上に落下して急冷することができる．これにより組成の変動を防ぎながら，試料を室温に回収することが可能となる．縦型および横型環状炉の概略は図 7-1 に示すようなものである．

気相を制御した固相合成

大気中の酸素により酸化されてしまうような試料の合成は，大気中で行うことはできない．そのような場合に対処する1つの方法は，6.6節で紹介した，CO_2/CO，CO_2/H_2，H_2O/H_2 系などの混合ガスを炉内に流すことである．例えば，スピネル相 Fe_3O_4（マグネタイト）の合成を考えてみよう．まず合成温度を決める必要があるが，例えば1200℃とすると，Fe_3O_4 の安定域は図6-21から見積もることができる．あるいは，図6-22の相図が，1200℃のものであることから，そこに与えられている平衡酸素分圧をそのまま使うことができ，安定域は $-9.14 < \log P_{O_2} < -2.94$ となる．この範囲の酸素分圧を与えるようにガスの混合比を決めてやれば，開放系で Fe_3O_4 が合成できる．ただし，1200℃ではマグネタイトはある程度の不定比性を持っており，$Fe_{3-\delta}O_4$ における δ を最小にするには，できるだけ低い酸素分圧を選ぶ必要がある．しかし，あまり低くするとウスタイト $Fe_{1-x}O$ が生成してしまう．6.6節で説明した熱天秤法により，試料の重量をチェックしつつ合成を行えば，このような問題は解決できる．

気相の酸素分圧を制御しつつ開放系で行う合成の利点は，出発物質の選択の幅が格段に広がることである．上の例でいえば，出発物質として Fe_2O_3 を選んでもよいし，金属鉄を選んでもよい．あるいは，一部酸化してしまった金属鉄でも構わないし，純度のよい試薬が手に入るのであれば炭酸塩でも構わない．また，ガスの混合比を変えるだけで，不定比性の制御ができることも利点の1つである．

封管法による固相合成

　密閉容器に試料を閉じ込めた状態で行う固相合成も，大気中の酸素により酸化されてしまうような試料の合成に使われる．封管法とも呼ばれるこの方法は，揮発性の物質を封じ込める場合にも有効である．容器として使われるのはシリカガラスの管や，金，白金などの貴金属の管である．使用できる温度の上限は，シリカガラス管：1100℃，金管：1000℃，白金管：1700℃程度である．シリカガラス管の場合は試料を入れて脱気した後に，ガスバーナーでシリカガラスを溶かして封入する．金管や白金管の場合はアーク溶接や圧着等により，試料を管内に封入する．

　封管法のような密閉系における固相合成の特徴は，出発組成が完全に維持されることである．したがって，目的とする物質と正確に同じ組成の出発原料を用意しなくてはならない．例えば，マグネタイトの場合は，$Fe:Fe_2O_3=1:4$（モル比）の混合物を出発原料とすれば，次の反応により生成できる．

$$Fe + 4Fe_2O_3 = 3Fe_3O_4$$

　封管法では出発組成の不正確さはそのまま生成物の質の低下につながる．上の例でいえば，金属鉄が一部酸化していた場合には，定比の Fe_3O_4 は得られない．したがって，組成の確実な出発物質を使うことが絶対的な条件となる．例えば，金属鉄を使う場合には，あらかじめ酸化の程度を定量しておくことが望ましい[*2]．酸化の程度が分かれば，Fe_2O_3 との混合比を調節することで正確な組成が担保できるからである．封管法は加熱することでガスを発生して内圧が高まるような出発物質に対しては，使うことができない．特に，シリカガラス管の場合は内圧により破裂の危険性があるため，十分な注意が必要である．

　出発組成が厳密に維持されることは封管法の難しさでもあるが，利点でもある．気相を制御した固相合成においては，目的物質の平衡酸素分圧に関する情報が必要であり，酸素分圧を適切に制御しないと異なった相が生成してしまう危険性がある．しかし，封管法では基本的にはそのような知識は必要ではな

[*2] 秤量した金属鉄試薬を，1000℃程度で大気中で加熱して Fe_2O_3 とし，その時の重量増から，試薬の酸化の程度を精密に定量することができる．

い．重要なことは目的物質と同じ組成の適切な出発原料を確保することであり，それが満たされれば単純・明解な手法である．

7.2 液相を用いた合成

沈殿法

　液相から溶質を析出，沈殿させ，沈殿物をろ過した後に熱処理することで粉末を得る方法が沈殿法[1]である．例えば，硝酸ジルコニウムの水溶液にアンモニア水を加えると，水酸化ジルコニウムの沈殿物が得られ，これを熱処理することで酸化ジルコニウムの粉末が得られる．この方法により，高活性，高純度または特殊形状など，通常の方法では得られない粉末が得られる場合がある．また，複数の金属元素を含む均一性の高い粉末を得るために，複数の金属を含む溶液に沈殿法を適用する場合がある．

ゾル-ゲル法

　ゾル-ゲル法[2]は金属の有機または無機化合物を，溶液中で縮合重合させてゲル化し，それを焼成することを基本とする合成手法である．有名な適用例はシリカガラスの低温合成であり，Siのアルコキシド*3を水-酸-アルコール溶液中で加水分解し，引き続き縮合重合を起こさせる．その結果，ゾル状のSiO_2粒子の生成を経て，ゲル化したバルク体を得る．これを乾燥して乾燥ゲル体とし，最終的に800〜900℃で焼成することでシリカガラスが得られる．SiO_2を直接溶かして作る場合には1600℃程度の高温が必要なことを考えると，ゾル-ゲル法の有用性は明らかである．このゲル化の過程を反応式で示すと次のようになる．

$$Si(OC_2H_5)_4 + 4H_2O \longrightarrow Si(OH)_4 + 4C_2H_5OH, \quad (7.1)$$
$$Si(OH)_4 \longrightarrow SiO_2 + 2H_2O, \quad (7.2)$$
$$Si(OC_2H_5)_4 + 2H_2O \longrightarrow SiO_2 + 4C_2H_5OH. \quad (7.3)$$

　アルコキシドとして用いた$Si(OC_2H_5)_4$(テトラエトキシシラン)は，式(7.1)

---

*3　アルコキシドはアルコールの水酸基の水素を金属Mで置換した化合物である．簡単な例として，メタキシド(CH_3OM)，エトキシド(C_2H_5OM)などがある．

により加水分解を起こして，Si(OH)$_4$ を生成する．反応性に富む Si(OH)$_4$ は式 (7.2)に従って縮合重合に与る．(7.1)＋(7.2)より全体としては(7.3)の反応が起こることになる．(7.2)の素反応は次のようなものである．

$$Si(OH)_4 + Si(OH)_4 \longrightarrow (OH)_3Si\text{-}O\text{-}Si(OH)_3 + H_2O$$

このような反応により，Si-OH の結合が次々と Si-O-Si で置き換わり重合が進んでいく．その結果，ゾル状の SiO$_2$ 粒子が生成され，さらに反応が進むとバルク状の SiO$_2$ ゲル体が得られる．ゲルは結晶化していない非晶質(アモルファス)の状態であり，そのために比較的低温でガラスが得られる．

ゾル-ゲル法は2種類以上の金属を含む酸化物系にも有効である．その例として，BaTiO$_3$ 粉末の合成[3]を紹介する．3.5節において紹介したように，BaTiO$_3$ は強誘電性材料であり，ち密で均質な焼結体を得ることがアプリケーションの観点から重要である．ち密な焼結体の作製には，高純度かつサブミクロンクラスの微細原料粉末の取得が鍵である．そこでゾル-ゲル反応の出番となる．Ba および Ti のアルコキシドに対する以下の反応により，良質な BaTiO$_3$ 微粉末を合成することができる．

$$Ba(OC_3H_7)_2 + Ti(OC_5H_{11})_4 + 3H_2O \longrightarrow BaTiO_3 + 2C_3H_7OH + 4C_5O_{11}OH$$

乾燥後の試料の粒径は 50〜100 Å であり，結晶質(ペロブスカイト構造)で純度は 99.98% 以上と報告されている．これを 700℃ で焼成すると粒成長が起こるが，なお平均粒径は〜300 Å に留まる．このようにして調整された原料粉末を 1300℃ で焼結すると，理論密度に近い高密度の均質かつ透光性のセラミックスが得られる．

ゾル-ゲル法が適用できれば，焼成温度の著しい低下とともに，焼結体の粒成長の抑制，ち密化，高純度化，均質性の向上等がかなりの確率で期待できる．

水熱反応

100℃ 以上の熱水は高い誘電率と流動性を併せ持つ極性溶媒であり，通常の水には溶解しない物質も熱水には溶解する場合がある．水熱反応は，このような高温・高圧下における水が関与する反応である[4,5]．水熱反応を行うにはオートクレーブと呼ばれる密閉圧力容器が必要である．オートクレーブには種々の形式ものがあるが，例えば，テストチューブ型水熱反応容器は，750℃，

7.2 液相を用いた合成

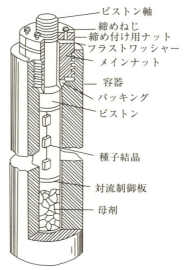

図 7-2 改良ブリッジマン式オートクレーブ(参考文献[4], 図1より).

500 MPa 程度の条件で使用可能である.

水熱反応は様々な無機物質合成に利用されてきたが,特に重要なものの1つに熱水中における単結晶育成があり,水熱育成と称される.水熱育成には,図 7-2 に示すような構成[4]が用いられる.垂直方向に設置した圧力容器の下部に,目的とする物質の母剤を置き,上部には同物質の種子結晶を吊るしておく.容器には,下部が高温,上部が低温になるように温度勾配を付ける.母剤を溶解して飽和した溶液は上部へと移動して種子結晶に至り,温度の低下により過飽和となるためそこで溶質が析出する.溶質濃度が減じた溶液は逆に下部に移動して再び母剤の溶解に預かる.この繰り返しによって結晶が成長するのである.母剤の上部に設置した対流制御板は対流を制御して温度勾配を保つためのものである.また,通常熱水には NaOH,KOH,Na_2CO_3,K_2CO_3 などを添加することで,結晶化を促進させる.

この方法で得られる単結晶材料として最も重要なものは,α-クオーツ(α-SiO_2)である.α-クオーツはエレクトロニクス用の水晶発振子等として広範に使われているが,4.1節で議論したように573℃でβ型へと転移してしまう.

したがって，良質なα-クオーツの単結晶は低温で育成するしかない．幸い，SiO_2 はアルカリ性の熱水にはかなり溶けるため，水熱法が有効であり，350～400℃程度の条件で実用規模の単結晶が育成できる．水熱育成はα-クオーツ以外にも，Al_2O_3, ZnO, SnO_2, TiO_2, GeO_2, Fe_3O_4, $CaCO_3$, $Y_3Fe_5O_{12}$(YIG), $Y_3Al_5O_{12}$(YAG), $Gd_3Ga_5O_{12}$, $YbFeO_3$ など多くの酸化物系に適用され，単結晶の取得に貢献している[4,5]．

水熱反応の利用として重要なもう1つの分野は，無機物質の合成（水熱合成）であり，特にゼオライトへの適用は重要である．合成ゼオライトのほとんどは準安定相であり，温和な非平衡条件下で合成する必要がある．そのため合成には，アルカリ溶液とアルミノケイ酸塩ゲルに対する水熱反応が使われる．例えば，4.2節で紹介したゼオライトAは，コロイド状シリカ，ケイ酸ナトリウム，$NaAlO_2$, NaOH を原料とするゲルを，20～175℃で保持することで合成できる[5]．

7.3 超高圧合成

圧力は温度と並んで，物質の状態を規定する最も基本的な熱力学的変数である．温度と同じように圧力を自由に変えることができれば，常圧では得られない様々な物質が合成できる．圧力場 P から物質が受け取るエネルギーは，$-P\Delta V$ である．ここでは固体に発生する圧力（固体圧）をもっぱら扱うことにするが，固体の場合，気体に比べて ΔV は何桁も小さい．そのため固体状態の物質に直接影響を及ぼすためには，おおむね1 GPa（約1万気圧）を越えるような高い圧力が必要になる．このような高い圧力領域を超高圧と呼んでいる．超高圧力の利用は，合成に多大なる恩恵をもたらすが，その発生には大掛かりな装置と様々なノーハウが必要である[5,6]．そのため，超高圧合成はもっぱら超高圧発生の専門家が関わる特殊な手法という側面が強かった．しかし，近年，比較的簡便に使える超高圧発生装置の開発などにより，超高圧合成は次第に一般的な合成手法になりつつある．

超高圧発生装置

超高圧力の発生には，大別して静的な方法と，動的な方法がある．後者の代

7.3 超高圧合成

表的なものは衝撃圧縮法であり，高速の飛翔体をターゲットに衝突させて，瞬間的に発生する超高圧を利用する．動的超高圧力が合成に利用されることもあるが，ここでは，もっぱら前者の静的方法に絞って話を進める．静的超高圧力の発生装置にはいくつかの種類があるが，種類によって発生できる圧力や温度の範囲，試料空間の大きさ等はおおむね決まってしまう．以下，よく使われている超高圧発生装置を紹介する[6]．

（1）ピストン・シリンダー型装置

図 7-3 にピストン・シリンダー型装置の概念図[6]を示す．この装置の原理は注射器を思い浮かべればよく，円筒形の孔を持つシリンダーとピストンから構成される．図に示すように，ラムにより下方から上方に，ピストンをシリンダー内に押し込むことによってシリンダー内に高圧力が発生する．ピストン・シリンダー型装置の利点は，圧力の測定に信頼が置けることである．内部圧力はほぼ「過重/ピストン断面積」で近似でき，原理的にピストンのストローク（進み）に依存しない．さらに，熱電対を用いた測温も容易であり，圧力発生空間が大きいことから大量の試料が合成できる．一方，装置の発生圧力は通常

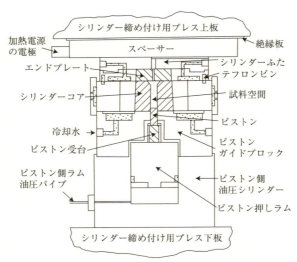

図 7-3　ピストン・シリンダー型装置の概念図（参考文献[6]，図6より）．

3〜4 GPa が上限であり，5 GPa 以上を得るには，多段式とするなど装置の改良が必要である．

(2) ベルト型装置

ベルト型は変形ピストン・シリンダー型と考えることができる．ベルト型のシリンダー孔やピストン（アンビルという）は円筒形ではなく，図 7-4(a) に示すような曲面から構成されている．シリンダーの上下にアンビルを配置し，それらの間にパイロフェライト（4.2 節参照）でできた可縮性のガスケットをかませて，試料空間に圧力を伝えるとともに試料部が外部に脱出しないように抑え込む．これによってシリンダーやアンビルにかかる圧力を分散することができ，10 GPa 程度の領域までの圧力発生が可能になる．これはダイヤモンドや立方晶 BN の合成に十分な圧力であり，圧力発生空間が大きく耐久性も比較的高いため，工業的に使われている超高圧発生装置の多くはベルト型である．ピストン・シリンダー型と異なり，ベルト型の内部圧力は「過重/アンビル断面積」だけではなく，アンビルのストロークやガスケットの形状，材質等に依存する．そのため，圧力により相転移を起こすような標準物質を用いて，あらか

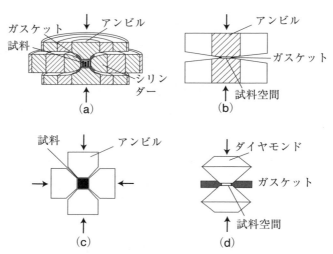

図 7-4 種々の超高圧力発生装置．(a) ベルト型，(b) ブリッジマンアンビル，(c) 立方体アンビル，(d) ダイヤモンドアンビル．

じめ，圧力の検定を行う必要がある．

（3） ブリッジマンアンビル

ブリッジマンアンビルは1対の対向型アンビルを用い，図7-4(b)のようにアンビルの間にパイロフェライトあるいは金属リングのガスケットを挟み込んで試料空間を形成するものである．非常に単純な装置であり操作も簡単であるにもかかわらず，20 GPa 近い圧力の発生が可能である．ただし，試料部の厚さはアンビル先端径の数分の1から1/10程度であり，試料空間は小さい．高圧物性の測定に使われることが多いが，内部にヒーターを組み込む内熱式，あるいはアンビルを囲むように電気炉を設置する外熱式によって加熱も可能であり，合成にも利用できる．

（4） マルチアンビル

ブリッジマンアンビルは1軸加圧であったが，正四面体，立方体，正八面体のそれぞれ4，6，8面をすべてアンビル面で加圧する装置がマルチアンビル型である．特に，立方体アンビル装置はよく使われている．立方体アンビル装置では，パイロフェライトの立方体を切り出し，穴をあけてヒーターと試料を設置する．それを中心に置いて，図7-4(c)に示すように，立方体の面に垂直に6方向（図に示す4方向に加えて紙面に垂直な2方向）から加圧する．この方法により，20 GPa 程度までの圧力を発生できる．ベルト型に比べると試料空間は小さいが，静水圧に近い等方的な圧力場が得られる．

より高い圧力を得るために，立方体マルチアンビルの内部に8個の立方体アンビルを2段目アンビルとして組み込む，2段式マルチアンビル装置が使われている．川井型と呼ばれるこの装置を用いると 30 GPa 程度の圧力を安定して発生することが可能である．

（5） ダイヤモンドアンビル

図7-4(d)のダイヤモンドアンビルはブリッジマンアンビルと同種の対向型アンビル装置の1つである．アンビルとしてブリリアンカットされた2個のダイヤモンド単結晶を用いるが，これにより 300 GPa を越える超高圧の発生が可能となる．アンビル面の径はせいぜい1 mm 程度であるため，試料空間は極

めて小さい.しかし,ダイヤモンドの光やX線に対する透過性により,セル内の観察や赤外線レーザーによる加熱(2000℃程度まで)等が可能であり,物性測定のみならず,物質合成にも利用されている.

超高圧力下で安定な構造

第3章,4章において,圧力による構造変化の例をいくつか取り上げた.圧力が結晶構造に及ぼす効果の1つは,表4-2で見たような陽イオンの配位数の増大である.一方,酸化物イオンに関しては,最密充填構造が高圧下における安定構造と考えられ,最密充填構造へと向かっての構造変化が期待できる[7].すなわち,超高圧力下で安定となる構造は,酸化物イオンの(あるいは,ペロブスカイト型のように酸化物イオンと陽イオンの)最密充填をベースとし,かつ陽イオンの配位数が大きいようなものである.ペロブスカイト型構造はその典型例である.常圧下では合成できない物質でも,それがこのような構造上の属性を備えていると想定できる場合は,高圧合成を試みる価値は大いにある.

7.4 単結晶育成

酸化物の研究や利用は多結晶体を対象とすることが多いが,単結晶が必要不可欠である場合も少なくない.一辺がおおむね1 mm以上の3次元形状を有する結晶をバルク結晶と呼ぶが,ここではバルク結晶の代表的な育成法を紹介する[8].

融液成長法

単体や一致溶融(6.4節参照)するような化合物のバルク単結晶の育成は,融液からの凝固による融液成長法による場合が多い.図7-5に3つの融液成長法を示す[8].図(a)のブリッジマン法は,先端の尖ったるつぼに試料を充填し,試料の融点以上に中心温度を設定した縦型炉内をゆっくりと降下させる方法である.るつぼ先端が融点以下の温度域に達するとそこで複数の自然核発生が起こるが,その中で最も成長しやすい方位を持つ結晶が選択的に成長する.ブリッジマン法は特別な装置を必要とせず,広範な系に適用可能である.高品質の大型単結晶の育成は容易ではないが,実験室で最初に試みる価値のある方

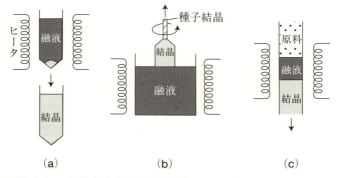

図 7-5 融液からの結晶成長法(参考文献[8],基礎/第1編,図7.6より).(a)ブリッジマン法,(b)引き上げ(チョクラルスキー)法,(c)浮遊帯域溶融(フローティング・ゾーン)法.

法と言える.

　図(b)の引き上げ(チョクラルスキー)法は,大型で高品質の単結晶を取得するには最も適した方法である.この育成法では,るつぼ内で融解した試料の液面に種子結晶を置き,それを回転しながらゆっくりと引き上げる.よく知られているように,シリコンウエハーの材料となる単結晶インゴットはこの方法で作成されている.

　図(c)の浮遊帯域溶融(フローティング・ゾーン,Floating Zone, FZ)法では,棒状に焼結した多結晶体原料を鉛直方向に置き,その中心部を融解して溶融帯をつくる.熱源を固定したまま,原料棒を下方に移動させることで,溶融帯の上部から原料が溶け込み,下部では結晶が成長する.熱源としては,高周波加熱や,ハロゲンランプやキセノンランプを光源とする赤外線集中加熱を用いる.前者は電気伝導性の試料にしか適用できないが,後者は絶縁体にも使うことができる.

　融液成長法は基本的には一致溶融するような物質に適用できる手法である.しかし,分解溶融するような物質に対しても,種々の工夫をすることで融液成長法を適用できる場合がある.例えば,浮遊帯域溶融法において,原料棒と成長する結晶の組成を一致させ,溶融帯の組成を意図的にそこからずらす方法がある*4.溶媒移動浮遊帯域溶融(Traveling Solvent Floating Zone, TSFZ)法と

呼ばれるこの方法は，イットリウム鉄ガーネット($Y_3Fe_5O_{12}$)，定比組成のニオブ酸リチウム($LiNbO_3$)，高温超伝導体など，一致溶融しない種々の有用物質の単結晶育成に適用されている[8].

フラックス法

フラックス(溶媒)法は，溶液からの溶質の析出(晶出)を利用した結晶成長法である．溶質を析出させるためには，高温で飽和するまで溶媒に溶質を溶かし込み，徐冷，温度勾配の付与，溶媒の蒸発などにより，過飽和状態を作り出す必要がある．先に紹介した水熱育成法は水をフラックスとしたフラックス法にほかならない．水以外のフラックスとしては，ハロゲン化物(KF，PbF_2など)や酸化物(Li_2O，Na_2O，B_2O_3，PbO，Bi_2O_3，V_2O_5，MoO_3，WO_3など)が単独であるいは組み合わせて使われる．フラックス法には加熱炉とるつぼ以外の装置は必要なく，適切なフラックスを見つけることができれば，実験室で行うには有力な方法である．

気相合成法

気相合成法は気相を経由して結晶を育成する手法である．物質の昇華，固化を利用する物理的方法(Physical Vapor Deposition, PVD)と，化合物(気体)を熱分解することで目的物を得る化学的方法(化学輸送法，Chemical Vapor Deposition, CVD)の2つに大別できる．図7-6[8]に示すように，それぞれの方法にさらに閉管法と開管法がある．図(a)の閉管昇華(PVD)法では，高温部分に置かれた試料が昇華してガスになり，それが低温部分に移動して固化することによって結晶が成長する．図(b)の開管昇華法では，不活性ガスをキャリアガスとして流すことで，原料ガスの低温部への移動を促進する．図(c)の閉管化学輸送(CVD)法では，ハロゲン化物の蒸気圧が高いことを利用する．試料と共に塩素やヨウ素などのハロゲンガスを封じ込めると，高温部で生成したハ

---

*4 図6-10において，Mg_2TiO_4は分解溶融するが，定比組成からTiO_2過剰側にずれたg点の組成の融液からは，その結晶が初晶として現れることを述べた．浮遊帯域溶融法において溶融帯の組成をこのg点の組成に合わせ，そこに溶け込ませる原料棒の組成を結晶と同じMg_2TiO_4とすれば，溶融帯の組成を保ったまま，結晶成長を続けることができる．

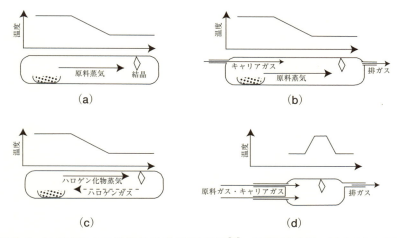

図 7-6　気相法による単結晶育成(参考文献[8]，基礎/第 2 編，図 9.13 より)．(a)閉管昇華法，(b)開管昇華法，(c)閉管化学輸送法，(d)開管化学輸送法．

ロゲン化物のガスが低温部に移動し，そこでハロゲンが離脱することで結晶化が進行する．離脱したハロゲンガスは高温部に戻って再びハロゲン化に預かる．図(d)の開管化学輸送法では，目的物質の構成元素を含む化合物(気体)をキャリアガス(不活性ガス)と共に炉内に流し，高温部分における熱分解によって結晶を成長させる．

7.5　薄膜作成

　薄膜は通常厚みが数 μm 以下の膜を指す．その極限として単原子層の膜のような極薄の膜を含む．薄膜はほとんど場合適当な支持母体，すなわち基板の上に成長させる．また，ランダムな方位を持った結晶からなる多結晶薄膜と単結晶薄膜の区別がある．後者は，単結晶の基板を用いて，その方位と同じ方位に膜結晶を成長させることにより得られる．これをエピタキシャル成長と呼ぶ．薄膜作成法には様々なバリエーションがあるが，以下では主要なもののみを取り上げる[9, 10]．

(1) 真空蒸着法

原料物質を真空中で加熱して蒸発させ，基板に付着させることで薄膜を得る方法である．加熱の方法としては，ジュール熱を利用する抵抗過熱法と電子ビームを利用する電子ビーム法などがある．

(2) スパッタリング法

スパッタリングとは，固体表面への高エネルギーのイオンの衝突によって，表面の原子・分子がはじき出される現象である．この現象を用いることで真空蒸着法では困難な高融点物質などの薄膜を作成することができる．イオンビームスパッタリング法では，イオンビームをターゲット物質に照射することでスパッタリングを起こさせる．ターゲット物質としては原料物質粉末を円盤状に成型したものが用いられる．

直流(DC)スパッタリング法では，アルゴンガスを真空チャンバーに導入し，基板とターゲットの間に直流高電圧を印加する．これによりイオン化したアルゴンがターゲットに衝突してスパッタリングが起こる．直流電圧の代わりに高周波電圧を用いるのが，高周波(RF)スパッタリング法である．交流で放電するため絶縁物の薄膜成長にも使うことができる．

(3) 分子線エピタキシー法

分子線エピタキシー(Molecular Beam Epitaxy, MBE)法は真空蒸着法の1種であり，クヌッセンセルと呼ばれる抵抗過熱式の蒸発源で発生した分子ビームを，加熱した基板に導いて製膜する．通常の真空蒸着が 10^{-4} Pa 程度の真空度で行われるのに対して，$10^{-9} \sim 10^{-8}$ Pa の超高真空下で行われる点がこの方法の大きな特徴である．分子線エピタキシー法においては，膜の成長速度が十分に遅く，1原子層のレベルで厚みを制御しながら，エピタキシャル成長させることができる．通常の真空蒸着法やスパッタリング法が主として多結晶薄膜の作製に使われるのに対して，この手法の用途は高品質の単結晶薄膜の取得である．

(4) レーザー蒸着法

レーザー蒸着法は蒸着法の熱源としてレーザーを用いる手法である．エネ

ギーの強いパルスレーザーを用いる場合は，特にパルスレーザーデポジション (Pulsed Laser Deposition, PLD) 法と呼んでいる．

参考文献

[1] 無機化合物の合成に関する総合的な学術書として，
日本化学会編，「実験化学講座(第4版)16, 無機化合物」, 丸善(1993).
[2] この部分は次の解説書に多くを依っている．
作花済夫,「ゾル-ゲル法の科学」，アグネ承風社(1988).
[3] K. S. Mazdiyasni, R. T. Dolloff, and J. S. Smith II, J. Am. Ceram. Soc. **52**, 523 (1969).
[4] 水熱反応に関する総説として，
平野真一，宗宮重行，セラミックス **6**, 822 (1971).
[5] 水熱反応を含む高圧合成の総説として，
小泉光恵，木野村暢一，久米昭一，島田昌彦，上田智，金丸文一,「超高圧下での無機化合物の合成」, 化学総説 No. 22, 超高圧と化学, p. 203, 日本化学会編，学会出版センター(1979).
[6] 超高圧の発生法に関する総説として，
福長脩,「静的超高圧発生法」, 化学総説 No. 22, 超高圧と化学, p. 9, 日本化学会編，学会出版センター(1979).
[7] A. Navrotsky, "Energetics of Phase transitions in AX, ABO_3, and AB_2O_4 Compounds", in Structure and Bonding in Crystals II, Chapter 17, Edited by M. O'Keeffe and A. Navrotsky, Academic Press (1981).
[8] 結晶育成法に関する解説書として，
日本セラミックス協会編,「セラミックス工学ハンドブック(第2版)」, 技報堂(2002).
[9] 薄膜作成の解説書として，
小間篤編,「実験物理学講座1, 基礎技術1」, 丸善(1999).
[10] 酸化物薄膜の解説書として，
澤彰仁,「酸化物薄膜・接合・超格子-界面物性と電子デバイス応用」, 内田老鶴圃(2017).

第8章
ソフト化学法による準安定酸化物の合成

　ソフト化学合成[*1]とは，室温近辺の比較的温和な条件下での化学反応を利用して，物質合成を行う手法である．7.2節で論じたゾル-ゲル法も溶液における縮合重合反応を利用している点で，最後の高温焼成を除けば，ソフト化学合成と考えることができる．しかし，この言葉は「比較的温和な条件下での，トポタクティック(topotactic)な反応を利用した合成」という，より狭い意味で使われる場合も多い．本節では，この狭い意味でのソフト化学合成を論ずることにする[1]．

　トポタクティック反応とは，出発物質の結晶と生成物の結晶の間に一定の方位関係が存在するような反応である．例えば，物質の骨格構造が維持されたままで，その構造に一部の元素が出入りするような反応がこれにあたる．あるいは，5.1節で議論した結晶学的シアーも1種のトポタクティック反応と考えることができる．一方でゾル-ゲル反応は明らかにこの定義を満足していない．ソフト化学合成でよく使われるトポタクティック反応は，挿入(インターカレーション)，脱離(デインターカレーション)，加水分解，水和，脱水，イオン交換，電気化学的酸化還元，剥離などである．ソフト化学合成の目的物質は，多くの場合，準安定であり通常の高温反応によっては得られないものである．ソフト化学合成は有機合成のような自由度を持っており，近年の発展には注目すべきものがある．本章では具体的な例を取り上げながら，ソフト化学合成の概要を紹介する．

8.1　チタン酸カリウム

　5.2節で論じたチタン酸アルカリ金属系は，ソフト化学合成にとって格好の対象である．ここでは典型的な例として，$K_2Ti_4O_9$を取り上げ，それに種々のソフト化学処理を施すことで得られる準安定相を議論する[2]．$K_2Ti_4O_9$は

[*1] 英語では，soft chemistryであるが，フランスで先駆的に研究が行われたことから，chimie douceという言葉もよく使われる．

図 5-8(b) の $Na_2Ti_4O_9$ と同型であり，通常の固相合成により取得できる．この物質を水に浸漬すると，次のような反応式に従って加水分解が起こる．

$$K_2Ti_4O_9 + (n+x)H_2O \longrightarrow K_{2-x}H_xTi_4O_9 \cdot nH_2O + xOH^- + xK^+$$

この反応は，H^+ による K^+ のイオン交換と H_2O のインターカレーション(水和)の複合反応と考えることができる*2．純水を使った場合は $x<1$ の範囲に限られるが，酸を加えると $x=2$ に至るまで加水分解を進行させることができる．すなわち，pH や温度を制御することで，中間体の $KHTi_4O_9 \cdot nH_2O$ ($x=1$) や，完全に加水分解した $H_2Ti_4O_9 \cdot nH_2O$ ($x=2$) などを選択的に得ることができるのである．

中間体 $KHTi_4O_9 \cdot nH_2O$ を 500℃で加熱すると，以下のように脱水反応が起こって，$K_2Ti_8O_{17}$ が生成する．

$$2KHTi_4O_9 \cdot nH_2O \longrightarrow K_2Ti_8O_{17} + (2n+1)H_2O$$

$K_2Ti_8O_{17}$ の構造(図 5-9(c))はすでに議論したが，この物質は 550℃で $K_2Ti_6O_{13}$ と TiO_2(アナターゼ)に分解してしまうため，通常の合成法は適用できず，ソフト化学的手法が必須である．

一方，K を完全に取り去った $H_2Ti_4O_9 \cdot nH_2O$ を 500℃で脱水すると，以下に従って，TiO_2 が生成する．

$$H_2Ti_4O_9 \cdot nH_2O \longrightarrow 4TiO_2(B) + (n+1)H_2O$$

3.1 節において，TiO_2 の 3 つの多形を論じたが，ここで現れる $TiO_2(B)$ はそのどれとも異なった構造を持っている．(B)を付記するのは，この構造がブロンズ相 Na_xTiO_2 の骨格構造と同型のためである．**図 8-1** に単斜晶系に属するその構造[4]を示す．構造を特徴づけているのは，*b* 軸方向に伸びる，稜共有で連結した ReO_3 型鎖である．原子位置を理想化し[4]，少し違った方向から眺めると，**図 8-2(a)** のように，O が fcc 格子を作り，Ti がその八面体位置

---

*2 詳細に見ると，イオン交換は 2 通りのスキームで起こっている[3]．1 つは図 5-8(a) において矢印で示したような，1 つの Ti にのみ結合している O を水酸基化する形で H^+ イオンが導入され，その分だけ K^+ イオンが脱離する．2 つ目のスキームでは，K^+ イオンをオキソニウムイオン H_3O^+ が直接置換する．実際の反応では，この 2 つのスキームが交互に段階的に起こると考えられている．1 つの Ti にのみ結合している O は分子当たり 1 個であるため，完全に加水分解したときの生成物の理想組成は，$H(H_2O)Ti_4O_8(OH)$ となる．

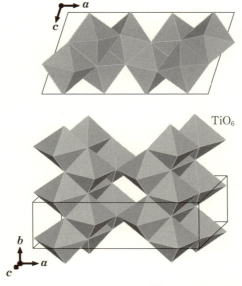

図 8-1 $TiO_2(B)$の構造(単斜晶系)[4]．上部は b 軸投影図．

を占めていることが見えてくる．つまり，これは O の ccp をベースとする構造である．ただし，O 席には規則的に欠損が導入されている．図 8-2(b)に示すように，理想化した構造を，$(31\bar{2})$面に平行にスライスすることで，O の(欠損を含む)最密充填層とそれに対する Ti の配置を見ることができる．O 席は規則的に 1/9 が欠損している．また，Ti は八面体位置の 4/9 を占めている．ここから $Ti_{4/9}O_{8/9} = TiO_2$ の組成が導出される．

$TiO_2(B)$の構造をアナターゼの構造と比較してみることは有益である．アナターゼも O の ccp をベースとする構造であった．しかし，$TiO_2(B)$と異なり，図 3-11(c)に示したように O の配列に欠損はなく，八面体位置のちょうど半分が Ti によって占められている．これを模式的に表すと，アナターゼが $[Ti_{1/2}\square_{1/2}][O]$ であるのに対して，$TiO_2(B)$ は $[Ti_{4/9}\square_{5/9}][O_{8/9}\square_{1/9}]$ となる．興味深いことに，アナターゼ構造は $TiO_2(B)$構造に結晶学的シアーを施すことで形成することができる[2]．シアー面は，$TiO_2(B)$の格子を用いて表すと$(\bar{2}01)$であり，変位ベクトルは $1/9[20\bar{3}]$ である．**図 8-3** に示すように，こ

270　第8章　ソフト化学法による準安定酸化物の合成

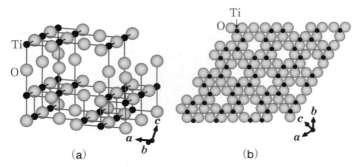

図 8-2　（a）原子位置を理想化した $TiO_2(B)$ の構造（単斜晶系）[4]．（b）図（a）の構造の $(31\bar{2})$ 面に平行なスライス．

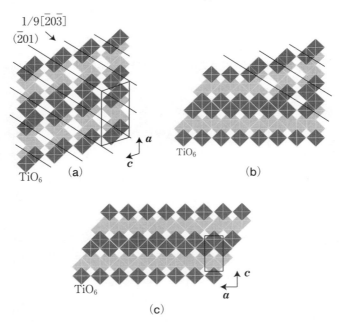

図 8-3　（a）理想化した $TiO_2(B)$ の構造の b 軸投影図と，$(\bar{2}01)$ シアー面および $1/9[\bar{2}0\bar{3}]$ 変位ベクトル（指数は $TiO_2(B)$ の単斜格子に基づく）．（b）TiO_2 (B) に対する $1/9[\bar{2}0\bar{3}](\bar{2}01)$ シアー操作．（c）アナターゼ型 TiO_2 の構造（正方晶系）の b 軸投影図．

の1/9[$\bar{2}03$]($\bar{2}01$)操作を，a軸方向に見たとき，シアー面の間隔が$a/2$であるような頻度で施すことでアナターゼ構造が形成される．5.1節で解説したマグネリ相では，シアーにより，一部のO原子が重なるため，金属に対する酸素の比が減少したが，今回の場合は，シアーによってOの欠損が埋まる形となる．そのため，O/Tiの比は2のまま保持される．TiO_2(B)は550℃以上の温度で加熱することにより，あるいは，室温で6 GPa程度の圧力を印加することにより，アナターゼ型へと転移していく．この転移は，図8-3に示すようなトポタクティックなプロセスで起こっているものと考えられる．

8.2 層状コバルト酸化物

コバルト酸ナトリウムとコバルト酸リチウム

コバルト酸ナトリウムNa_xCoO_2はxに依存して，α, β, γ型と呼ばれる3種類の構造に結晶化する[5]．600℃程度で固相合成を行った場合，$x=1$でα相が，$x=0.7$付近でγ相が，$x=0.6$付近でβ相が出現する[6]．図8-4(a)に示すα-$NaCoO_2$の構造[7]は三方晶系に属し，3.1節で論じた$LiCoO_2$の構造と同型である．すなわち層の積み重なりは，$AcBa'CbAc'BaCb'$であり（アルカリ金属の席に「'」を付けて，Coの席と区別する），Oの最密充填層の積み重なりの方向（六方格子のc軸方向）に，Na層とCo層が交互に配列する．Naが八面体配位を取り，c軸長当たりCo層が3枚含まれることから，この構造はO3型*3と呼ばれる．一方，図8-4(b)の六方晶系に属するγ-Na_xCoO_2の構造[8]は最密充填ではない．しかし，Oの2次元最密層は保たれていて，それが，$AABB\cdots$と積み重なり，CoはAとB（またはBとA）の間の八面体位置を，NaはAとA（またはBとB）の間の位置を占める．Naの配位を図8-4(b)の上部に示すが，これは図2-18[8]の三角柱（プリズム）型6配位である．この配位様式とc軸長当たりCo層が2枚含まれることから，この構造はP2型*4と呼ばれる．理想化した構造における層の積み重なりは，$Ab'AcBa'Bc$であるが，b'やa'がc'である可能性もある．実際に，各層のNaはb'とc'あるいは

---

*3 Oは，octahedral(octahedron)からきている．
*4 Pは，prismatic(prism)からきている．

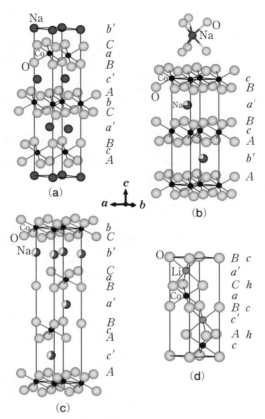

図 8-4 （a）α-NaCoO₂ の構造（三方晶系）[7]．（b）γ-Na$_x$CoO₂ の構造（六方晶系）[8]．上部は Na の配位環境．Na は c 位置にも存在する．（c）β-Na$_x$CoO₂ の構造[9, 10]．単斜晶系に属するが，近似的に三方晶系に属するものと見なし，六方格子を用いて描いてある．（d）O2-LiCoO₂ の構造（六方晶系）[16]．

a' と c' という 2 つの位置に統計的に分布している[8]．

最後の β-Na$_x$CoO₂ の構造は単斜晶系に属する[9]．しかし，近似的に三方晶系と見なせることから，図 8-4(c) では六方格子を用いて描いてある[10]．これにより α, γ 型との比較が容易になる．β 型も O の配置は最密充填様式とは異なるが，2 次元最密面は保持されていて，（近似的に）六方格子の c 軸方向に $AABBCC\cdots$ と積み重なっている．Co が A と B（または B と C，C と A）の

8.2 層状コバルト酸化物

間の八面体位置を，NaがAとA(またはBとB，CとC)の間のプリズム型位置を占める点はγ型と同じである．c軸長当たりCo層が3枚含まれることから，この構造はP3型である．

NaとLiではイオン半径に大きな差があり，Li_xCoO_2系はNa_xCoO_2系とはかなり異なった様相を示す．まず，O3型以外のLi_xCoO_2は通常の固相合成法では取得できない．プリズム型の席はLiイオンには大きすぎるため，P型相は生成しないのである．また，Li_xCoO_2の場合，通常法で合成できるのは$x \approx 1$の相に限られる．しかし，ソフト化学を適用すれば，Li_xCoO_2系についても，O3相以外の準安定相を合成することが可能になる．

$LiCoO_2$に対する電気化学的酸化によって，Liを脱離(デインターカレーション)することができる．Liの脱離に伴い，Coは3価から4価へと変わっていく．その反応は以下に示すようなものであるが，これは3.1節で見たリチウムイオン電池の充電反応にほかならない．

$$LiCoO_2 \longrightarrow Li_xCoO_2 + (1-x)Li^+ + (1-x)e^-$$

この方法により，見かけ上$1 \geq x \geq 0$の全域にわたってLi量を変化させることができる．しかし，$1 > x > 3/4$および$1/4 > x > 0$の範囲は，2種類のO3型相が共存する領域であり，中間の$3/4 \leq x \leq 1/4$が1種類のO3型相の領域である．さらに，$x \approx 0.55$で単斜晶系の相が出現する[11]．リチウムイオン電池における充放電は$1 < x < 1/2$の範囲で行わないと繰り返し特性が劣化することが知られているが，この現象には単斜晶系の相の生成が関係している可能性がある．

Liをすべて脱離すると，CoO_2が得られるが，電気化学的酸化によって得られるCoO_2の構造はO1型である[12]．すなわち，電気化学的酸化の最後の段階で，O3→O1の転移が誘起されるのである．この反応は可逆的であり，O1-CoO_2に少量のLiを挿入すると，O1→O3の逆反応が起こる．O1型構造とはCdI_2型構造であり，図3-12で見たように層の積み重なりは$AcB\square AcB\square \cdots$である．$AcB$は，$CoO_6$八面体が稜を共有して造る2次元の$CoO_2$層であり，それを$c$軸方向に積み重ねた層状構造がO1型である(図3-12(b)参照)．

ソフトな条件下では，CoO_2層の並進のみが許され，その回転や反転あるいはCo-O結合の切断・再結合は起こらない．Liを無視すると，O3→O1は，$AcB\square CbA\square BaC\square \cdots \rightarrow AcB\square AcB\square AcB\square \cdots$ という転移であるが，容易に

確認できるように CbA や BaC に「$A(a)\to B(b)$, $B(b)\to C(c)$, $C(c)\to A(a)$」という並進操作を何回か施すと，AcB という並びが得られる．

Li の脱離は Cl_2, Br_2, I_2 などを酸化剤とした化学的酸化によっても可能である．その反応は次のようなものであり，通常アセトニトリル等の極性溶媒中で行う．

$$LiCoO_2 + (1-x)/2X_2 \longrightarrow Li_xCoO_2 + (1-x)LiX \quad (X=Cl, Br, I)$$

化学的酸化により達成できる x の最小値は，酸化剤の強さに依存し，I_2: 0.91，Br_2: 0.47，Cl_2: 0.31 と報告されている[13]．さらに強い酸化剤，NO_2BF_4 を用いると Li を完全に脱離できる．興味深いことに，その結果得られる $CoO_{2-\delta}$*5 は P3 型である[14]．すなわち，最終段階において O3→P3 転移が起こるのである．P3 型の層の積み重なりは $AcB\square BaC\square CbA\square\cdots$ であり（図 8-4（c）参照），並進操作によって O3 型から導くことができる構造である．O3→P3 転移も可逆的であり，Li の挿入により O3 型構造が復活する．また P3 型 $CoO_{2-\delta}$ は O1 型より不安定で，次第に O1 型へと転移していく．

P2 型の γ-$Na_{0.7}CoO_2$ を LiCl のメタノール溶液で処理することで，$Na^+\to Li^+$ のイオン交換反応が起こることが報告されている[15]．イオン交換と同時に，Li のインターカレーション（還元反応）も起こるため，この処理によりほぼ定比の $LiCoO_2$ が得られる．このようにして得られる $LiCoO_2$ は熱力学的に安定な O3 型ではなく，O2 型である．図 8-4（d）に六方晶系に属する O2-$LiCoO_2$ の構造[16]を示す．この構造における層の積み重なりは，$Ac'BaCa'Bc\cdots$ である．h-c 表記は hc であり，h 層を挟む cAc' や aCa' という並びは，CoO_6 と LiO_6 八面体が面共有で対を造っていることを示している．O3 に比べて O2 が不安定な理由はこの八面体の結合様式にあると考えられる．

P2 型の並びは $AcBa'BcAb'\cdots$ であることから，P2→O2 転移は CoO_2 層について，$AcB\to BaC$ の変位を意味する．この変位は先に述べた並進操作により導くことができ，ソフト化学的条件下において可能である．一方，P2 型の BcA に並進操作を何回施しても，AcB, BaC, CbA のような O3 型の並びは導けない．すなわち，並進操作だけでは P2→O3 もその逆の転移も起こらないのである．一般に 2 層構造と 3 層構造の間は，並進操作だけでは行き来できな

---

*5 化学的酸化の過程で酸素欠損が導入される．

い.

水和コバルト酸ナトリウム

ソフト化学処理によって,思わぬ物性が発現するケースを紹介する.出発物質は P2 型の $\gamma\text{-}Na_xCoO_2$(図 8-4(b))である.これに次の 2 段階の処理を行うことで,水和コバルト酸ナトリウム $Na_{x'}CoO_2 \cdot yH_2O$ が得られる[5, 17].

$$Na_xCoO_2 + (x-x')/2\,Br_2 \longrightarrow Na_{x'}CoO_2 + (x-x')NaBr, \quad (8.1)$$
$$Na_{x'}CoO_2 + yH_2O \longrightarrow Na_{x'}CoO_2 \cdot yH_2O. \quad (8.2)$$

式(8.1)は Na の脱離反応であり,出発物質の $x=0.7$ に対して $x'=0.4$ 程度にまで Na 量が減少する.それに伴って,Co イオンの価数は〜+3.3 から〜+3.6 に上昇する(ホールがドープされる).すなわちこれは Br_2 による酸化反応である.反応の後 P2 型構造は保たれるが,接着剤としての Na の脱離により,c 軸長が伸び CoO_2 の層間は広がる.この状態の試料を水に浸漬すると,(8.2)の水和反応が起き,広がった CoO_2 層間をさらに押し広げる形で,H_2O 分子がインターカレートする.最終生成物の組成は,$Na_{0.35}CoO_2 \cdot 1.3H_2O$ に近いものである*6.六方晶系に属するその構造[18]は図 8-5(a)に示すように,P2 型の基本骨格が保たれているが,CoO_2 の層間に,2 枚の H_2O 層が Na 層をサンドイッチする形で挿入されている.そのため,この相は BLH*7 相と呼ばれている.水和の結果 CoO_2 層間の距離は $\gamma\text{-}Na_{0.7}CoO_2$ の 5.4 Å から BLH 相の 9.8 Å へと約 2 倍に拡張する.

BLH 相を乾燥した雰囲気の中に置くと,一部の水が脱離して,別の水和物相 $Na_xCoO_2 \cdot y'H_2O$ に変化する.その典型的な組成は $Na_{0.36}CoO_2 \cdot 0.7H_2O$ であり,水の量は BLH 相の半分程度である.構造は六方晶系に属し,図 8-5(b)に示すように P2 型が維持されている[19].しかし,CoO_2 層間の状況は一変し,同一平面上に置かれた Na と H_2O が造る Na-H_2O 層が,層間に 1 枚だ

---

*6 実際の浸漬過程は複雑であり,水によるイオン交換反応:$Na_xCoO_2 + aH_2O \longrightarrow Na_{x-a/2}(H_3O)_{a/2}CoO_2 + a/2\,NaOH$ と,水による還元反応:$Na_xCoO_2 + bH_2O \longrightarrow Na_x(H_3O)_{2b/3}CoO_2 + b/6\,O_2$ の 2 つの副反応が起こる.そのため,生成物の正しい組成は,$Na_x(H_3O)_zCoO_2 \cdot yH_2O$ であり,オキソニウムイオン(H_3O^+)が含まれている[17].

*7 BLH=bilayer hydrate

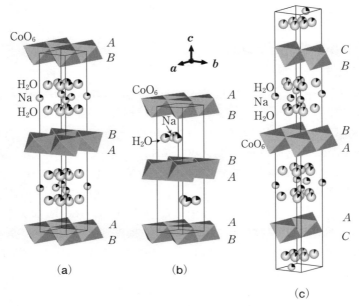

図 8-5 （a）P2-BLH-$Na_xCoO_2 \cdot yH_2O$ の構造（六方晶系）[18]．Na, H_2O については黒の部分の割合が当該サイトの占有率を意味する（(b), (c) も同様）．(b) MLH-$Na_xCoO_2 \cdot y'H_2O$ の構造（六方晶系）[19]．（c）P3-BLH-$Na_xCoO_2 \cdot yH_2O$ の構造（三方晶系）[20]．

け挿入されている．そのためこの相は MLH[*8] 相と称される．CoO_2 層間の距離は 6.9 Å であり，無水物相と BLH 相の中間的値となっている．

O3 型の α-$NaCoO_2$ を出発物質として，(8.1), (8.2) と同様な処理を施すと，やはり水和物相が得られる．ただし，先に述べたように O3→P2 の反応はソフトな条件下では起きないため，この場合に生成する相は P3 型の水和物相である．三方晶系に属するその構造[20]を図 8-5(c) に示す．P3 型水和物相も CoO_2 層間に 2 枚の H_2O 層と 1 枚の Na 層が挿入されている点では，P2-BLH 相と同じであり，組成も似ている．つまりこれは P3-BLH と呼ぶべき相である．

---

*8 MLH=monolayer hydrate

上記の水和物系が注目を集めたのは，P2-BLH 相と P3-BLH 相が共に 4.6 K で超伝導を示すからである[18, 20]．MLH 相では超伝導が消失することから，2枚の H_2O 層を挿入することにより，CoO_2 層の 2 次元性を高めることが，超伝導の発現に本質的な役割をはたしているものと考えられる．コバルト酸化物で超伝導を示す物質はこれが初めてである．また，この系の超伝導は BCS 型とは異なる非従来型のメカニズムによって起こっている可能性が強い．さらに，水和というユニークな処理で超伝導が発現するということも相俟って，世界中で活発な研究が行われた．しかし，CuO_2 層で起こる高温超伝導と同様に，CoO_2 層で起こる超伝導も強相関系の現象であるため一筋縄ではいかず，依然としてその全容の解明には至っていない．

8.3 層状ペロブスカイト

本節では，$A'[A_{n-1}B_nO_{3n+1}]$，$A'_2[A_{n-1}B_nO_{3n+1}]$，$Bi_2O_2[A_{n-1}B_nO_{3n+1}]$ の 3 つの系列を取り上げる．第 1 の系列は Dion-Jacobson 系列と呼ばれているものである．第 2 の系列は 3.7 節ですでに取り上げた Ruddlesden-Popper 系列（$A_{n+1}B_nO_{3n+1}$）である．ただし，今回の場合は，A 席の金属元素として A，A' の 2 種類を含み，それらが規則配列している場合を考える．3 番目は，Aurivillius 系列として知られている．一見して分かるように，これらの系列の [ ] の中は同じであり，それは BO_2 層を n 枚含むペロブスカイト型ブロックである．そのため，これらの系列を総称して層状ペロブスカイト系と呼んでいる[1]．以下，Dion-Jacobson を D-J，Ruddlesden-Popper を R-P と略記する．

各系列の例として，$n=3$ の，$Cs[Ca_2Nb_3O_{10}]$[21]，$K_2[La_2Ti_3O_{10}]$[22]，$Bi_2O_2[Bi_2Ti_3O_{10}]$[23]を選び，構造を**図 8-6** に示す．なお，3 番目の相は，A 原子が Bi であるため組成は $Bi_4Ti_3O_{12}$ だが，Aurivillius 系列であることを強調するため，このように記述する．いずれの場合も，BO_2 層 3 枚を含むペロブスカイトブロックが，別種のブロックを仲立ちとして積み重なっている．ペロブスカイトブロックの接合部分を形式的に表すと，Dion-Jacobson 系列：BO_2-O-A'-O-BO_2，R-P 系列：BO_2-A'O-A'O-BO_2，Aurivillius 系列：BO_2-O-Bi-O_2-Bi-O-BO_2，である．特に，D-J 系列はブロック間に存在する

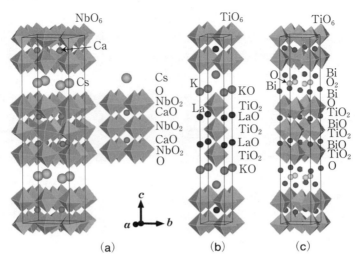

図 8-6 （a）Cs[Ca$_2$Nb$_3$O$_{10}$]の構造（D-J 系列，斜方晶系）[21]．右側の図は理想化した正方晶系の構造．（b）K$_2$[La$_2$Ti$_3$O$_{10}$]の構造（R-P 系列，正方晶系）[22]．（c）Bi$_2$O$_2$[Bi$_2$Ti$_3$O$_{10}$]の構造（Aurivillius 系列，斜方晶系）[23]．

A′ イオンの密度が小さく，種々のソフト化学反応にとって格好の条件を備えている．しかし，以下で述べるように，D-J 系列だけでなく他の二系列もまた，ソフト化学の対象となり得るのである．

R-P 系列は 3.7 節で説明したように，A′O-A′O の積み重なりにおいて，$(\boldsymbol{a}+\boldsymbol{b})/2$ の面内シフトが起こる．そのため，隣り合うペロブスカイトブロックの間で面内位置の位相がずれ，$\boldsymbol{c}$ 軸方向に 2 倍の周期となる．同様なシフトは Aurivillius 系列の Bi-O$_2$-Bi という積み重なりにおいても起こり，やはり，隣り合うペロブスカイトブロック間で位相がずれる．一方，D-J 系列は，A′ イオンに依存してやや複雑である．A′ イオンがかさ高い Cs や Rb イオンの場合にはシフトは起こらず，すべてのペロブスカイトブロックは同位相である．一方，A′=K, Na などでは，正方格子に関して $\boldsymbol{a}/2$ や $(\boldsymbol{a}+\boldsymbol{b})/2$ のシフトが起こり，ペロブスカイトブロックの面内位相がずれる場合がある．一方，八面体の傾斜や Bi$_2$O$_2$ 層の存在などによって，層状ペロブスカイト相の対称性は，正方晶系より落ちている場合が多い．例えば，図 8-6 の 3 つの構造において

は，$K_2[La_2Ti_3O_{10}]$ が正方晶系で $z=2$ あるのに対して，$Cs[Ca_2Nb_3O_{10}]$ と $Bi_2O_2[Bi_2Ti_3O_{10}]$ は斜方晶系である．$Cs[Ca_2Nb_3O_{10}]$ の格子ベクトルは正方格子の格子ベクトル $\bm{a}_t$，$\bm{b}_t$ に対して，$\bm{a} \approx 2\bm{a}_t$，$\bm{b} \approx 2\bm{b}_t$ の関係にあり，一方，$Bi_2O_2[Bi_2Ti_3O_{10}]$ は $\bm{a} \approx (\bm{a}_t - \bm{b}_t)$，$\bm{b} \approx (\bm{a}_t + \bm{b}_t)$ の関係にある．さらに両者ともに c 軸方向に2倍周期となるため，前者は $z=8$，後者は $z=4$ である．図8-6(a)には，歪や傾斜のない理想化した $Cs[Ca_2Nb_3O_{10}]$ の構造を合わせて示す．

層状ペロブスカイト系はソフト化学の対象として重要な存在である．以下では比較的単純な場合のみを紹介するが，事前にデザインされた複数のプロセスを経て最終生成物に至るような，より複雑な適用例もある．興味のある読者は参考文献[1]を参照していただきたい．

イオン交換反応

Cs^+，Rb^+，K^+ など大きなイオンを A′ イオンとして含む，D-J 系列は安定である．これに対して，Na^+，Li^+，NH_4^+ など相対的に小さなイオンを含む相を通常の固相合成法で得るのは困難な場合が多い．そこで，ソフト化学合成が活躍する．すなわち，大きな A′ イオンの相を出発物質として，小さな A′ イオンでイオン交換するのである．次のような例[24]が典型的である．

$$K[Ca_2Nb_3O_{10}] + A'NO_3 \longrightarrow A'[Ca_2Nb_3O_{10}] + KNO_3 \quad (A'=Li, Na, NH_4)$$

この反応は溶融塩中で行うが，硝酸塩を選ぶのはその融点が低く(300℃程度)，ソフトな条件を実現できるためである．

D-J 系列を酸処理すると，A'^+ が H^+ で置き換わるプロトン化が起こる．プロトン化した D-J 相は固体酸としての性質を有しており，有機塩基やアルコールなどをインターカレートすることができる．例えば次のような反応[25]である．

$$K[Ca_2Nb_3O_{10}] + HCl(\text{水溶液}) \longrightarrow H[Ca_2Nb_3O_{10}] \cdot xH_2O + KCl,$$
$$\xrightarrow{100℃} H[Ca_2Nb_3O_{10}], \quad (8.3)$$

$$H[Ca_2Nb_3O_{10}] + n\text{-}C_8H_{17}NH_2 \longrightarrow n\text{-}C_8H_{17}NH_3[Ca_2Nb_3O_{10}]. \quad (8.4)$$

ここで，式(8.3)はプロトン化反応(および脱水反応)であり，式(8.4)は，有機塩基である n-オクチルアミン($n\text{-}C_8H_{17}NH_2$)と固体酸 $H[Ca_2Nb_3O_{10}]$ が反応し

て塩ができる酸塩基反応である*9. n-オクチルアミンのような長鎖の分子が挿入されることで, 単位分子当たりの c 軸方向の厚みは, $H[Ca_2Nb_3O_{10}]$ の $\sim$14 Å から n-$C_8H_{17}NH_3[Ca_2Nb_3O_{10}]$ の $\sim$32 Å へと 2 倍以上に伸長する.

D-J 系列に対する反応として, $n=2$ の D-J 相である $Rb[LaNb_2O_7]$ に対する以下のような少し変わった置換がある[26].

$$Rb[LaNb_2O_7] + CuX_2 \xrightarrow{325℃} (CuX)[LaNb_2O_7] + RbX \ (X=Cl, Br)$$

これは形式的には, Rb^+ イオンと CuX^+ イオンの間のイオン交換である. **図 8-7** に X=Cl の場合について, この置換による構造変化を示すが, ペロブスカイトブロックの積み重なりは置換の前後で本質的には変わらない[27,28]. CuCl 層は歪んだ NaCl 型であり, ペロブスカイトブロックの間に存在してそれらを連結している. CuCl 層内の Cu の配位環境については 2 つの解釈が可能である. まず, 図 8-7(c) の上部に示すように, (001)面内の 4 個の Cl と c 軸方向の 2 個の O が配位した歪んだ CuO_2Cl_4 八面体を考えることができる.

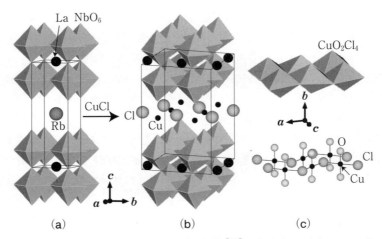

図 8-7 (a) $Rb[LaNb_2O_7]$ の構造(正方晶系)[27]. (b) $(CuCl)[LaNb_2O_7]$ の構造(斜方晶系)[28]. (c) CuO_2Cl_4 八面体層と, CuO_2Cl_2 四角形のジグザグ鎖.

---

*9 例えば, アンモニアと硝酸が反応して硝酸アンモニウムが生成する反応, $NH_3 + HNO_3 \longrightarrow NH_4NO_3$ と同類の反応と考えればよい.

八面体は稜を共有して(001)面に平行な「層」を形成している．一方，Cu に配位する Cl のうち 2 個は他の 2 個より結合距離が短いことに注目すると[*10]，図 8-7(c)の下部に示すように O_2Cl_2 が造る四角形の中心に Cu が位置していると考えることもできる（歪んだ平面 4 配位）．四角形は頂点を共有して $\boldsymbol{a}$ 軸方向に伸びるにジグザグ状の鎖を形成している．5.5 節で述べたように，Cu^{2+} はスピン 1/2 のイオンであり，(CuX)[$LaNb_2O_7$] の CuX 層は高温超伝導体の CuO_2 層との比較という観点からも興味深く，量子スピン系の研究対象として注目を集めている．

R-P 系列においても，D-J 系列と同じようなイオン置換やプロトン化が可能である．さらに，プロトン化した相に有機塩基をインターカレートした例も報告されている．一方，R-P 系列に特有のものとして，次の例のように，2 つの A'^+ イオンを 1 つの 2 価イオンで置換する反応が知られている[29]．

$$Na_2[La_2Ti_3O_{10}] + MCl_2 \longrightarrow M[La_2Ti_3O_{10}] + 2NaCl \ (M = Co, Cu, Zn)$$

この反応は溶融塩中で行うが，$CoCl_2$ や $CuCl_2$ の場合は，融点を下げるために KCl との混合物が用いられている．注目すべきは，生成した $M[La_2Ti_3O_{10}]$ が D-J 相にほかならない，ということである．つまり，イオン交換により，R-P 相 $\longrightarrow$ D-J 相という変換ができるのである．一方，次に述べるように，この逆の変換である D-J 相 $\longrightarrow$ R-P 相や，Aurivillius 相 $\longrightarrow$ R-P 相，R-P 相 $\longrightarrow$ Aurivillius 相という変換も知られている．

D-J 相 $\longrightarrow$ R-P 相変換の例として，Rb[$LaNb_2O_7$] を Rb 蒸気中で 200～250℃ で処理することで，R-P 相が生成する反応がある[30]．

$$Rb[LaNb_2O_7] + Rb(気体) \longrightarrow Rb_2[LaNb_2O_7]$$

ここで，D-J 相の Nb は 5 価であるが，R-P 相中では 4.5 価である（4 価と 5 価の混合原子）ことに注意すべきである．すなわちこのインターカレーションは母物質の還元を伴い，電子がドープされる反応である．

Aurivillius 相から R-P 相が生成する例としては，塩酸水溶液中における次の反応があげられる[31]．

$$Bi_2O_2[SrNaNb_3O_{10}] \xrightarrow{HCl} H_2[SrNaNb_3O_{10}]$$

[*10] Cu-Cl の結合距離は 4 本とも異なっており，2.38，2.39，3.14，3.19 Å と報告されている[28]．

Bi_2O_2 ブロックとペロブスカイトブロックを比較すると，後者が酸に対して相対的に安定なため，前者のみが溶出してプロトン化が起こるのである．ただし，上記の反応式は理想化したものであり，実際の反応は複雑である*11．

次の反応は，R-P 相 ⟶ Aurivillius 相の例である[32]．

$$K_2[La_2Ti_3O_{10}] + 2BiOCl \longrightarrow Bi_2O_2[La_2Ti_3O_{10}] + 2KCl$$

この反応は 800〜900℃の温度が必要な点で，ソフト化学とは言い難い面もあるが，ペロブスカイトブロックが保存されるトポタクティックな反応であることは間違いない．

脱水反応

プロトン化した R-P 相の温度を上げていくと，ペロブスカイトブロック間の 2 つの H が O を 1 つ伴って脱離する．すなわち脱水反応が起こる．その結果，層状ペロブスカイト相が潰れて 3 次元のペロブスカイト相が生成する．次の 2 つの反応[33, 34]はその典型的な例である．

$$H_2[La_2Ti_3O_{10}] \xrightarrow{500 \sim 900 ℃} La_2Ti_3O_9 + H_2O, \tag{8.5}$$

$$H_2[SrTa_2O_7] \xrightarrow{350 \sim 400 ℃} SrTa_2O_6 + H_2O. \tag{8.6}$$

反応 (8.5) の生成物，$La_2Ti_3O_9$ は A 席の 1/3 が欠損したペロブスカイト $La_{2/3}TiO_3$ である．その結晶系が正方晶系であり，c 軸長がペロブスカイト型格子の 3 倍の〜12 Å であることから，LaO 層の La 席が 2 層おきに欠損している構造，TiO_2-LaO-TiO_2-LaO-TiO_2-□O… が想定される．プロトン化した R-P 相におけるペロブスカイトブロックの連結部は，BO_2-OH-OH-BO_2 であるが，ここから H_2O が離脱して BO_2-O-BO_2 となったと考えることができる．一方，反応 (8.6) の生成物，$SrTa_2O_6$ ($Sr_{1/2}TaO_3$) は A 席の半分が欠損した 3 次元ペロブスカイトであるが，ペロブスカイト格子の 2 倍の周期は認められ

---

*11 Bi_2O_2 層とペロブスカイト層の間で，A 席イオンの相互置換があるため，実際に起こっている反応は，次のようなものとされている．
$Bi_{1.8}Sr_{0.2}O_2[Bi_{0.2}Sr_{0.8}NaNb_3O_{10}] \xrightarrow{HCl} H_{1.8}[Bi_{0.21}Sr_{0.80}Na_{0.95}Nb_3O_{10}]$．また，プロトン化した生成物相では $(\boldsymbol{a} + \boldsymbol{b})/2$ のシフトが起こらず，c 軸方向に 2 倍の周期とはなっていない．

ず，Srが占める席と欠損席はランダムに分布している．したがってその構造は，$TaO_2\text{-}(Sr_{1/2}\square_{1/2})O\cdots$と表すことができる．

プロトン化したD-J相から脱水によって，3次元ペロブスカイト相を生成することは一般にはできない．プロトン化したD-J相におけるペロブスカイトブロックの連結部は，$BO_2\text{-}O\text{-}H\text{-}O\text{-}BO_2$であるが，3次元ペロブスカイト相を生成するためにはここからO1つ分を脱離する必要がある．しかし，Hが1つしかないため，脱水によってはそれが達成できないのである．

8.4　酸化物ナノシート

4.2節において，モンモリロナイトを水中に浸漬しておくと，水分子が次々に層間に侵入し，最終的には層が1枚1枚剥離して，コロイド化することを述べた．ナノメートルレベルの厚みを持った2次元物質一般をナノシートと呼んでいるが，モンモリロナイトの場合は単に水中に置くだけでナノシートが取得できるのである．このような現象は粘土鉱物に特有のものと考えられてきたが，近年，窒化物，カルコゲン化物，酸化物，水酸化物，炭化物などの多様な化合物系について，ソフト化学的な剥離操作によってナノシートが得られることが分かってきた[35, 36]．層状物質を剥離して得られるナノシートは，母物質の2次元構造を保持し，高い結晶性を有した2次元単結晶である．その厚みは～1 nm（～10 Å）であるのに対して，横方向は通常数百 nmを越えるバルク的なサイズを持っている．

ちなみに，炭素単体が構成するナノシートがグラフェン（graphen）にほかならない*12．グラフェンは非常に興味深い研究対象であるが，単体のナノシートであるため，組成や構造のコントロールという点では非常に強い制約がある．そのため，化学的な自由度がより高い化合物系において，グラフェンの先を目指そうとする機運が高まっている．本節では，比較的簡単でありかつ重要な素材である，TiO_2ナノシートを中心に紹介しナノシート化学への入口とす

---

*12　グラフェンの代表的な作成方法として，グラファイト結晶にスコッチテープを張り付け，それを剥がすことで薄いグラファイト層を得るスコッチテープ法が知られている．テープ側に付いた薄膜に別のテープを張り付けて剥がすことで膜はさらに薄くできる．この操作を繰り返すと，最終的には炭素の一原子層にまで行き着く．

る.

層状チタン酸化物の剥離

$Cs_xTi_{1-x/4}O_2$ はレピドクロサイト型構造を有したチタン酸化物である.これを出発物質として,剥離操作によって TiO_2 ナノシートを作成することができる.レピドクロサイトは FeOOH の鉱物名であるが,斜方晶系に属するその結晶構造[37]を図 8-8(a)に示す.Fe は八面体配位であり,FeO_6 八面体は c 軸方向に伸びるルチル型鎖(図 2-21(b))を形成する.ルチル型鎖同士が稜を

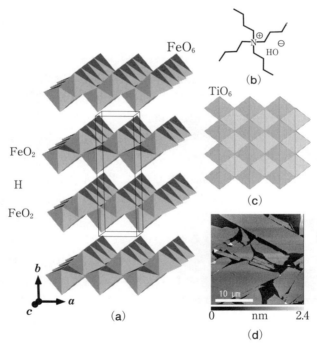

図 8-8 (a) FeOOH(レピドクロサイト)の構造(斜方晶系,H は示していない)[37].(b) TBA ヒドロキシドの分子構造.(c) $Ti_{1-\delta}O_2$ ナノシートの構造.(シート面に垂直な方向への投影.色の濃い八面体が上部に位置する.)(d) $Ti_{1-\delta}O_2$ ナノシートの原子間力顕微鏡像.黒化度はシートの薄さを表す(下部のスケール参照).

共有してひだ状の層を造り，層は b 軸方向に積み重なる．FeO_6 八面体の 6 個の O のうち，2 個は 2 個の Fe に結合し，残りの 4 個は 4 個の Fe に結合している．したがって，この層の組成は FeO_2 であり，H は層間に存在して層同士をバインドしている．この意味で，化学式は $HFeO_2$ とするほうがより構造を反映している．

FeOOH の Fe は 3 価であるが，Ti は 4 価であり，TiO_2 は電荷中性である．しかし，Ti が一部欠損した $Ti_{1-x/4}O_2$ は負の電荷を持つ．それを補償する形で Cs が $Ti_{1-x/4}O_2$ 層間に入ることで，レピドクロサイト型の $Cs_xTi_{1-x/4}O_2$ が形成される．文献では $Cs_xTi_{1-x/4}O_2$ の代わりに，$Cs_xTi_{2-x/4}\square_{x/4}O_4$（$\square$ は空孔を表す）という表記が使われている場合が多い．そのため以下ではこれに従うことにする．

$Cs_xTi_{2-x/4}\square_{x/4}O_4$ は，$x \sim 0.7$ 程度の組成（最初の化学式を使うと，$Cs_{0.35}Ti_{0.9125}O_2$）に対して安定であり，通常の固相合成法により作成できる．これを酸処理することで以下の反応に基づいて，プロトン化と水和が進行する[38]．

$$Cs_xTi_{2-x/4}\square_{x/4}O_4 + xH^+ + H_2O \longrightarrow H_xTi_{2-x/4}\square_{x/4}O_4 \cdot H_2O + xCs^+$$

生成した $H_xTi_{2-x/4}\square_{x/4}O_4 \cdot H_2O$ を，テトラブチルアンモニウムヒドロキシド $(C_4H_9)_4NOH$（TBA ヒドロキシド，tetrabutylammonium hydroxide）の水溶液に投入して振とうすると，H^+ イオンと TBA^+ イオンのイオン交換が起こる．図 8-8(b) に TBA ヒドロキシドの分子構造を示すが，+1 の電荷を持つ TBA^+ イオンのサイズは非常に大きく，球で近似すると直径は 8 Å に達する．また，正電荷は中心の窒素原子に局在している．このようなかさ高いイオンが層間に侵入していくことで，層間の連結が切れ剥離が起こるのである．剥離によって得られる $Ti_{1-\delta}O_2$ ナノシート（図 8-8(c)，(d)）は，レピドクロサイト型の八面体層が 1 枚 1 枚剥がれて独立したものにほかならない．図 8-8(d) の原子間力顕微鏡像[*13]から，ナノシートの面内のサイズが〜10 μm であるのに対して，厚みは〜1 nm であることが見て取れる．以下，このナノシート生成プロセスをより具体的に紹介する[39]．

[*13] 試料表面と探針の原子の間に働く力を検出して得られる画像．AFM（Atomic Force Microscope）像ともいう．

TBAヒドロキシド水溶液100 ccに対して，$H_xTi_{2-x/4}\square_{x/4}O_4\cdot H_2O$を0.4 gを投入するという条件の下で，$TBA^+$の濃度を変化させたときの現象は，次のようなものである．以下，TBA^+イオンと，それにより交換可能な$H_xTi_{2-x/4}\square_{x/4}O_4\cdot H_2O$中の$H^+$イオンのモル比を$TBA^+/H^+$として，これで$TBA^+$溶液の濃度を表すことにする．まず，$TBA^+/H^+ < 0.5$では，通常のインターカレーション（イオン交換）が起こり，TBA^+イオンが層間に侵入する．その結果，層間距離は出発物質の9.4Åから〜16Å程度まで拡張する．TBA^+/H^+が0.5を超えると系はコロイド的な様相を呈するようになる．つまり，0.5は剥離が起こる限界TBA^+イオン濃度に対応する．0.5を超えかつ比較的低濃度の領域，$0.5 < TBA^+/H^+ < \sim 5$においては，試料は完全に単層剥離する．その結果，溶液中に$Ti_{1-\delta}O_2$（$\delta \sim 0.09$）組成のナノシートが分散するコロイド懸濁液が得られる．この状態では，ナノシート間には短距離の相関のみがあり，長距離の秩序は完全に失われている．

TBA^+イオン濃度をTBA^+/H^+が〜5を超える領域まで増大させると，再び，ナノシート間に長距離の秩序が回復してくる．すなわち，ナノシートは一定の距離を保って平行に配列する傾向を示し，X線回折にピークが観測されるようになる．再秩序化が始まる$TBA^+/H^+ = \sim 5$付近では，100Åを越えるような長い周期を持っていると想定されているが，TBA^+濃度の増大と共に秩序化は顕著になり，$TBA^+/H^+ = 25$では周期は〜42Åにまで縮まる．100Åに達するような層間距離は単純なインターカレーションでは説明できず，TBA^+イオンが水を伴った溶液の形で層間を占めているものと考えられる．このような秩序化は，スメクタイト等の粘土鉱物においても観測されており，オスモティック膨潤（osmotic swelling）と呼ばれている．

図 8-9は，以上の現象に対応するX線粉末回折パターンである[39]．これらは溶液（懸濁液）をそのまま測定して得られたものである．そのため，水溶液（液体）からの回折によるブロードなピークが，$20° < 2\theta < 50°$に存在する．一方，$TBA^+/H^+ = 5$の試料を除くと，$2\theta < 10°$の低角領域に鋭いピークが観測される．これらが長距離秩序に起因するものであり，$TBA^+/H^+ = 0.1$の試料の場合は通常の固体[*14]からの回折であり，$TBA^+/H^+ = 15, 25$の場合がオスモティック膨潤状物質による回折である．

この系の相関係は**図 8-10**に示されるようなものと考えられている[39]．系

8.4 酸化物ナノシート 287

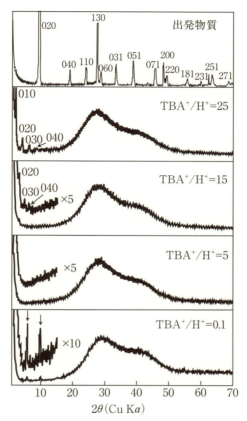

図 8-9 $H_xTi_{2-x/4}\square_{x/4}O_4 \cdot H_2O$（出発物質）および，種々の濃度（$TBA^+/H^+$ = 0.1〜25）の TBA ヒドロキシド溶液により処理した試料の X 線粉末回折パターン（参考文献[39]，Figure 1 より）．出発物質の指数は斜方格子（a = 3.783 Å，b = 18.735 Å，c = 2.978 Å）による．TBA^+/H^+ = 0.1 の試料は層間距離 9.4 Å（b = 18.8 Å，出発物質）と 16.3 Å（b = 32.6 Å）の 2 相を含んでいる（矢印のピークに相当）．

---

*14 図 8-9 に示すように，この試料は出発物質と TBA インターカレート相の 2 相共存状態にある．

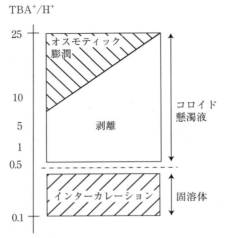

図 8-10 固溶体，コロイド懸濁液，オスモティック膨潤状物質の相関係(参考文献[39]，Figure 12 より)．

を $Ti_{1-\delta}O_2$ ナノシート，TBA ヒドロキシド，水の 3 成分系と考え，単層剥離コロイド懸濁液とオスモティック膨潤状物質をそれぞれ熱力学的な相と見なしてみる*15．コロイド相とオスモティック膨潤相の 2 相共存状態の自由度は，$f = c - p + 2 = 3$ であり，温度と圧力を固定しても，なお 1 つの自由度が残る．すなわち，この 2 相共存は，TBA^+/H^+ に関してある範囲で実現する．一方，次の「反応式」を考えてみる．

$Ti_{1-\delta}O_2$ ナノシート ＋ TBA^+ イオン ＋ 水 $\rightleftarrows$ オスモティック膨潤状物質

TBA^+ イオンの濃度を増すと，反応は右側に進行してオスモティック膨潤状物質が支配的になり，逆に減ずると左側に進行し，最終的には，オスモティック膨潤状物質が消失して，$Ti_{1-\delta}O_2$ ナノシートのコロイド溶液の「単一相」となる．図 8-10 が模式的に表しているのはこのような相関係である．

構造ブロックとしてのナノシート

最近，ナノアーキテクトニクス(nanoarchitectonics)という新しい物質・材

---

*15 これは必ずしも自明ではなく，ある種の近似と考えたほうがよい．

8.4 酸化物ナノシート

料創製の概念が注目を集めている[40]．ナノアーキテクトニクスとは「ナノの建築学」であり，それが目指すところは，ナノメートルサイズの構造ブロックを制御しつつ連結し，まるで建物を造るように新たな物質・材料を創製することである．ナノシートは理想的なナノ構造ブロックであり，それを出発素材として種々の物質・材料を生み出すことができる．

シンプルな例として，ナノシートコロイド溶液の乾燥，加熱処理があげられる．例えば，$Ti_{1-\delta}O_2$ ナノシートコロイド溶液を凍結乾燥すると，ナノシートが10〜20枚積層した薄片状の物質が得られる．これを400℃以上の温度で加熱すると，シート間に残る TBA^+ イオンや水が除去され，Ti-O の骨格構造も変化して，アナターゼ型の TiO_2（図3-11）が生成する[41]．このようにして得られるアナターゼは，加熱前の薄片形状が維持されている．つまり，ナノシート経由のプロセスによって，通常では得られない特殊な形状のアナターゼ粉体が取得できるのである．

先に $Ti_{1-\delta}O_2$ ナノシートコロイド液において TBA^+ イオンの濃度を増していくと，ナノシートの秩序化が起こることを述べた．これに似たものとして，ナノシートコロイド溶液に適当な物質を加えることでナノシートを凝集させ，ゲルとして分離するプロセスが知られている．多くの場合，凝集物が綿状の形態を持つことから，このプロセスはフロキュレーション（flocculation，綿状凝集）と呼ばれている．フロキュレーションは複合体の合成に有効であり，例えば，無機ナノシートコロイドに，有機高分子を凝集剤として用いれば，有機-無機の複合体が得られる．再び $Ti_{1-\delta}O_2$ ナノシートを例に取ると，$Ti_{1-\delta}O_2$ ナノシートコロイド溶液に，水溶性高分子であるポリエチレンオキシド（PEO）

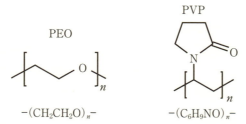

図8-11 ポリエチレンオキシド（PEO）およびポリビニルピロリドン（PVP）の分子構造．

およびポリビニルピロリドン(PVP)を,凝集剤として加えた結果が報告されている(これらの有機高分子の構造を図8-11に示す)[42].得られる凝集体は,$Ti_{1-\delta}O_2$ナノシート層間に高分子がサンドイッチされた無機-有機ナノ複合体である.ナノシートの積層間隔はPEO,PVP複合体についてそれぞれ,14.9 Å および 28.8 Å と報告されている.前者については,PEO層が2枚 $Ti_{1-\delta}O_2$層間に入った2層構造が提案されている[42].

レイヤー・バイ・レイヤー累積

ナノシートを素材とする高次構造体を作製するための,よりエレガントな方法としてレイヤー・バイ・レイヤー累積がある.レイヤー・バイ・レイヤー累積は,ラングミュア・ブロジェット膜(LB膜)法や交互吸着法により実現できる.前者は液面上に浮かぶナノシートの単分子膜を,基板を液面に垂直に動かすことで,そのままの形で基板上に移し取る手法である[43].本節ではもっぱら,より化学的な手法である後者を取り上げる.交互吸着法はナノシートが電荷を帯びていることを利用し,反対電荷を帯びた高分子などと交互に吸着を繰り返して,積層化する手法である.ここでも $Ti_{1-\delta}O_2$ ナノシートを例に取りその実際を紹介する[44].

積層膜の基板としてシリコンウエハーやシリカガラスを用い*16,それを $Ti_{1-\delta}O_2$ ナノシートコロイド液に20分程度浸けておくと,基板上にナノシートの単層膜ができる.ナノシートが負に帯電していることから,ナノシート相互の静電反発によって多層膜へと積層が進行することはない.基板を水洗した後,今度は高分子の水溶液に20分程度浸漬する.水溶性高分子としてはポリジアリルジメチルアンモニウムクロライド(PDDA)などが使われる.PDDAの分子構造を図8-12(a)に示すが,これを水に溶かすと Cl^- イオンが解離して,高分子本体は正に帯電する(ポリカチオン).この二度目の浸漬操作によってナノシート膜はPDDAの単層膜で被覆される.基板を水洗して1セットの工程が終わり,ナノシート・ポリカチオンの複合膜が1枚でき上がる.この工程を繰り返すことで,任意の枚数を持った多層膜を作成することができる.図

---

*16 基板表面はあらかじめ清浄化処理を行い,ポリカチオンのポリエチレンイミン(PEI)を塗っておく.

8.4 酸化物ナノシート　291

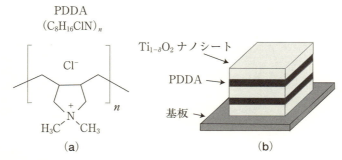

図 8-12 （a）ポリジアリルジメチルアンモニウムクロライド(PDDA)の分子構造．（b）$Ti_{1-\delta}O_2$ ナノシート/PDDA 多層膜の模式図．

8-12(b)に多層膜の模式図を示す．

図 8-13 は工程を繰り返して積層枚数を増やしながら，シート面からの X 線の回折を見たものである[44]．この場合の回折ピークの強度は理論的に複合層の枚数に比例することが分かっているが，図 8-13 に見るように確かに比例関係がある．またピーク位置から求めた複合層 1 枚の厚さは約 14 Å である．

種々の酸化物ナノシートとその機能

現在までに多数のナノシートが報告されているが[35,36]，いくつかの代表的な酸化物のナノシートを図 8-14 に示す．$Ti_{1-\delta}O_2$ 以外のナノシートも，基本的には $Ti_{1-\delta}O_2$ ナノシートの場合と同様な手法で得ることができる．例えば，$Ca_2Nb_3O_{10}$ ナノシートは，D-J 系列の $KCa_2Nb_3O_{10}$ を出発物質として，硝酸水溶液中でプロトン化した後，TBA ヒドロキシド水溶液中で剥離処理を施すことで作成できる．図 8-14 のナノシートはいずれも負に帯電している*17．

酸化物ナノシートを積層して得られる薄膜は，通常の方法で作成する薄膜とは異なった物性を示すことがある．その最も劇的な例が，図 8-15 に示す誘電率である[45]．誘電体はセラミックコンデンサや電界効果トランジスタ(Field Effect Transistor, FET)などにとって必須の材料であるが，近年の電子デバイ

---

*17 ここには示していないが，水酸化物ナノシートは正に帯電することが知られている[35]．

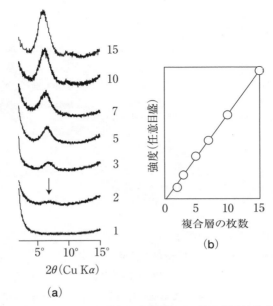

図 8-13 $Ti_{1-\delta}O_2$ ナノシート/PDDA 多層膜の X 線回折（参考文献[44], Fig. 2 より）．（a）回折パターン．右側の数字はナノシート/PDDA 複合層の枚数．（b）X 線ピーク強度の複合層の枚数依存性．

スの小型化に伴って，誘電率のより大きな材料，いわゆる high-k 材料への注目が集まっている．コンデンサの容量 C は $C = \varepsilon_0 \varepsilon_r S/d$ で表される．ここで ε_0 は真空の誘電率，ε_r は ε_0 を単位とする誘電率（比誘電率*18），S と d はそれぞれ電極の面積と電極間の距離（誘電体の厚み）である．デバイスの小型化は S の減少を意味するが，同一の容量を確保するためには，d の縮小が不可欠である．しかし，図 8-15 の $(Ba_{1-x}Sr_x)TiO_3$ 薄膜の場合に典型的に見られるように，従来型の誘電体薄膜においては，膜厚（d）の減少に伴って，ε_r も減少してしまうのである．このことから，膜厚が小さな領域においても，十分に大きな誘電率を有する材料の開発が急務となっている．ナノシート積層膜は正にその

---

*18 比誘電率 ε_r は無次元の量であり，絶対誘電率を ε とすると，$\varepsilon_r = \varepsilon/\varepsilon_0$ で表される．

8.4 酸化物ナノシート　293

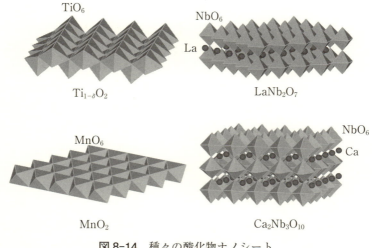

図 8-14　種々の酸化物ナノシート．

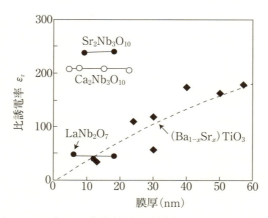

図 8-15　$(Ba_{1-x}Sr_x)TiO_3$ 薄膜（従来型材料）と，$LaNb_2O_7$，$Ca_2Nb_3O_{10}$，$Sr_2Nb_3O_{10}$ ナノシート積層膜の比誘電率の膜厚依存性（参考文献[45], Figure 9 より）．

ような材料であり，図 8-15 に示すようにナノシート由来の薄膜の誘電率は膜厚 <10 nm のような極限の領域においても，ほとんど厚みに依存しない．特に，$Sr_2Nb_3O_{10}$ や $Ca_2Nb_3O_{10}$ の ε_r は絶対値としても非常に高く，ナノシート

積層膜が次世代 high-k 材料の有力な候補であることを示している.

従来材料における ε_r の減少は,外因的な理由によるものと考えられている[45]. すなわち,従来材料においては膜厚を薄くすればするほど,結晶性のよい良質の薄膜の作製が困難になり,種々の欠陥の比率が高まる.その結果として, ε_r の低下がもたらされるのである.一方,ナノシートは極限の薄さを持つにもかかわらず,理想に近い2次元単結晶である.このようなナノシートの特徴が,その良好な誘電特性に寄与していることは疑いない.

ナノシートのレイヤー・バイ・レイヤー累積について追記することがある.先の説明では,1種類のナノシートを累積する場合のみを議論したが,この手法により複数種類のナノシートを任意のシークエンスで累積することが可能である.例えば,2種類のナノシート $LaNb_2O_7$ および $Ca_2Nb_3O_{10}$(図 8-14 参照)を, LB 膜法を用いて 10 枚累積した例が報告されている[46]*19. 前者のナノシートをL, 後者をCで表すと, L_{10}, C_{10} という1種類のナノシートの累積に加えて, $(LC)_5$, $(L_2C_3)_2$, L_5C_5 *20 などのように,2種類を種々のシークエンスで積み重ねた超格子膜が作成されている.興味深いことに, L_{10}, C_{10} 膜は共に常誘電性であるのに対して, $(LC)_5$ 膜は強誘電性を示すことが明らかになっている.

参考文献

[1] ソフト化学の総説として,次の2つが参考になる.
J. Gopalakrishnan, Chem. Mater. **7**, 1265(1995).
R. E. Schaak and T. E. Mallouk, Chem. Mater. **14**, 1455(2002).

[2] 第5章,参考文献[7]に $K_2Ti_4O_9$ のソフト化学処理に関するまとまった記述があり,本節もそれに依るところが大きい.

[3] T. Sasaki, M. Watanabe, Y. Komatsu, and Y. Fujiki, Inorg. Chem. **24**, 2265

---

*19 LB 膜法による累積後,ナノシート間には TBA^+ イオンが挟み込まれているが,紫外線照射によりこれを分解できる.その結果として,ナノシート間には電荷補償のイオンとして NH_4^+ が存在するとされている.

*20 $(LC)_5$ = LCLCLCLCLC, $(L_2C_3)_2$ = LLCCCLLCCC, L_5C_5 = LLLLLCCCCC である.

(1985).
[4] S. C. Parker, C. R. A. Catlow, and A. N. Cormack, Acta Crystallogr. **B40**, 200 (1984).
[5] 層状コバルト酸化物の総説として,
高田和典,「層状コバルト酸化物」,黒田一幸,佐々木高義監修,「無機ナノシートの科学と応用」, p. 78, シーエムシー出版 (2005).
[6] C. Delmas, C. Fouassier, and P. Hagenmuller, Physica **B+C99**, 81 (1980).
[7] M. Jansen and R. Hoppe, Z. Anorg. Allg. Chem. **408**, 104 (1974).
[8] R. J. Balsys and R. L. Davis, Solid State Ionics **93**, 279 (1996)
[9] Y. Ono, R. Ishikawa, Y. Miyazaki, Y. Ishii, Y. Morii, and T. Kajitani, J. Solid State Chem. **166**, 177 (2002).
[10] C. Fouassier, G. Matejka, J.-M. Reau, and P. Hagenmuller, J. Solid State Chem. **6**, 532 (1973).
[11] T. Ohzuku and A. Ueda, J. Electrochem. Soc. **141**, 2972 (1994).
[12] G. G. Amatucchi, J. M. Tarascon, and L. C. Klein, J. Electrochem. Soc. **143**, 1114 (1996).
[13] R. Gupta and A. Manthiram, J. Solid State Chem. **121**, 483 (1996).
[14] S. Venkatraman and A. Manthiram, Chem. Mater. **14**, 3907 (2002).
[15] C. Delmas, J.-J. Braconnier, and P. Hagenmuller, Mater. Res. Bull. **17**, 117 (1982).
[16] D. Carlier, I. Saadoune, L. Croguennec, M. Ménétrier, E. Suard, and C. Delmas, Solid State Ionics **144**, 263 (2001).
[17] 水和コバルト酸化物超伝導体に関する総説として,
桜井裕也,室町英治,固体物理 **41**, 389 (2006).
[18] K. Takada, H. Sakurai, E. Takayama-Muromachi, F. Izumi, R. A. Dilanian, and T. Sasaki, Nature, **422**, 53 (2003).
[19] K. Takada, H. Sakurai, E. Takayama-Muromachi, F. Izumi, R. A. Dilanian, and T. Sasaki, J. Solid State Chem. **177**, 372 (2004).
[20] K. Takada, H. Sakurai, E. Takayama-Muromachi, F. Izumi, R. A. Dilanian, and T. Sasaki, Adv. Mater. **16**, 1901 (2004).
[21] M. Dion, M. Ganne, and M. Tournoux, Rev. Chim. Miner. **21**, 92 (1984).
[22] K. Toda, J. Watanabe, and M. Sato, Mater. Res. Bull. **31**, 1427 (1996).
[23] C. H. Hervoches and P. Lightfoot, Chem. Mater. **11**, 3359 (1999).
[24] M. Dion, M. Ganne, and M. Tournoux, Mat. Res. Bull. **16**, 1429 (1981).

[25] A. J. Jacobson, J. W. Johnson, and J. T. Lewandowski, Inorg. Chem. **24**, 3727 (1985).

[26] T. A. Kodenkandath, J. N. Lalena, W. L. Zhou, E. E. Carpenter, C. Sangregorio, A. U. Falster, W. B. Simmons, Jr., C. J. O'Connor, and J. B. Wiley, J. Am. Chem. Soc. **121**, 10743 (1999).

[27] Y. Kobayashi, M. Tian, M. Eguchi, and T. E. Mallouk, J. Am. Chem. Soc. **131**, 9849 (2009).

[28] O. J. Hernandez, C. Tassel, K. Nakano, W. Paulus, C. Ritter, E. Collet, A. Kitada, K. Yoshimura, and H. Kageyama, Dalton Trans. **40**, 4605 (2011).

[29] K.-A. Hyeon and S.-H. Byeon, Chem. Mater. **11**, 352 (1999).

[30] A. R. Armstrong and P. A. Anderson, Inorg. Chem. **33**, 4366 (1994).

[31] W. Sugimoto, M. Shirata, Y. Sugahara, and K. Kuroda, J. Am. Chem. Soc. **121**, 11601 (1999).

[32] J. Gopalakrishnan, T. Sivakumar, K. Ramesha, V. Thangadurai, and G. N. Subbanna, J. Am. Chem. Soc. **122**, 6237 (2000).

[33] J. Gopalakrishnan and V. Bhat, Inorg. Chem. **26**, 4299 (1987).

[34] P. J. Ollivier and T. E. Mallouk, Chem. Mater. **10**, 2585 (1998).

[35] 剥離現象と無機ナノシートの総説として以下があり，本節も多くをこれに依っている．
佐々木高義,「剥離とナノシート(はがす・重ねる)」，黒田一幸，佐々木高義監修,「無機ナノシートの科学と応用」, p.135, シーエムシー出版 (2005).

[36] 酸化物ナノシートの現状と応用展開に関する総説として，
長田実，佐々木高義,「二次元ナノシートの現状と将来展望」，日本化学会編,「二次元物質の科学」, p.38, 化学同人 (2017).

[37] F. J. Ewing, J. Chem. Phys. **3**, 420 (1935).

[38] T. Sasaki, M. Watanabe, Y. Michiue, Y. Komatsu, F. Izumi, and S. Takenouchi, Chem. Mater. **7**, 1001 (1995).

[39] T. Sasaki and M. Watanabe, J. Am. Chem. Soc. **120**, 4682 (1998).

[40] 有賀克彦,「材料革命　ナノアーキテクトニクス」, 岩波書店 (2014).

[41] T. Sasaki, S. Nakano, S. Yamauchi, and M. Watanabe, Chem. Mater. **9**, 602 (1997).

[42] N. Sukpirom and M. M. Lerner, Chem. Mater. **13**, 2179 (2001).

[43] 第7章，参考文献[9]に LB 膜法の簡潔な説明がある．

[44] T. Sasaki, Y. Ebina, M. Watanabe, and G. Decher, Chem. Commun. 2163

(2000).
[45]　ナノシートの誘電特性についての総説として,
　　　M. Osada and T. Sasaki, Adv. Mater. **24**, 210(2012).
[46]　B.-W. Li, M. Osada, T. C. Ozawa, Y. Ebina, K. Akatsuka, R. Ma, H. Funakubo, and T. Sasaki, ACS Nano **4**, 6673(2010).

索　引

A

$A'[Ca_2Nb_3O_{10}]$ (A' = Li, Na, NH_4) $\cdots$ 279
$Al(OH)_3$ $\cdots$ 71
$Al_2(OH)_2Si_4O_{10}$ $\cdots$ 142
$Al_2(OH)_4Si_2O_5$ $\cdots$ 140
Al_2O_3 $\cdots$ 61

B

$Ba_3Fe_{26}O_{41}$ $\cdots$ 175
$BaAl_2Si_2O_8$ $\cdots$ 143
$BaFe_{12}O_{19}$ $\cdots$ 168
$BaFe_{15}O_{23}$ $\cdots$ 173
$BaFe_{18}O_{27}$ $\cdots$ 171
$BaMnO_3$ $\cdots$ 110
$BaNiO_3$ $\cdots$ 108
$BaRuO_3$ $\cdots$ 110
$BaTiO_3$ $\cdots$ 105, 108, 110, 249, 254
$BaTiSi_3O_9$ $\cdots$ 134
$BaZnFe_6O_{11}$ $\cdots$ 173
$Be_3Al_2Si_6O_{18}$ $\cdots$ 133
$Bi_2O_2[Bi_2Ti_3O_{10}]$ $\cdots$ 277
$Bi_2O_2[La_2Ti_3O_{10}]$ $\cdots$ 282
$Bi_2O_2[SrNaNb_3O_{10}]$ $\cdots$ 281

C

$Ca_2MgSi_2O_7$ $\cdots$ 132
$Ca_3Al_2(SiO_4)_3$ $\cdots$ 130
$Ca_3Cr_2Si_3O_{12}$ $\cdots$ 226
$CaAl_2Si_2O_8$ $\cdots$ 143
$CaCuO_2$ $\cdots$ 179
CaF_2 $\cdots$ 74, 77
$CaSiO_3$ $\cdots$ 137
$CaTiO_3$ $\cdots$ 44, 99, 103
$Cd_2Nb_2O_7$ $\cdots$ 84
$Cd_2Re_2O_7$ $\cdots$ 87
$(C_4H_9)_4NOH$ $\cdots$ 285

Co_2SiO_4 $\cdots$ 213
$CoTiO_3$ $\cdots$ 229
$Cs[Ca_2Nb_3O_{10}]$ $\cdots$ 277
Cs_2O $\cdots$ 73
$Cs_2Ti_5O_{11}$ $\cdots$ 158
CSr_2CuO_5 $\cdots$ 186
$Cs_xTi_{1-x/4}O_2$ $\cdots$ 284
$Cs_xTi_{2-x/4}\square_{x/4}O_4$ $\cdots$ 285
$(Cu, C)Ba_2Ca_{n-1}Cu_nO_{2n+3}$ $\cdots$ 187
$(Cu, Cr)Sr_2Ca_{n-1}Cu_nO_{2n+3}$ $\cdots$ 188
$(Cu, Ge)Sr_2(Ca, Y)_{n-1}Cu_nO_{2n+3}$ $\cdots$ 188
$(Cu, P)Sr_2(Ca, Y)_{n-1}Cu_nO_{2n+3}$ $\cdots$ 188
$(Cu, S)Sr_2Ca_{n-1}Cu_nO_{2n+3}$ $\cdots$ 188
Cu_2O $\cdots$ 117
$CuCr_2O_4$ $\cdots$ 94
$CuFe_2O_4$ $\cdots$ 94
CuO $\cdots$ 117
$(CuX)[LaNb_2O_7]$ (X = Cl, Br) $\cdots$ 280
$(Cu_xC_{1-x})(Ba_ySr_{1-y})_2CuO_5$ $\cdots$ 186

F

Fe_2O_3 $\cdots$ 232, 239
Fe_3O_4 $\cdots$ 232, 239, 251
FeO $\cdots$ 239
$FeOOH$ $\cdots$ 284
$FeTiO_3$ $\cdots$ 64

H

$H[Ca_2Nb_3O_{10}]$ $\cdots$ 279
$H_2[La_2Ti_3O_{10}]$ $\cdots$ 282
$H_2[SrNaNb_3O_{10}]$ $\cdots$ 281
$H_2[SrTa_2O_7]$ $\cdots$ 282
$HgBa_2Ca_{n-1}Cu_nO_{2n+2+\delta}$ $\cdots$ 182
$H_xTi_{2-x/4}\square_{x/4}O_4 \cdot H_2O$ $\cdots$ 285

I

$In_2Ga_2ZnO_7$ ······················· 162
$InGaZn_4O_7$ ························ 162
$InGaZnO_4$ ························· 160

K

$K_2[La_2Ti_3O_{10}]$ ·················· 277, 282
K_2NiF_4 ························ 114, 189
$K_2Ti_4O_9$ ····························· 267
$K_2Ti_6O_{13}$ ··························· 160
$K_2Ti_8O_{17}$ ······················ 158, 268
$KAl_2(OH)_2Si_3AlO_{10}$ ················ 142
$KAlSi_3O_8$ ····························· 143
$KMg_3(OH)_2Si_3AlO_{10}$ ··············· 142
KOs_2O_6 ································ 86

L

$(La, Ba)_2CuO_4$ ······················· 189
$(La, Sr)_2CaCu_2O_6$ ··················· 194
$La_{1.84}Sr_{0.16}CuO_4$ ······················· 190
La_2CuO_4 ···························· 189
La_2O_3 ································ 83
$La_2Ti_3O_9$ ···························· 282
Li_2O ···································· 74
$LiCoO_2$ ··························· 59, 274
$LiNbO_3$ ··························· 66, 262
Li_xCoO_2 ······························ 273

M

$M[La_2Ti_3O_{10}]$ (M=Co, Cu, Zn) ····· 281
$M_{0.3}MoO_3$ (M=K, Rb, Tl) ············ 113
$M_2Ti_nO_{2n+1}$ ·························· 157
$Mg(OH)_2$ ······························ 71
Mg_2SiO_4 ·························· 97, 213
Mg_2TiO_4 ····························· 224
$Mg_3(OH)_2Si_4O_{10}$ ···················· 141
$Mg_3(OH)_4Si_2O_5$ ····················· 139
$MgAl_2O_4$ ································ 87
$MgSiO_3$ ······························· 135
Mn_2GeO_4 ································ 95
Mn_2O_3 ································· 81
MnO_2 ··································· 68
$(Mo, W)_nO_{3n-1}$ ······················ 149
Mo_8O_{23} ································ 152
MoO_3 ·································· 113
$MSr_2Ca_{n-1}Cu_nO_{2n+3}$ (M=B, Al, Ga)
··· 185

N

$n\text{-}C_8H_{17}NH_2$ ························· 279
$n\text{-}C_8H_{17}NH_3[Ca_2Nb_3O_{10}]$ ············ 279
$Na_{0.35}CoO_2 \cdot 1.3H_2O$ ················ 275
$Na_{0.36}CoO_2 \cdot 0.7H_2O$ ················ 275
$Na_2[La_2Ti_3O_{10}]$ ······················· 281
$Na_2Ti_3O_7$ ····························· 157
$Na_2Ti_4O_9$ ····························· 158
$Na_2Ti_6O_{13}$ ···························· 158
$Na_2Ti_7O_{15}$ ···························· 158
$NaAlSi_3O_8$ ····························· 143
$NaTaO_3$ ······························· 104
$Na_x(Mg_xAl_{2-x})(OH)_2Si_4O_{10} \cdot nH_2O$
··· 142
Na_xCoO_2 ························ 271, 275
Na_xWO_3 ······························ 112
NbO ···································· 58
$(Nd_{0.66}Ce_{0.135}Sr_{0.205})_2CuO_4$ ··········· 192
$Nd_{2-x}Ce_xCuO_{4-\delta}$ ······················ 192
Nd_2CuO_4 ····························· 191

P

$PbHfO_3$ ································ 107
PbO ···································· 80
$PbTiO_3$ ································ 105
$PbZrO_3$ ································ 107
PdO ···································· 117

R

$Rb[LaNb_2O_7]$ ························ 280
$Rb_2[LaNb_2O_7]$ ······················· 281
ReO_3 ··································· 26

索引 301

$(RMO_3)_n(M'O)_m$ ……………… 160

S

$Sc_2Si_2O_7$ ……………………… 132
$Si(OC_2H_5)_4$ …………………… 253
SiO_2 …………………… 123, 253
Sm_2O_3 ……………………………… 83
$Sr_2Ca_{n-1}Cu_nO_{2n+2}$ ………… 194
$Sr_2Ca_{n-1}Cu_nO_{2n}F_{2+\delta}$ ……… 194
$Sr_2CoFe_{18}O_{30}$ ………………… 175
$Sr_2CuO_2Cl_2$ ……………………… 194
$Sr_2CuO_2F_{2+\delta}$ ………………… 194
Sr_2TiO_4 …………………………… 115
Sr_2PbO_4 …………………………… 68
$Sr_{n+1}Ti_nO_{3n+1}$ ………………… 116
$SrTa_2O_6$ …………………………… 282
$SrTiO_3$ ……………………… 100, 114
$Sr_xCa_{1-x}CuO_2$ ………………… 179

T

Ti_5O_9 ……………………………… 154
$TiCo_2O_4$ …………………………… 229
$Ti_{n-2}Cr_2O_{2n-1}$ ………………… 154
Ti_nO_{2n-1} ……………………… 154, 155
Ti_nO_{2n-2} ………………………… 156
Ti_nO_{2n-3} ………………………… 156
TiO …………………………………… 60
TiO_2 ……………………… 66, 69, 268
$TiO_2(B)$ …………………………… 268
$TiZn_2O_4$ …………………………… 229

$Tl_2Ba_2Ca_{n-1}Cu_nO_{2n+4}$ ……… 197
$TlBa_2Ca_2Cu_3O_9$ ………………… 180
$TlBa_2CaCu_2O_7$ …………………… 180
$TlBa_2Ca_{n-1}Cu_nO_{2n+3}$ ……… 181
$TlBa_2CuO_5$ ………………………… 180

V

V_nO_{2n-1} …………………………… 154

W

$W_{25}O_{73}$ …………………………… 153
W_nO_{3n-2} ………………………… 149
WO_3 ………………………………… 111

Y

$Y_3Al_5O_{12}$ ………………………… 131
$Y_3Fe_5O_{12}$ ……………………… 130, 262
$YAlO_3$ ……………………………… 160
$Yb_2Fe_3O_7$ ……………………… 162, 243
$Yb_3Fe_5O_{12}$ ……………………… 243
$YBa_2Cu_3O_6$ ……………………… 183
$YBa_2Cu_3O_7$ ……………………… 182
$YbFe_2O_4$ …………………………… 243
$YbFeO_3$ ……………………………… 243

Z

ZnO …………………………………… 75
ZnS …………………………………… 75
ZrO_2 ………………………………… 78

索 引

あ

ReO$_3$ 型鎖 ……………………… 29, 158
ReO$_3$ 型構造 ……………………… 111
(RMO$_3$)$_n$(M'O)$_m$ 型 ……………… 160
R 格子 ……………………………… 9
Aurivillius 系列 …………………… 277
アスベスト ………………………… 139
圧電性 ……………………………… 126
アナターゼ ……………………… 269, 289
――型構造 ………………………… 69
α-クオーツ ……………………… 126, 255
α 鉄 ………………………………… 240
アルミノケイ酸塩 ……………… 128, 140
アンダードープ領域 ……………… 189
安定化ジルコニア ………………… 79

い

イオン結合 ………………………… 13, 47
イオン交換 ……………………… 267, 279
イオン半径 ………………………… 33
一致溶融 ………………………… 224, 261
イルメナイト型構造 ……………… 64
インターカレーション …………… 267

う

ウスタイト ………………………… 239
ウラストナイト …………………… 137
ウルツァイト型構造 ……………… 75

え

Hg-12(n-1)n 系列 ……………… 182
hcp ………………………………… 15
h-c 表記 ………………… 18, 165, 169
H$_2$O/H$_2$ 系 …………………… 238, 251
A 型構造 …………………………… 83
A-B-C 表記 ………………… 17, 164
液相線 ……………………………… 219
s-r-t 表記 ……………………… 174
s-r 表記 ………………………… 172
Si …………………………………… 47
――のアルコキシド ……………… 253
SiO$_4$ 四面体 ……………………… 123
　　孤立―― ……………………… 129
Si-O ユニット …………………… 129
　　鎖状―― ……………………… 134
　　層状―― ……………………… 138
Si$_2$O$_7$ ユニット ………………… 132
SnO$_2$-TiO$_2$ 系の x-T 相図 ……… 222
sp^3 混成軌道 ……………………… 47
X 相 ……………………………… 172
NiAs 型構造 ……………………… 60
NiO-MgO 系の x-T 相図 ……… 220
NaCl 型構造 …………………… 23, 57
NaCl 型電荷浴 …………………… 192
(n, m) 型 ………………………… 160
n-オクチルアミン ……………… 279
n 型超伝導体 …………………… 180
エピタキシャル成長 ……………… 263
Fe-Fe$_2$O$_3$-Yb$_2$O$_3$ 系相図 ……… 243
FeO-Fe$_2$O$_3$ 系相図 ……………… 239
Fe-O 系の log P_{O_2}-T 相図 …… 242
fcc ………………………………… 17
MLH 相 …………………………… 276
MgO-TiO$_2$ 系の相図 …………… 224
M-12(n-1)n 系列 ……………… 185
M 相 ……………………………… 168
エリンガム図 ……………………… 233
Li イオン電池 …………………… 60
LiNbO$_3$ 型構造 ………………… 64
LTA フレームワークタイプ ……… 145
エンスタタイト …………………… 135
延長ルール …………………… 215, 220

お

O1 型構造 ………………………… 273
O2 型構造 ………………………… 274
O3 型構造 ………………………… 271
OSPE ……………………………… 50
オートクレーブ …………………… 254
オーバードープ領域 ……………… 189

オケルマナイト·····························132
オスモティック膨潤·····················286
オリビン型構造··························97
オルトケイ酸塩··························129
温度-圧力相図···························213

か

ガーネット型構造·······················130
灰長石······································143
カオリナイト······························140
化学的酸化·································274
化学輸送法·································262
加水分解···································267
活量···231
環状の $(SiO_3)_n$ ユニット ···········133
環状炉······································251
　　　縦型，横型──···············251
γ 鉄·······································240

き

輝石···135
気相が関与する相平衡·················231
ギブサイト································71
Gibbs-Duhem の式·····················202
Gibbs の相律····························201
逆スピネル································91
逆相回転···································102
逆蛍石型構造······························74
キャリアドープ··························179
凝集剤······································289
共晶温度···································219
共晶点·································219, 230
共晶反応···································219
共有結合···································46
強誘電体···································107
金属の酸化・還元反応·················231

く

空間格子···································5
クオーツ···································123

Clausius-Clapeyron の式·············214
グラフェン································283
クリストバライト·······················124
クリソタイル······························139

け

ケイ酸塩···································128
K_2NiF_4 型構造····················114, 189
結晶系······································6
結晶場······································48
　　　──安定化エネルギー····49, 93
結晶半径···································34

こ

高温超伝導体·······················176, 262
交互吸着法································290
格子定数···································6
格子点······································5
高スピン状態························34, 50
合成炉······································251
コーサイト································127
固相-液相平衡···························229
固相合成···································249
固相線······································219
固相分解·····························225, 227
固体酸化物型燃料電池··················80
コバルト酸ナトリウム·················271
コバルト酸リチウム····················271
固溶限界···································218
固溶体·································209, 219
　　　──の自由エネルギー·······221
コランダム型構造·······················61
孤立電子対··························81, 107
コロイド···································143
　　　──懸濁液·······················286
混合ガスの平衡酸素分圧··············236

さ

最適ドープ領域··························189
最密充填······························13, 160

索 引

酸塩基反応 …………………………… 280
三角格子 ………………………………… 14
三角座標系 …………………………… 210
三角相図 ……………… 210, 225, 228
酸化物ナノシート ………………… 283
三斜晶系 ………………………………… 6
3重点 …………………………… 207, 213
3成分系の共晶点 ………………… 230
3相共存線 …………………………… 229
酸素の等圧線 ……………………… 240
酸素分圧 ……………………………… 232
三方晶系 ………………………………… 6
三方両錐型5配位 ………………… 161

し

シアー ………………… 149, 158, 269
　　――面 ……………………………… 150
$CaSiO_3$-Cr_2O_3系 w-T 相図 ……… 227
CaO-MgO 2成分系相図 ………… 216
CaO-Cr_2O_3-SiO_2系三角相図 …… 226
$CaTiO_3$-$MgTiO_3$-TiO_2系三角相図
　………………………………………… 229
CFSE ……………………………………… 49
CoO_2層で起こる超伝導 ………… 277
CO_2/H_2系 ……………………… 238, 251
Co_2SiO_4 T-P 相図 ………………… 213
CO_2/CO系混合ガス ……… 236, 251
C型構造 ………………………………… 81
ccp ……………………………………… 17
$CdCl_2$型構造 ………………………… 71
CdI_2型構造 …………………… 71, 273
C底心格子 ……………………………… 8
(Cu, M)-12(n-1)n 系列 ………… 186
CuO_2層 ……………………………… 177
四角格子 ………………………………… 14
示強変数 ……………………………… 201
Zhdanov表記 ………… 18, 165, 170
質量分率 ……………………………… 208
四面体の連結 ………………………… 32
四面体配位 …………………………… 20

斜方晶系 ………………………………… 6
ShannonとPrewittのイオン半径 …… 34
重土長石 ……………………………… 143
縮合重合 ……………………………… 254
準輝石 ………………………………… 137
昇華法 ………………………………… 262
衝撃圧縮法 ………………………… 257
初晶 …………………………… 219, 229
　　――温度 ………………… 219, 229
シリカ ………………………………… 123
　　――ガラス ……………………… 253
示量変数 ……………………………… 201
真空蒸着法 ………………………… 264

す

水晶発振子 ………………………… 127
水熱育成 ……………………………… 255
水熱合成 ……………………………… 256
水熱反応 ……………………………… 254
水和 …………………………… 142, 267
　　――コバルト酸ナトリウム …… 275
スティショバイト ………………… 127
スパッタリング法 ………………… 264
スピネル型構造 ……………… 87, 170
スピネル型酸化物の磁性 ………… 95
スピネルフェライト ……………… 95
スメクタイト ……………………… 142

せ

正スピネル …………………………… 91
正長石 ………………………………… 143
静電気原子価則 ……………………… 43
成分の選び方 ……………………… 204
正方晶系 ………………………………… 6
正方晶スピネル ……………………… 94
ゼオライト …………………… 144, 256
　　――A ……………………………… 146
ZnO-CoO-TiO_2系三角相図 …… 228
Z相 …………………………………… 174
$O2(n-1)n$系列 ……………………… 194

索 引

閃亜鉛鉱型構造 75
全域固溶 220, 229

そ

層状アルミノケイ酸塩 140
層状ケイ酸塩 138
層状コバルト酸化物 271
曹長石 143
組成-温度相図 216
ソフト化学合成 267
ゾル-ゲル法 253
ソルトベイタイト 132

た

体心格子 8
タイプ1の相図 206
タイプ2の相図 207
タイプ3の相図 210
ダイヤモンドアンビル 259
ダイヤモンド型構造 77
タイライン 212
脱水 267
脱離反応 275
W 相 171
タルク 141
単位格子 6
タングステンブロンズ 112
単結晶育成 260
単斜晶系 6
単純単位格子 5

ち

チタン酸アルカリ金属 156
チタン酸カリウム 160, 267
チャンネル(管状細孔) 144
超高圧合成 256
超高圧発生装置 256
超交換相互作用 95
長石 143
頂点共有 28

沈殿法 253

て

Ti のアルコキシド 254
Tl-12$(n-1)n$ 系列 179
T-, T′-, T*-R_2CuO_4(0201) 189
T-μ 相図 236
Dion-Jacobson 系列 277
低スピン状態 34, 50
デインターカレーション 267
梃子の原理 211, 218
テトラブチルアンモニウム(TBA)
　ヒドロキシド 285
δ 鉄 240
電荷浴 181
電気化学的酸化 267, 273
　――　還元 267

と

等酸素分圧線 241
同相回転 102
トリジマイト 123
トポタクティック反応 267
トレランスファクター 101

な

ナノアーキテクトニクス 288
ナノシート 283
　$Sr_2Nb_3O_{10}$―― 293
　$LaNb_2O_7$―― 294
　$Ca_2Nb_3O_{10}$―― 291
　TiO_2―― 283

に

2次元における最密充填 14
2次のヤーン-テラー効果 105
2重ReO_3型鎖 30, 113
2重ルチル型鎖 30, 69

ね

熱天秤法・・・・・・・・・・・・・・・・・・・・・・・・・・・245

は

配位数・・・・・・・・・・・・・・・・・・・・・・・・・・・・・・・24
配位選択性・・・・・・・・・・・・・・・・・・・・・・・・・・・46
配位多面体・・・・・・・・・・・・・・・・・・・・・・・・・・・25
high-k 材料・・・・・・・・・・・・・・・・・・・・・・・・・292
バイヤーライト・・・・・・・・・・・・・・・・・・・・・・・71
パイロクロア型構造・・・・・・・・・・・・・・・・・・84
パイロフィライト・・・・・・・・・・・・・・・・・・・142
薄膜作成・・・・・・・・・・・・・・・・・・・・・・・・・・・263
剥離・・・・・・・・・・・・・・・・・・・・・・・・・・・267, 284
八面体の傾斜・・・・・・・・・・・・・・・・・・・・・・・101
八面体の連結・・・・・・・・・・・・・・・・・・・・・・・・27
八面体配位・・・・・・・・・・・・・・・・・・・・・・・・・・20
　　── 選択エネルギー・・・・・・・・・50, 93
パルスレーザーデポジション法・・・・・・265
反位相境界・・・・・・・・・・・・・・・・・・・・・・・・・153
反強磁性・・・・・・・・・・・・・・・・・・・・・・178, 191

ひ

$Bi_2Sr_2Ca_{n-1}Cu_nO_{2n+4}$ 系列・・・・・・・・・195
$BaNiO_3$ 型構造・・・・・・・・・・・・・・・・・・・・108
BLH 相・・・・・・・・・・・・・・・・・・・・・・・・・・・275
B 型構造・・・・・・・・・・・・・・・・・・・・・・・・・・・84
p 型超伝導体・・・・・・・・・・・・・・・・・・・・・180
P2 型・・・・・・・・・・・・・・・・・・・・・・・・・・・・・271
P2-BLH 相・・・・・・・・・・・・・・・・・・・・・・・276
P3 型・・・・・・・・・・・・・・・・・・・・・・・・・・・・・273
P3-BLH 相・・・・・・・・・・・・・・・・・・・・・・・276
BVS 法・・・・・・・・・・・・・・・・・・・・・・・44, 184
引き上げ(チョクラルスキー)法・・・・・・261
微斜長石・・・・・・・・・・・・・・・・・・・・・・・・・143
ピストン・シリンダー型装置・・・・・・・・257
比誘電率・・・・・・・・・・・・・・・・・・・・・・・・・292
標準生成エンタルピー・・・・・・・・・・・・・232
標準生成エントロピー・・・・・・・・・・・・・232
標準生成自由エネルギー・・・・・・・・・・・231
ピロケイ酸塩・・・・・・・・・・・・・・・・・・・・・132

ふ

封管法・・・・・・・・・・・・・・・・・・・・・・・・・・・252
フェナカイト・・・・・・・・・・・・・・・・・・・・・129
フェライト磁石・・・・・・・・・・・・・・・・・・・168
フェリ磁性・・・・・・・・・・・・・・・・・・・・・・・・95
フォルステライト・・・・・・・・・・・・・・・・・・97
複合単位格子・・・・・・・・・・・・・・・・・・・・・・・7
複合六方格子・・・・・・・・・・・・・・・・・・・・・・・9
不整合相・・・・・・・・・・・・・・・・・・・・・・・・・196
浮遊帯域溶融(フローティング・
　ゾーン)法・・・・・・・・・・・・・・・・・・・・・・261
フラックス法・・・・・・・・・・・・・・・・・・・・・262
ブラベー格子・・・・・・・・・・・・・・・・・・・・・・・8
ブリッジマン法・・・・・・・・・・・・・・・・・・・260
ブリッジマンアンビル・・・・・・・・・・・・・259
ブルーブロンズ・・・・・・・・・・・・・・・・・・・113
ブルッカイト・・・・・・・・・・・・・・・・・・・・・・69
フレームワーク密度・・・・・・・・・・・・・・・144
フロキュレーション・・・・・・・・・・・・・・・289
フロゴパイト・・・・・・・・・・・・・・・・・・・・・142
分解溶融・・・・・・・・・・・・・・・・・・・・224, 261
分子線エピタキシー法・・・・・・・・・・・・・264
分子ふるい・・・・・・・・・・・・・・・・・・・・・・・147

へ

β-クオーツ・・・・・・・・・・・・・・・・・・・・・・・126
β-パイロクロア型・・・・・・・・・・・・・・・・・・86
ヘマタイト・・・・・・・・・・・・・・・・・・・・・・・239
ベリル・・・・・・・・・・・・・・・・・・・・・・・・・・・133
ベルト型装置・・・・・・・・・・・・・・・・・・・・・258
ペロブスカイト型構造・・・・・・・・・・99, 260
変位ベクトル・・・・・・・・・・・・・・・・・・・・・150
変形スピネル型構造・・・・・・・・・・・・・・・・95
変調構造・・・・・・・・・・・・・・・・・・・・・・・・・196

ほ

包晶反応・・・・・・・・・・・・・・・・・・・・・・・・・225
ホーランダイト・・・・・・・・・・・・・・・・・・・・69
蛍石型構造・・・・・・・・・・・・・・・・・・・・・・・・77
蛍石型電荷浴・・・・・・・・・・・・・・・・・・・・・192

索　引　307

ホモロガス物質群 …………………… 149
ポリエチレンオキシド ………………… 289
ポリジアリルジメチルアンモニウム
　　クロライド ……………………… 290
ポリビニルピロリドン ………………… 290

ま
マイカ族 ……………………………… 142
マグネタイト ………………………… 239
　　——の合成 …………………… 251
マグネトプランバイト ………………… 169
マグネリ相 …………………………… 149
マルチアンビル ……………………… 259
マントルの不連続面 ………………… 213

み
ミラー指数 ……………………………… 11

め
面共有 ………………………………… 28
面心格子 ……………………………… 8
面心立方格子 ………………………… 17

も
モスコバイト ………………………… 142
モル分率 ……………………………… 208
モンモリロナイト ………………… 142, 283

や
ヤーン-テラー効果 ………… 51, 94, 105
ヤーン-テラー歪 ……………………… 52

ゆ
融液成長法 …………………………… 260
有機-無機複合体 …………………… 289
有効イオン半径 ……………………… 35
U 相 ……………………………… 175
U-T 表記 ……………………… 163
誘電率 ………………………………… 291
u パラメータ ……………………… 90

よ
溶解度間隙 …………………………… 223
溶媒移動浮遊帯域溶融法 …………… 261
4 相共存 ……………………………… 230

ら
Ramsdell 表記 ………………………… 19
λ 値 …………………………… 91
ラングミュア・ブロジェット膜法 …… 290

り
リザーダイト ………………………… 139
リチウムイオン電池 ………………… 273
立方最密充填 ………………………… 16
立方晶系 ……………………………… 6
立方体アンビル装置 ………………… 259
稜共有 ………………………………… 28
菱面体格子 …………………………… 8
臨界点 …………………………… 207, 223

る
Ruddlesden-Popper 系列 ……… 116, 277
ルチル型鎖 ………………………… 30, 66
ルチル型構造 ………………………… 66

れ
レイヤー・バイ・レイヤー累積 …… 290
レーザー蒸着法 ……………………… 264
レピドクロサイト型構造 …………… 284

ろ
六角格子 ……………………………… 14
六方最密充填 ………………………… 15
六方晶系 ……………………………… 6
六方晶ダイヤモンド ………………… 77
六方晶 $BaTiO_3$ …………………… 110
六方晶フェライト …………………… 168

わ
YIG …………………………………… 130

YAG………………………………131
　──レーザー………………………131

Y相………………………………173

MSET : Materials Science & Engineering Textbook Series

監修者

藤原 毅夫　　　藤森 淳　　　勝藤 拓郎
東京大学名誉教授　東京大学教授　早稲田大学教授

著者略歴

室町(高山)　英治（むろまち(たかやま)　えいじ）

1951 年	長野県に生まれる
1975 年	東北大学工学部応用化学科 卒業
1977 年	東北大学大学院工学研究科応用化学専攻修士課程 修了
1977 年	無機材質研究所研究員
1983 年	理学博士(東京工業大学)
2001 年	物質・材料研究機構 超伝導材料研究センター センター長
2005 年	物質・材料研究機構 物質研究所 所長
2007 年	物質・材料研究機構 国際ナノアーキテクトニクス研究拠点 副拠点長
2009 年	物質・材料研究機構フェロー
2010 年	物質・材料研究機構理事
2016 年	物質・材料研究機構審議役
2018 年	物質・材料研究機構フェロー

2002-2006 年　東京大学マテリアル工学専攻客員教授
2003-2006 年　京都大学大学院理学研究科客員教授
2008-2017 年　北海道大学総合化学院客員教授

2018 年 10 月 10 日　第 1 版発行

検印省略

物質・材料テキストシリーズ
酸化物の無機化学
結晶構造と相平衡

著　者 ©　室 町 英 治
発 行 者　　内 田　　学
印 刷 者　　山 岡 景 仁

発行所　株式会社　内田老鶴圃　〒112-0012 東京都文京区大塚3丁目34番3号
電話（03）3945-6781（代）・FAX（03）3945-6782
http://www.rokakuho.co.jp/　　印刷・製本/三美印刷 K.K.

Published by UCHIDA ROKAKUHO PUBLISHING CO., LTD.
3-34-3 Otsuka, Bunkyo-ku, Tokyo, Japan

ISBN 978-4-7536-2312-9 C3042　　U. R. No. 642-1

物質・材料テキストシリーズ

酸化物の無機化学
結晶構造と相平衡
室町 英治 著 A5・320頁・本体4600円

結晶学と構造物性 入門から応用，実践まで
野田 幸男 著 A5・320頁・本体4800円

酸化物薄膜・接合・超格子
界面物性と電子デバイス応用
澤 彰仁 著 A5・336頁・本体4600円

遷移金属酸化物・化合物の超伝導と磁性
佐藤 正俊 著 A5・268頁・本体4500円

基礎から学ぶ強相関電子系
量子力学から固体物理，場の量子論まで
勝藤 拓郎 著 A5・264頁・本体4000円

固体電子構造論
密度汎関数理論から電子相関まで
藤原 毅夫 著 A5・248頁・本体4200円

固体の電子輸送現象
半導体から高温超伝導まで そして光学的性質
内田 慎一 著 A5・176頁・本体3500円

強 誘 電 体
基礎原理および実験技術と応用
上江洲 由晃 著 A5・312頁・本体4600円

共鳴型磁気測定の基礎と応用
高温超伝導物質からスピントロニクス，MRIへ
北岡 良雄 著 A5・280頁・本体4300円

シリコン半導体 その物性とデバイスの基礎
白木 靖寛 著 A5・264頁・本体3900円

熱電材料の物質科学
熱力学・物性物理学・ナノ科学
寺崎 一郎 著 A5・256頁・本体4200円

先端機能材料の光学
光学薄膜とナノフォトニクスの基礎を理解する
梶川 浩太郎 著 A5・236頁・本体4200円

材料物理学入門
結晶学，量子力学，熱統計力学を体得する
小川 恵一 著 A5・304頁・本体4000円

入門 結晶化学 増補改訂版
庄野 安彦・床次 正安 著 A5・228頁・本体3800円

入門 無機材料の特性
機械的特性・熱的特性・イオン移動的特性
上垣外 修己・佐々木 厳 著 A5・224頁・本体3800円

強相関物質の基礎 原子，分子から固体へ
藤森 淳 著 A5・268頁・本体3800円

固体の磁性 はじめて学ぶ磁性物理
Stephen Blundell 著／中村 裕之 訳
A5・336頁・本体4600円

磁 性 入 門 スピンから磁石まで
志賀 正幸 著 A5・236頁・本体3800円

材料科学者のための固体物理学入門
志賀 正幸 著 A5・180頁・本体2800円

入門 表面分析 固体表面を理解するための
吉原 一紘 著 A5・224頁・本体3600円

X 線構造解析 原子の配列を決める
早稲田 嘉夫・松原 英一郎 著
A5・308頁・本体3800円

X 線回折分析
加藤 誠軌 著 A5・356頁・本体3000円

結晶電子顕微鏡学 材料研究者のための
坂 公恭 著 A5・244頁・本体3600円

結晶と電子
河村 力 著 A5・280頁・本体3200円

結晶・準結晶・アモルファス
改訂新版
竹内 伸・枝川 圭一 著 A5・192頁・本体3600円

結晶塑性論 多彩な塑性現象を転位論で読み解く
竹内 伸 著 A5・300頁・本体4800円

結 晶 成 長
後藤 芳彦 著 A5・208頁・本体3200円

金属酸化物のノンストイキオメトリーと電気伝導
齋藤 安俊・齋藤 一弥 編訳 A5・170頁・本体2200円

物質の構造 マクロ材料からナノ材料まで
Allen・Thomas 著／斎藤 秀俊・大塚 正久 訳
A5・548頁・本体8800円

表示価格は税別の本体価格です．

http://www.ROKAKUHO.co.jp/